计算方法丛书·典藏版　13

代数方程组和计算复杂性理论

徐森林　王则柯　著

科学出版社

北京

内 容 简 介

本书系统地论述了代数方程的 Kuhn 算法和增量算法（以 Newton 算法为其特例）、代数方程组和同伦算法以及同伦单纯轮迴算法。这些算法及其计算复杂性是应用数学领域中活跃的方向。本书作者按照由浅入深，从特殊到一般的原则，将这一方向的主要内容有机地组织起来，引导读者到此领域发展的前沿，因而本书是一本较为理想的入门读物。

本书可作为高等学校数学系师生的教学参考书，也可供数学工作者和科技工作者参考。

图书在版编目(CIP)数据

代数方程组和计算复杂性理论/徐森林，王则柯著. —北京：科学出版社，1989.1（2025.2 重印）

（计算方法丛书）

ISBN 978-7-03-000998-2

Ⅰ. ①代… Ⅱ. ①徐… ②王… Ⅲ. ①代数－方程组－计算复杂性－研究 Ⅳ. ①O151

中国版本图书馆 CIP 数据核字(2016)第 012822 号

责任编辑：赵彦超 胡庆家 / 责任校对：鲁 素
责任印制：赵 博 / 封面设计：陈 敬

科学出版社 出版
北京东黄城根北街 16 号
邮政编码：100717
http://www.sciencep.com

北京天宇星印刷厂印刷

科学出版社发行 各地新华书店经销

*

1989 年 5 月第 一 版 开本：850×1168 1/32
2025 年 2 月印 刷 印张：7 1/2
字数：192 000

定价：58.00 元

（如有印装质量问题，我社负责调换）

序　言

过去的十五年中，在非线性系统解方面，特别是在计算不动点和解非线性方程组的领域里，以及在应用这些方法到平衡模型的方面都取得了有意义的进展．这个进展沿着两条主线发展：单纯形法和连续法． 单纯形法来源于 Scarf 关于不动点逼近的首创的工作．正如 Kuhn 指出，基本思想是应用映射的单纯逼近，通过 Sperner 引理，它也被应用到 Brouwer 不动点定理的证明中．连续法来源于 Kellogg, Li,和 Yorke 的工作，他们将 Brouwer 定理的 Hirsch 的非构造性证明转变为构造性的算法．

在许多方面，这两条主线的发展是平行的．例如，两者都应用同伦思想把一个容易的问题转到另一个难的问题．换句话说，在数值算法中，比较了两种观点，其中连续法差不多以概率 1 正常地工作(排除“坏”的情形)，而单纯形法毫无例外地经常工作．

王则柯和徐森林著的书系统地阐述了应用于代数方程组解的单纯形法和连续法的最新成果．对于寻求复数域上单个多项式根的情形，所研究的单纯形法是由 Kuhn 提出的．王则柯和徐森林给出了这种算法的一个完全和配套的阐述．随之，通过误差、成本和效率的讨论，徐森林和王则柯作出了创造性的和有趣的贡献．对于由连续法探讨的相同问题，出发点是 Smale 的整体 Newton 方法的最新研究项目．

他们对 Smale 工作的阐述，其明晰性是值得注意的；此外，他们还纠正了许多错误和填补了一些论证中的漏洞． 通过对 Kuhn 算法的成本估计与 Newton 方法的 Smale 估计的比较，进行了有创见的研究．

本书的另一半论述了很多关于代数方程组的最新研究成果．对于应用到这问题的广泛的不同数学学科(如代数几何和微分拓扑)的各种工具的描述也是值得注意的．如本书的第一部分那样，也讨论了连续法和单纯形法．最后一章包括了作者关于非线性代数方程组数值解的单纯同伦算法所作的贡献．

我高兴地将此书介绍给读者和学生，并确信，通过作者对活跃的研究领域的细致的描述，使读者产生广泛的兴趣并使这些问题的进一步进展成为可能．

H. W. 库恩

1983 年于普林斯顿大学

前　言

不动点算法和计算复杂性理论是近年来应用数学领域的两个活跃的方向．本书以代数方程和代数方程组为主要对象，进行算法及其复杂性理论的探讨．

自从 1967 年 H.E. Scarf 提出计算连续映射的不动点的算法以来，不动点算法，或者说分片线性同伦算法，作为一个新的方向迅速地发展起来，在非线性数学方面取得很大的成功，并且给纯粹数学带来一定的影响．在这发展中，特别有 B. C. Eaves, H. W. Kuhn 和 M. J. Todd 的贡献．

计算复杂性理论是计算机科学蓬勃发展的一个必然结果．对于一种算法，不仅要问它是否有收敛性的保证，而且还必须考虑它的计算成本．如果计算成本随问题规模的增加而增加的速度是指数式的，则这种算法将被认为是在实践中难以接受的．1978 年，Khachiyan 证明了线性规划问题的椭球算法是一种多项式时间算法(即计算成本随问题规模增长的速度是一种多项式关系)．1981 年，S. Smale 发表了有关 Newton 方法的一篇论文，从概率上说，Newton 方法就是一种多项式时间算法．1982 年，S. Smale 宣布证明了线性规划中单纯形方法的平均速度随问题规模增长的关系概率地说来是线性的．这些都是引人注目的发展．

本书向读者介绍这一领域里近几年来的最新成果．全书力求写得深入浅出．所用的预备知识随着各章内容的发展逐渐有所增加．我们特别注意准确地阐述如何用拓扑学和代数几何的若干定理来解决本书所探讨的问题．全书的安排尽可能使不熟悉这些预备知识的读者能够顺利地阅读各章的基本内容．书中内容主要取自 [Chow, Mallet-Paret & Yorke, 1978], [Eaves & Scarf, 1976], [Garcia & Li, 1980], [Garcia & Zangwill, 1979, 1979a,

1979b], [kuhn, 1977],[kuhn, Wang & Xu, 1984], [Li,1982], [Shub & Smale, 1985], [Smale, 1981], [王则柯, 徐森林, 1984], [Xu & Wang, 1983],[徐森林,王则柯, 1984], [徐森林,王则柯,曹怀东, 1984].

本书中的定义、定理、引理、例子等,均按章节统一编号. 定理 2.7 表示同一章(§2)中的定理 2.7,而定理 6.2.7 表示第六章中(§2)的定理 2.7. 记号 □ 表示证明完毕;在个别不给出证明的地方,则列出有关的参考文献.

美国普林斯顿大学项武忠教授热情支持本书写作,并提出了十分中肯的意见, H.W. kuhn 教授所写的序言为本书增色不少. 吴文俊教授对于作者在该领域的努力给予了热情的鼓励和帮助. 借此机会,作者谨向三位教授表示诚挚的感谢.

王则柯　徐森林

1982—1983 年于普林斯顿大学

目　　录

第一章　代数方程的 kuhn 算法 ······ 1

§1.　剖分法与标号法 ······ 1

§2.　互补轮迴算法 ······ 7

§3.　kuhn 算法的收敛性(一) ······ 13

§4.　Kuhn 算法的收敛性(二) ······ 20

第二章　kuhn 算法的效率 ······ 30

§1.　误差估计 ······ 30

§2.　成本估计 ······ 33

§3.　单调性问题 ······ 40

§4.　关于单调性的结果 ······ 48

第三章　Newton 方法与逼近零点 ······ 55

§1.　逼近零点 ······ 55

§2.　多项式的系数 ······ 56

§3.　一步 Newton 迭代 ······ 63

§4.　达到逼近零点的条件 ······ 67

第四章　Kuhn 算法与 Newton 方法的一个比较 ······ 74

§1.　Smale 关于 Newton 方法复杂性理论的概述 ······ 74

§2.　重零点多项式集合的邻域 $U_\rho(W_0)$ 及其体积估计 77

§3.　用 Kuhn 算法计算逼近零点 ······ 80

第五章　增量算法 $I_{h,f}$ 和成本理论 ······ 84

§1.　增量算法 ······ 84

§2.　Euler 算法具有效率 k ······ 93

§3.　广义逼近零点 ······ 104

§4.　楔形区域上的 E_k 迭代 ······ 111

§5.　Euler 算法 E_k 的成本理论 ······ 122

§6. 效率为 k 的增量算法 $I_{h,t}$ …………………… 132
第六章 同伦算法 …………………………………… 139
§1. 同伦和指数定理 …………………………………… 139
§2. 映射的度数和同伦不变性定理 ……………………… 144
§3. 多项式映射的 Jacobi 矩阵 ………………………… 156
§4. 代数方程组和解的有界性条件 ……………………… 159
第七章 关于多项式映射零点的概率讨论 …………… 166
§1. 多项式映射零点的数目 …………………………… 166
§2. 多项式映射的孤立零点 …………………………… 179
§3. 确定有界区域内解析函数的零点 …………………… 186
第八章 分片线性逼近 ………………………………… 195
§1. 分片线性映射的零点集和零点的指数定理 ………… 196
§2. 分片线性逼近 Φ_g ………………………………… 206
§3. 代数方程组同伦单纯轮迴算法的可行概率为1 … 217
参考文献 ……………………………………………… 226

第一章　代数方程的 Kuhn 算法

本章的内容是代数方程的 Kuhn 算法及其收敛性的证明.

与各种传统的迭代方法(例如 Newton 方法)不同，Kuhn 算法基于空间的一种单纯剖分，一种整数标号法和一种互补轮迴的算法过程. 如果说它的叙述不象 Newton 方法那么简单,却应当指出,一旦编成计算机程序以后,它的使用反而是极其简单的. 为了用 Kuhn 算法解任何一个代数方程，只要把这个代数方程所对应的多项式的复系数组和计算的精度要求输入机器. 然后，算法就会把该代数方程的全部解一起算出来. 对于 Kuhn 算法，不存在初值选择以及其他一些使用方面的棘手问题. 这是一种具有很强的大范围收敛性保证的算法. 另一方面，虽然算法本身不象一个简单的迭代公式那么简单，但为了编制计算机程序，知道本章 §1 和 §2 的内容就足够了.

§1.　剖分法与标号法

设 $f(z)$ 是复变量 z 的 n 阶复系数的首一多项式，即 $f(z)=z^n+a_1z^{n-1}+\cdots+a_n$,这里 n 是自然数，$a_1,\cdots,a_n$ 是复常数。如果复数 ξ 满足 $f(\xi)=0$，就说 ξ 是多项式 f 的一个零点或代数方程 $f(z)=0$ 的一个解. 我们的算法就是要把 f 的零点找出来.

记复数 $z=x+iy$ 平面为 $\boldsymbol{C}$，复数 $w=u+iv$ 平面为 $\boldsymbol{C}'$，则 $w=f(z)$确定复平面之间的一个多项式映射 $f:\boldsymbol{C}\to\boldsymbol{C}'$.

为了在下一节叙述算法,我们先叙述半空间 $\boldsymbol{C}\times[-1,+\infty)$ 的一种剖分及由 f 导出的一种标号法.

在 $\boldsymbol{C}\times[-1,+\infty)$中,记 $\boldsymbol{C}_d=\boldsymbol{C}\times\{d\},d=-1,0,1,2,\cdots$. 给定剖分中心 $\tilde{z}$ 及初始格距 h.

1.1 C_d 平面的剖分 $T_d(\tilde{z};h)$(简记作 T_d) 剖分 $T_{-1}(\tilde{z};h)$ 如图 1.1 所示．剖分 $T_{-1}(\tilde{z};h)$ 中的一个三角形由和为偶数的一对整数(r,s)及一对$(a,b)\in\{(1,0),(0,1),(-1,0),(0,-1)\}$按以下方式完全确定：它的顶点的复数坐标分别为

$$\tilde{z}+(r+is)h;\ \tilde{z}+[(r+a)+i(s+b)]h;$$
$$\tilde{z}+[(r-b)+i(s+a)]h.$$

称剖分 $T_{-1}(\tilde{z};h)$中三角形直径之上界为 $T_{-1}(\tilde{z};h)$的剖分网径．易知，$T_{-1}(\tilde{z};h)$ 的剖分网径为$\sqrt{2}\,h$．

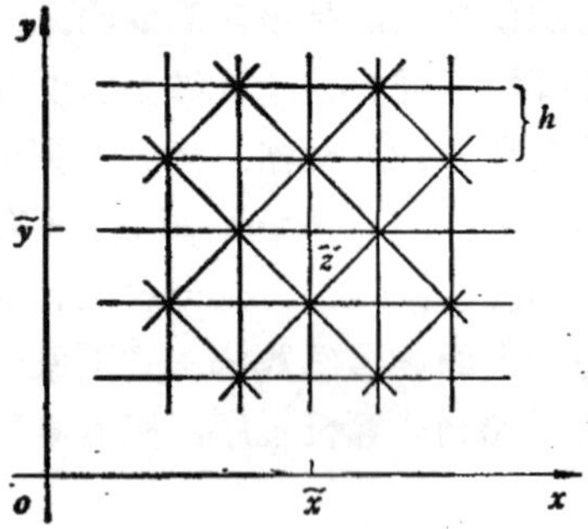

图 1.1

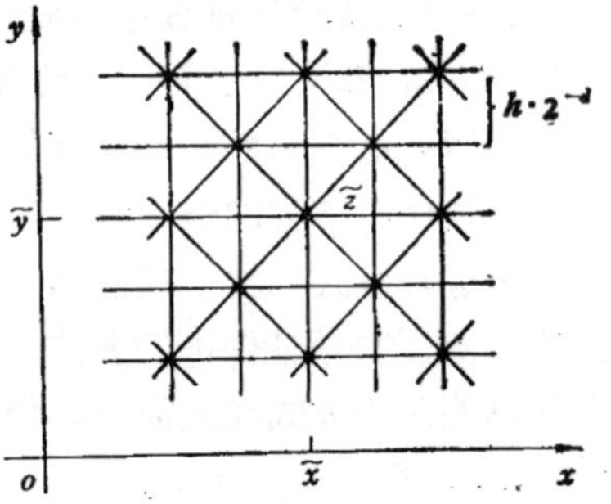

图 1.2

剖分 $T_d(\tilde{z};h)$, $d=0,1,2,\cdots$, 如图 1.2 所示．$T_d(\tilde{z};h)$中的一个三角形由和为奇数的一对整数(r,s)及一对$(a,b)\in\{(1,0),(0,1),(-1,0),(0,-1)\}$按以下方式完全确定：它的顶点的复数坐标分别为

$$\tilde{z}+(r+is)h2^{-d};\ \tilde{z}+[(r+a)+i(s+b)]h\cdot 2^{-d};$$
$$\tilde{z}+[(r-b)+i(s+a)]h\cdot 2^{-d}.$$

易知,同样定义的 $T_d(\tilde{z};h)$,$d=0,1,2,\cdots$,的剖分网径为$\sqrt{2}\cdot h\cdot 2^{-d}$．

注意在我们的剖分中,每个三角形都是等腰直角三角形,其直角边分别和 x 轴或 y 轴平行．

注 1.2 容易按四族平行直线的方程给出剖分 $T_d(\tilde{z};\ h)$的另一刻划. 但 1.1 刻划的好处是: 剖分中的格点都用整数(r,s 和 a, b)表出.

1.3 半空间 $C\times[-1,+\infty)$的剖分 $T(\tilde{z};h)$(简记作 T)

按照平面的剖分, C_{-1}的每一个正方形(由共有一斜边的一对三角形组成), 与 C_0 的一个正方形 (也由共有一斜边的一对三角形组成)上下相对,而斜边相错. C_{-1}和 C_0 之间每一个由上下相对的一对正方形所界定的正四棱柱, 按图 1.3 规则剖分成 5 个四面体.

按照平面的剖分, $C_d(d\geqslant 0)$的每一个正方形与 C_{d+1}的四个正方形上下相对, 界定 C_d 和 C_{d+1} 之间的一个正四棱柱. C_d 和 C_{d+1} 之间每一个这样的正四棱柱, 按图 1.4 的规则剖分成 14 个四面体.

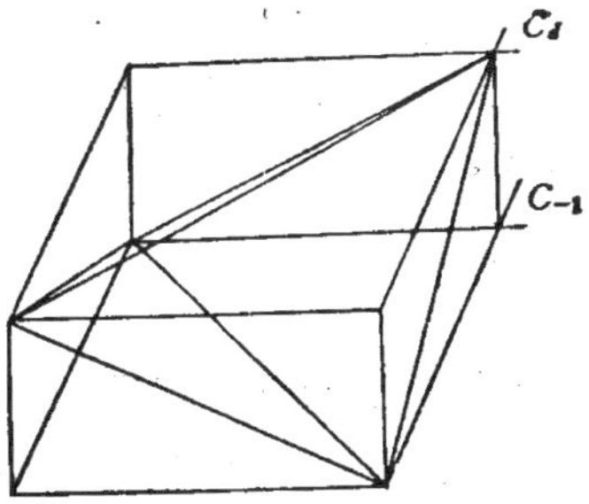

图 1.3

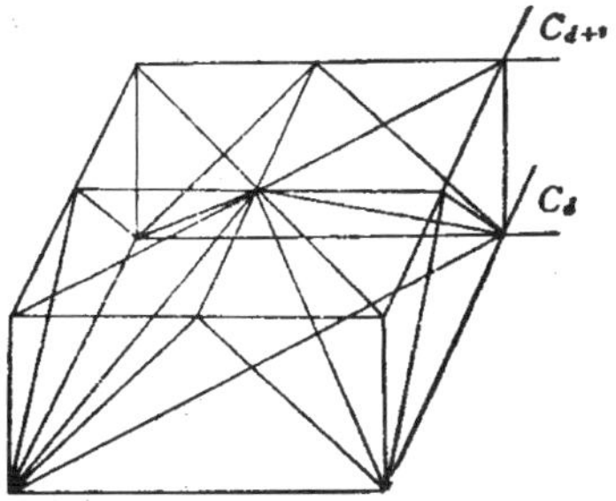

图 1.4

这样一来,我们就得到半空间 $C\times[-1,\infty)$的一个单纯剖分 $T(\tilde{z};h)$,简记作 T.

注意, 从各层 C_d 平面的剖分 $T_d(\tilde{z};\ h)$ 到半空间的剖分 $T(\tilde{z};\ h)$, 并没有增加新的剖分格点. 所有剖分 $T_d(\tilde{z};\ h)$, $d=-1,0,1,\cdots$,的格点,组成剖分 $T(\tilde{z};h)$的所有格点. 格点都是顶点: 三角形的顶点和四面体的顶点. 这样我们可以说: $T(\tilde{z};\ h)$的所有剖分格点组成 $T(\tilde{z};h)$的顶点集 $V(T(\tilde{z};h))$,简记作$V(T)$.

在下面叙述的算法里, 主要牵涉到由剖分 T 中的四面体的界面三角形的顶点所组成的三点组$\{(z_1,d_1),(z_2,d_2),(z_3,d_3)\}$，或简记作$\{z_1,z_2,z_3\}$. 今后所说的三点组，都是这样的三点组.

按照剖分法，下面的引理是明显的.

引理 1.4 设$\{(z_1,d_1),(z_2,d_2),(z_3,d_3)\}$是剖分$T$中的一个三点组，记$d=\min\{d_1,d_2,d_3\}$，有$d\leqslant d_k\leqslant d+1$，$k=1,2,3$. □

在引理 1.4 的情况，我们说三点组$\{z_1,z_2,z_3\}$位于C_d和C_{d+1}之间. 特别地，当$d_1=d_2=d_3=d$时，我们说三点组$\{z_1,z_2,z_3\}$位于C_d上.

设$\{(z_1,d_1),(z_2,d_2),(z_3,d_3)\}$是剖分$T$中的一个三点组. 规定：三点组的直径

$\operatorname{diam}\{(z,d_1),(z_2,d_2),(z_3,d_3)\}=\max\{|z_1-z_2|,|z_2-z_3|,|z_3-z_1|\}$，也可简记作$\operatorname{diam}\{z_1,z_2,z_3\}$.

引理 1.5 设三点组$\{z_1,z_2,z_3\}$位于C_d和C_{d+1}之间，则

$$\operatorname{diam}\{z_1,z_2,z_3\}\leqslant\sqrt{2}\cdot h\cdot 2^{-d}.$$

证明 从图 1.3 和图 1.4 容易看出，位于C_d和C_{d+1}之间的所有可能的三点组的直径不超过$\sqrt{2}\cdot h\cdot 2^{-d}$. □

所以层数越高，三点组的直径越小.

现在转而叙述标号法.

若复数$w=u+iv\neq 0$，规定w的幅角$\arg w$为满足下述要求的唯一的实数α：$-\pi<\alpha\leqslant\pi$，$\cos\alpha=u/\sqrt{u^2+v^2}$以及$\sin\alpha=v/\sqrt{u^2+v^2}$.

定义 1.6 称按下式确定的对应$l:C\to\{1,2,3\}$为由多项式f确定的z平面C的标号法(图 1.5)：

$$l(z)=\begin{cases}1, 若 -\pi/3\leqslant\arg f(z)\leqslant\pi/3 或 f(z)=0;\\ 2, 若 \pi/3<\arg f(z)\leqslant\pi;\\ 3, 若 -\pi<\arg f(z)<-\pi/3.\end{cases}$$

定义 1.7 记$f_{-1}(z)=(z-\tilde{z})^n$；$f_d(z)=f(z)$，$d=0,1,\cdots$. 称按下式确定的对应$l:V(T(\tilde{z};h))\to\{1,2,3\}$为由多项式$f$导出的$V(T(\tilde{z};h))$的标号法：

$$l(z, d)=\begin{cases}1, \text{若} -\pi/3 \leqslant \arg f_d(z) \leqslant \pi/3 \text{ 或 } f_d(z)=0;\\ 2, \text{若 } \pi/3 < \arg f_d(z) \leqslant \pi;\\ 3, \text{若} -\pi < \arg f_d(z) < -\pi/3.\end{cases}$$

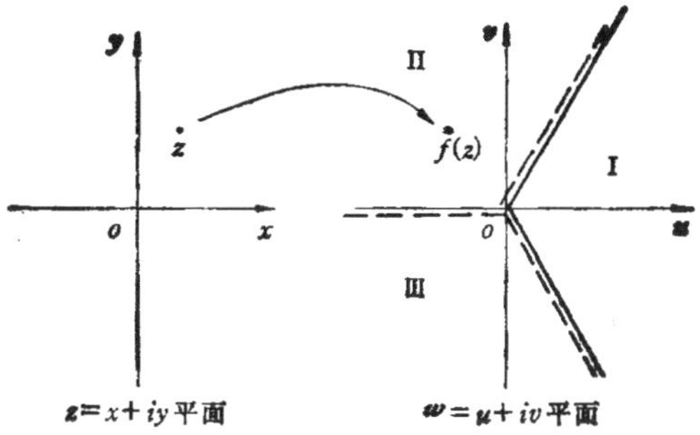

图 1.5

这里,定义 1.6 和定义 1.7 同用一个 l 并不会引起混淆. 我们看到,对顶点$(z,d)\in V(T(\tilde{z};h))$,若 $d\geqslant 0$, 则该顶点的标号是由多项式 f 确定的;若 $d=-1$, 则该顶点的标号实际上是由幂函数$(z-\tilde{z})^n$确定的.

结合剖分法和标号法, 我们建立具有 1, 2,3 所有三个标号的完全标号三点组的概念. 完全标号三角形的概念是类似的.

定义 1.8 如果 $V(T(\tilde{z};h))$的一个三点组$\{z_1, z_2, z_3\}$满足$\{l(z_1),l(z_2),l(z_3)\}=\{1,2,3\}$,则称它为完全标号三点组, 简称全标三点组.

为方便起见,今后, 完全标号三点组$\{z_1, z_2, z_3\}$的记号均蕴涵$l(z_k)=k, k=1,2,3$.

全标三点组的说法本身, 并没有指明点的标号是由$(z-\tilde{z})^n$还是由 f 确定的. 事实上,今后我们遇到的全标三点组,其点的标号可以都由 $(z-\tilde{z})^n$ 确定,也可以都由 f 确定, 还可以部分由 $(z-\tilde{z})^n$确定,部分由 f 确定.

下面的引理建立了标号都由 f 确定的完全标号三点组与 f 的零点的某种关系.

引理 1.9 设$\{z_1, z_2, z_3\}$是标号都由f确定的完全标号三点组,并且$|f(z_k)-f(z_l)|\leqslant\eta$,$k, l=1,2,3$,那末$|f(z_k)|\leqslant 2\eta/\sqrt{3}$,$k=1,2,3$.

证明 图 1.6 是w平面上相应于标号 1,2, 3 的三个区域. z的标号由$w=f(z)$落在哪个扇形区域确定. 按照所设,$f(z_1)$必须在区域 1,同时与区域 2 及区域 3 的距离均不超过η. 这样,$f(z_1)$必须落在图 1.6 的菱形阴影区域内,所以$|f(z_1)|\leqslant 2\eta/\sqrt{3}$.

同理,$|f(z_2)|\leqslant 2\eta/\sqrt{3}$,$|f(z_3)|\leqslant 2\eta/\sqrt{3}$. □

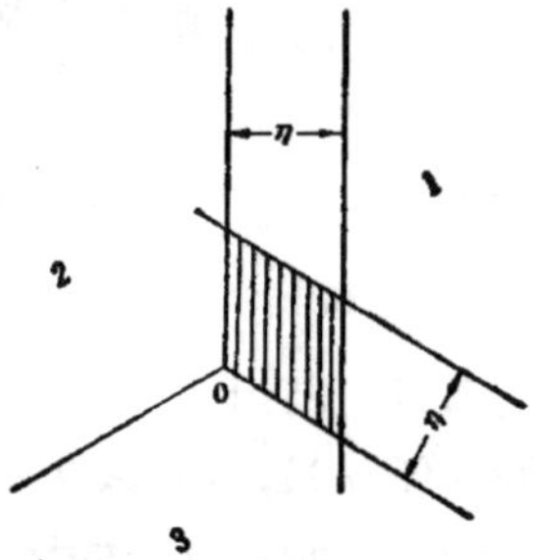

图 1.6

大家知道,多项式函数在平面的有限区域上是一致连续的,假如我们能够找到直径很小的标号都由f确定的完全标号三点组,那么,这三点的象在w平面上的相互距离也很小. 再由引理 1.9,每点的象与w平面的原点的距离也就很小了. 当这个距离足够小时,三点组的每一个点都可以足够精确地作为f的一个数值零点. 前面已经说明,按照我们的剖分,层数越高时,三点组的直径就越小. 这就启发我们设计一种寻找完全标号三点组的算法,使得一方面投影到平面上看,计算不超过平面的一个有限区域,另一方面计算要不断向上发展,达到越来越高的层次. 找到这样的算法,计算零点的问题也就解决了. 这就是下面所要做的工作.

§2. 互补轮迴算法

为建立算法，先证明两个引理.

在剖分为 $T_{-1}(\tilde{z};h)$ 的 $\boldsymbol{C}_{-1}$ 平面上，用 $Q_m(\tilde{z};h)$（简记作 Q_m）表示顶点是 $\tilde{z}+mh(\pm 1\pm i)$ 的方块，这里 m 是一个正整数（参看图 1.7）．也就是说，Q_m 是以 $\tilde{z}$ 为中心的、半边长为 mh 的方块，它的两对对边分别与 z 平面上的 x 轴和 y 轴平行．三角形的一条边称为一条棱．方块的边界 $\partial Q_m(\tilde{z};h)$（简记作 ∂Q_m）取平面上的逆时针方向为正的方向．并且，当写 $\{z',z''\}$ 是 ∂Q_m 上的一条棱时，蕴涵按 ∂Q_m 的正定向 z'' 是 z' 的下一个点．$T_{-1}(\tilde{z};h)$ 的每个三角形，按照其顶点的逆时针顺序定向，并且，若写 $\{z',z'',z'''\}$ 是 T_{-1} 的一个三角形，蕴涵其顶点顺序给出三角形的正向．

平面上两点 z',z'' 对另一点 z^* 的张角，是指射线 z^*z' 和 z^*z'' 之间的不超过 π 的夹角．也可以把它叫做平面上线段 $z'z''$ 对另一点 z^* 的张角

引理 2.1 设 $m\geqslant 3n/2\pi$，则 ∂Q_m 上按照正向次序，恰有 n 条标号为 $(1,2)$ 的棱（即始端标号为 1 终端标号为 2 的棱），而没有标号为 $(2,1)$ 的棱.

证明 设 $\{z',z''\}$ 是 ∂Q_m 上的一条棱，z' 和 z'' 对 $\tilde{z}$ 的张角记作 α．由图 1.7 易知

$$0<\alpha\leqslant \operatorname{arctg}\frac{h}{mh}<\frac{1}{m}\leqslant 2\pi/3n.$$

记 β 为 $w'=(z'-\tilde{z})^n$ 和 $w''=(z''-\tilde{z})^n$ 对原点 o 的张角，则

$$0<\beta=n\alpha<\frac{n}{m}\leqslant 2\pi/3.$$

按照 Q_m 的构造和幂函数 $w=(z-\tilde{z})^n$ 的性质，∂Q_m 的象在 w 平面上恰好绕原点 n 圈．根据 $0<\beta<2\pi/3$ 可知，在 ∂Q_m 上沿正向每走一步（相当于一条棱），∂Q_m 的象的相应部分在 w 平面按正向绕原点旋转了一个小于 $2\pi/3$ 的正角，所以，在 w 平面上从

$w=(mh)^n$ 出发，∂Q_m 的象正好 n 次由相应标号 1 的区域一步进入相应标号 2 的区域. 回到 z 平面上，知 ∂Q_m 上正好有 n 条棱，始端标号为 1，终端标号为 2.

同样，由于 $0<\beta<2\pi/3$，若 $l(z')=2$，则 $l(z'')=2$ 或 3，所以 ∂Q_m 上没有标号为(2,1)的棱. □

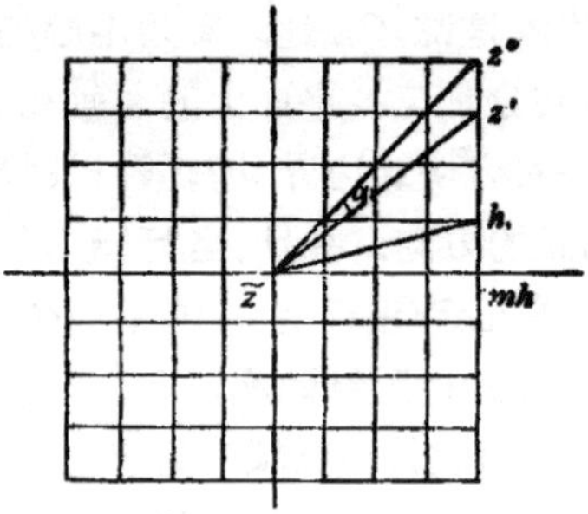

图 1.7

以后，我们从 $z=\hat{z}+mh\in\partial Q_m$ 出发，沿 ∂Q_m 的正向顺序，给 ∂Q_m 上 n 条(1,2)标号棱以 $j=1,\cdots,n$ 的编号.

引理 2.2 设 $m\geqslant 3(1+\sqrt{2})n/4\pi$，则在 $Q_m(\tilde{z};h)$ 外没有 $T_{-1}(\hat{z};h)$ 的标号由 $(z-\tilde{z})^n$ 确定的完全标号三角形.

证明 首先证明，若 $z'z''$ 是 ∂Q_m 上或 Q_m 外的一条棱，则 $z'z''$ 对 $\tilde{z}$ 的张角小于 $2\pi/3n$. 事实上，若 $z'z''$ 是平行于 x 轴或平行于 y 轴的棱，这已由引理 2.1 的证明及 $3(1+\sqrt{2})n/4\pi>3n/2\pi$ 保证. 现只须考虑 $z'z''$ 是 T_{-1} 的三角形的斜边的情况. 根据 Q_m 的构造，不难证明张角最大的情况发生在靠近 ∂Q_m 的地方. 由于对称性，只要证明 k 是自然数，而 $z'=\tilde{z}+h(m+1+ki)$，$z''=\tilde{z}+h(m+(k+1)i)$时，$z'z''$ 对 $\tilde{z}$ 的张角 α 小于 $2\pi/3n$ 即可. 由图 1.8，

$$\alpha=\operatorname{arctg}\frac{k+1}{m}-\operatorname{arctg}\frac{k}{m+1},\quad \operatorname{tg}\alpha=\frac{m+k+1}{m^2+m+k^2+k}.$$

所以，若视 k 为连续变量，则当 $k=\sqrt{2m(m+1)}-m-1$ 时 $\operatorname{tg}\alpha$

取最大值

$$\frac{m+k+1}{m^2+m+k^2+k}$$

$$=\frac{1}{2\sqrt{2m(m+1)}-2m-1}<\frac{1}{2m(\sqrt{2}-1)}$$

$$=\frac{1+\sqrt{2}}{2m}.$$

对于整数 k，不等式当然成立．再注意 $\alpha<\pi/2$，就有

$$\alpha<\operatorname{tg}\alpha<(1+\sqrt{2})/2m\leqslant 2\pi/3n.$$

现设 $\{z',z'',z'''\}$ 是 $T_{-1}(\tilde{z};h)$ 的在 Q_m 外的一个三角形，则它的每条棱对 $\tilde{z}$ 的张角均小于 $2\pi/3n$． 记 $w'=(z'-\tilde{z})^n$，$w''=(z''-\tilde{z})^n$，$w'''=(z'''-\tilde{z})^n$，则 w',w'',w''' 中每两点对原点的张角均小于 $2\pi/3$．所以，按下述引理 2.3，$\{z',z'',z'''\}$ 不是标号由 $(z-\tilde{z})^n$ 确定的完全标号三角形．▯

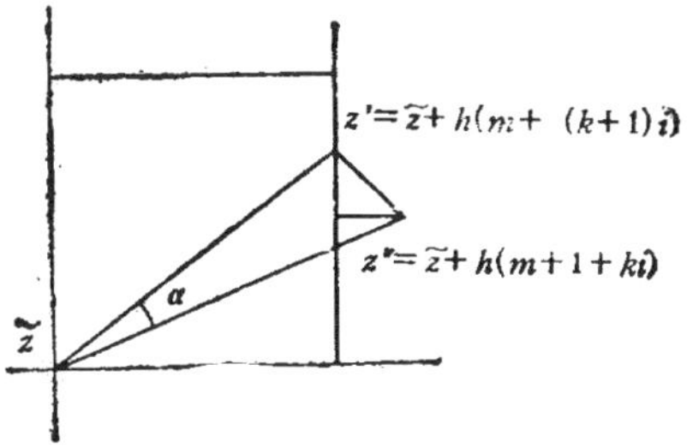

图 1.8

引理 2.3 设 $\{z',z'',z'''\}$ 是 z 平面上的一个三点组，它们在 w 平面上的映射象分别为 w',w'',w'''（这里所说的映射，对三点组的各点可以并不相同，可以是 $w=(z-\tilde{z})^n$，也可以是 $w=f(z)$）．那么，若 w',w'',w''' 均不为0，且其中任两点在 w 平面上对原点的张角均小于 $2\pi/3$，则 $\{z',z'',z'''\}$ 不是一个完全标号三点组．

证明 若 $\{z',z'',z'''\}$ 是完全标号三点组，则不妨设 $l(z')=$

$1, l(z'') = 2$, $l(z''') = 3$. 在 w 平面上，记按正向从 ow''' 到 ow'，从 ow' 到 ow''，从 ow'' 到 ow''' 的小于 2π 的角分别为 α, β, γ，那么，$\alpha > 0$, $\beta > 0$, $\gamma > 0$ 并且 $\alpha + \beta + \gamma = 2\pi$.

这时，若 $\alpha > \pi$，则 w''', w' 两点对原点张角为 $2\pi - \alpha$，按题设，就有 $2\pi - \alpha < \frac{2}{3}\pi$，$\alpha > \frac{4}{3}\pi$，这与按标号法 $\alpha \leqslant \frac{4}{3}\pi$ 矛盾. 同样，若 $\beta > \pi$ 或 $\gamma > \pi$ 亦引出矛盾. 最后剩下 α, β, γ 均不超过 π 的情况，这时 α, β, γ 就是相应各对点之间的张角，按题设均小于 $\frac{2}{3}\pi$，与 $\alpha + \beta + \gamma = 2\pi$ 矛盾(参看图 1.9). ▯

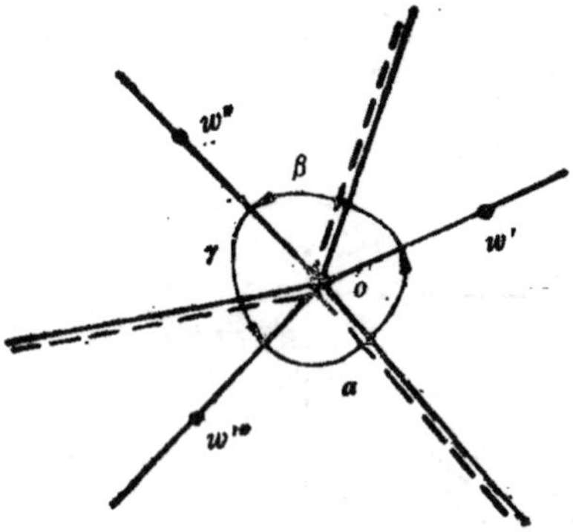

图 1.9

现在可以叙述算法.

按照 $m = \lceil 3(1 + \sqrt{2})n/4\pi \rceil$ 确定方块 $Q_m(\tilde{z}; h)$，这里符号 $\lceil r \rceil$ 表示不小于实数 γ 的最小整数. 算法就是要从 ∂Q_m 上每个标号为(1,2)的棱出发，找寻完全标号三点组. 如果全标三点组的标号不全是由 f 确定的，则它未能提供足够的关于 f 的零点位置的信息、但 §3 将证明，按照下述算法，计算将在越来越高的层次上面进行，而在高层(事实上在除 $\boldsymbol{C}_{-1}$ 外的各层)，标号均由 f 确定. 这样，按照引理 1.9，我们可按任何预先给定的精度要求把 f 的零点算出来.

算法 2.4 依次从 ∂Q_m 的第 j 个标号为(1,2)的棱$\{z_1, z_2\}$出发，$j=1,2,\cdots,n$，这 n 条棱是容易找到的.

步 1 (二维搜索) 若 z_3 空白，对于(1,2)棱，存在 $\boldsymbol{C}_{-1}$ 平面上唯一的顶点 z' 使得$\{z_1,z_2,z'\}$是 $T_{-1}(\tilde{z};h)$的一个正向三角形.计算 z' 的标号 $l=l(z')$，令 $z_l=z'$，回到步 1 (所以，若 $l=3$，则升维，从二维搜索进入三维搜索.).

步 2 (降维:从三维搜索回到二维搜索) 若$\{z_1,z_3,z_2\}$是$T_{-1}(\tilde{z};h)$的一个负向全标三角形，取消 z_3，成为一条(1,2)棱，转步 1.

步 3 (三维搜索)在 $T(\tilde{z};h)$中存在唯一的顶点 z'，使得$\{z_1,z_2,z_3,z'\}$是 $T\{\tilde{z};h)$的一个四面体，且顶点顺序给出空间的右手螺旋方向. 计算 $l=l(z')$，令 $z_l=z'$，转步 2.

按照 2.4，我们已经可以编制 Kuhn 算法的计算机程序了，而前面的知识，只有剖分法 1.1，1.3 和标号法 1.7 是这里要用的. 在步1，按照剖分法 1.1 确定z'，按照标号法 1.7 通过计值$(z'-\tilde{z})^n$得到$l(z')$. 在步 3，按照剖分法 1.3 确定 z'，按照标号法 1.7 通过幂函数计值$(z'-\tilde{z})^n$ (当 $d'=-1$) 或多项式计值 $f(z')$(当 $d'\geqslant 0$)得到$l(z')$. 算出 $l=l(z')$以后，令 $z_l=z'$ 的做法，是一个同标号替换的做法: 用 z' (新的点) 取代原有的与 z' 标号相同的顶点 (旧的点). 这种做法，叫做互补轮迴算法.

2.5 进口出口分析 我们分析一下算法 2.4 中的各步.

步 1 从(1,2)棱出发找到 z'，这时我们说计算进入三角形$\{z_1,z_2,z'\}$. 步 3 从三角形$\{z_1,z_2,z_3\}$出发找到 z'，我们说计算进入四面体$\{z_1,z_2,z_3,z'\}$.

在步 1 的情况，如果 $l(z')=1$ 或 2，得到的还是一个标号(1,2)的棱，下一次还是执行步 1，计算将进入另一个三角形. 从本三角形内部看来，三角形边界按逆时针定向，我们很自然地把正向(1, 2)棱称作计算的进口，负向(2, 1)棱则是计算的出口. 如果 $l(z')=3$，得到正向全标三角形$\{z_1,z_2,z_3\}$，计算将离开三角形而进入四面体. 这样，还应该把正向全标三角形叫做它自己的出口.

步 2 则是降维的情况，一个负向全标三角形$\{z_1, z_3, z_2\}$是上一步的结果. 现在，要取消 z_3，计算从剩余的(2,1)棱出去. 所以应该把负向全标三角形叫做它自己的进口.

综上所述，(1,2)棱或$\{z_1, z_3, z_2\}$是该三角形的进口，(2, 1)棱或$\{z_1, z_2, z_3\}$是该三角形的出口.

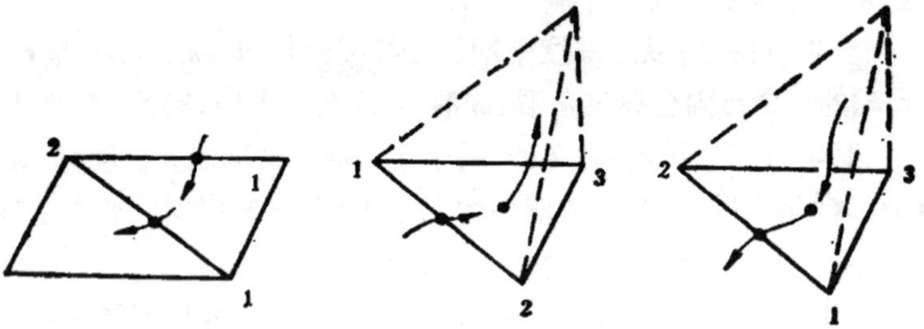

图 1.10

步 3 的情况，由于维数没有变动，所以简单得多. 对于一个四面体，已经有一个面是全标三角形，那么不论第四个点的标号$l(z')$如何，都正好和某一个顶点标号相同. 这样同标号替换以后，又得到一个全标三角形的面，而另外两个面，则因都有标号相重而不是全标三角形. 从四面体的内部看来，正向全标三角形$\{z_1, z_2, z_3\}$是进口，负向全标三角形$\{z_1, z_3, z_2\}$是出口.

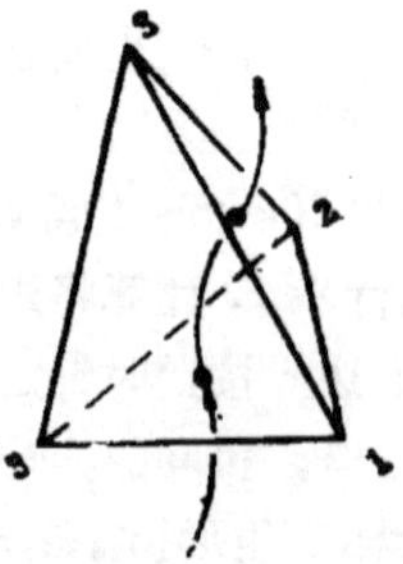

图 1.11

把进口和出口统称为门，我们有

引理 2.6 对于顶点在集合$\{1,2,3\}$中取标号的一个标号三角形或四面体，或者它没有门，或者它正好有一对门，一个是进口，一个是出口.

证明 按照门的定义，对于标号的三角形，如果它缺少标号 1 或 2，则它没有门. 对于标号 1,2 具备的情况，若没有标号 3，则(1,2)棱是进口，(2,1)棱是出口，另一棱是(1,1)或(2,2)不是门，所以正好是一对门. 若三角形全标，在负向的情况，$\{z_1,z_3,z_2\}$是进口，(2,1)棱是出口；在正向的情况下，(1,2)棱是进口，$\{z_1,z_2,z_3\}$是出口. 不论正向负向，另两棱均有标号 3，不是门. 所以也正好是一对门.

对于标号的四面体，如果它缺少任何一个标号，则它没有全标三角形的面，是一个无门的四面体. 若四个顶点取全了 1,2,3 标号，则正好有一对顶点标号相重. 这时，以同标号棱为棱的两个面三角形均非全标. 另两个面三角形都是全标三角形，是一对被同标号棱撑开的三角形. 这时，站在四面体内部，若一个全标三角形在正面，则另一个在背后. 若一个是正向全标三角形，则另一个是反向全标三角形；反之亦然. □

在以上分析的基础上，我们建立下述关于算法可行性的命题.

引理 2.7 按照算法 2.4，从 ∂Q_m 的每个(1.2)棱开始的计算，可以一直进行下去.

证明 因为不论计算走到三角形或四面体，有进口就有出口，所以，计算可以一直进行下去. □

对于三角形或四面体，计算若能进来，则一定能够出去. 所以，今后不说进入，而说计算通过一个三角形或一个四面体.

§3. Kuhn 算法的收敛性(一)

这一节我们将证明，按照算法 2.4，从 ∂Q_m 上每个标号(1,2)棱开始的计算，都收敛到多项式 f 的一个零点.

记号 3.1 （计算的单纯形序列） 对于整数 j，$1 \leqslant j \leqslant n$，顺次记从 ∂Q_m 上第 j 条 (1,2) 棱开始的计算所通过的三角形(二维搜索时)或四面体(三维搜索时)为 $\sigma_{j1}, \sigma_{j2}, \cdots, \sigma_{jk}, \cdots$，称它为第 j 个计算的单纯形序列.

按照这种记法，σ_{jk} 可能是一个三角形，也可能是一个四面体. 我们知道，空间不共线的三个点的凸包是 2 维单纯形，三角形就是 2 维单纯形；空间不共面的四个点的凸包是 3 维单纯形，四面体就是 3 维单纯形. 采用上述记法，在需要区别的时候，我们用 σ_{jk}^2 表示它是一个 2 维单纯形，即三角形；或写作 $\dim(\sigma_{jk}) = 2$，即 σ_{jk} 的维数为 2，表明 σ_{jk} 是一个 2 维单纯形，即三角形. 同样，σ_{jk}^3 表示 3 维单纯形，即四面体；$\dim(\sigma_{jk}) = 3$ 表明 σ_{jk} 是一个 3 维单纯形，即四面体.

记号 3.2 （计算的点序列）对于整数 j，$1 \leqslant j \leqslant n$，记$(z_{j1}, d_{j1})$ 为 σ_{j1} 的不在 ∂Q_m 的顶点，对于 $k \geqslant 2$，当 $\dim(\sigma_{jk}) \geqslant \dim(\sigma_{j,k-1})$ 时，记(z_{jk}, d_{jk})为 σ_{jk} 的不属于 $\sigma_{j,k-1}$ 的顶点，当 $\dim(\sigma_{jk}) < \dim(\sigma_{j,k-1})$时，记$(z_{jk}, d_{jk}) = (z_{j,k-1}, d_{j,k-1})$. 这样得到的序列 $\{(z_{jk}, d_{jk})\} k = 1, 2, \cdots$，称为第 j 个计算的点序列. 如果我们只关注该序列在 z 平面的投影，$\{z_{jk}\}$也称为第 j 个计算的点序列.

注意，计算的单纯形序列中的单纯形的维数只可能是 2 或 3，所以 $\dim(\sigma_{jk}) < \dim(\sigma_{j,k-1})$ 的情况不可能连续发生. 下面我们还将知道(见推论 3.6)，$\dim(\sigma_{jk}) < \dim(\sigma_{j,k-1})$的情况，只能发生有限次，即对于每个计算序列，步 2 只能执行有限多次.

下面我们先讨论一下算法的性状.

引理 3.3 若 $\dim(\sigma_{jk}) = 2$，则 $\sigma_{jk} \subset Q_m$.

这就是说，二维搜索不会跑到 Q_m 外面去.

证明 若不然，存在 j, k 使 $\dim(\sigma_{jk}) = 2$，但 $\sigma_{jk} \not\subset Q_m$. 按照算法，二维搜索只能在 $\boldsymbol{C}_{-1}$ 平面上发生，即 $\sigma_{jk} \subset \boldsymbol{C}_{-1}$，不妨设 σ_{jk} 是计算的单纯形序列 $\sigma_{j1}, \sigma_{j2}, \cdots$ 中头一个位于 Q_m 外的三角形. 这时，

若 $\dim(\sigma_{j,k-1}) = 2$，则 $\sigma_{j,k-1} \subset Q_m$，所以 $\sigma_{j,k-1}$ 和 σ_{jk} 有一条公共棱在 ∂Q_m 上，具有标号 1 和 2. 若该棱是(1,2)棱，则它是内三

角形 $\sigma_{j,k-1}$的进口，与由 $\sigma_{j,k-1}$到 $\sigma_{j,k}$的计算顺序矛盾；若该棱是(2, 1)棱，则与引理 2.1 矛盾.

若 $\dim(\sigma_{j,k-1}) = 3$，按照算法(步2)，σ_{jk} 是 Q_m 外一个$\{z_1, z_3, z_l\}$全标三角形，与引理 2.2 矛盾. □

为进一步讨论的方便，我们换一个角度再作进口出口分析.

上节已证明，对于 T_{-1}中的三角形或T中的四面体，或者它没有门，或者它正好有一对门，一个是进口，一个是出口. 但是，门之作为进口或作为出口，是相对于三角形或四面体而言的. 例如图 1.12 (字母表示顶点，脚标表示该顶点的标号)，B_1C_2 是一个门，对于三角形 BAC 来说，它是出口，对于三角形 BCD 来说，它是进口. 又如 $B_1C_2D_3$ 这个门，对于三角形 BCD 本身来说，它是出口，从二维搜索转入三维搜索的出口；对于四面体 $BCDE$ 来说，它是进口，从二维搜索进入三维搜索的进口. 再如 $B_1E_2D_3$ 这个门，是 $BCDE$ 的出口，又是 $BEDF$ 的进口.

如果一个门是某个三角形或四面体的出口，我们称该三角形或四面体为这个门的上方单纯形；如果一个门是某个三角形或四面体的进口，我们称该三角形或四面体为这个门的下方单纯形.

引理 3.4 对于任何一个不在 ∂Q_m 上的门，它的上方单纯形和下方单纯形都是唯一存在的. □

证明留给读者作为练习. 注意对于 ∂Q_m 上的门，它就是我们算法的起始棱，相应的结论是：它的下方单纯形是唯一存在的.

现在我们建立重要的

引理 3.5 若 $(j,k) \neq (i,l)$，则 $\sigma_{jk} \neq \sigma_{il}$.

这就是说，在剖分并标号的半空间中，T_{-1} 的每个三角形和T 的每个四面体，都顶多只允许计算通过一次.

证明 首先注意，$\sigma_{jk} = \sigma_{il}, k > 1, l > 1$ 蕴涵 $\sigma_{j,k-1} = \sigma_{i,l-1}$. 这只要对作为 $\sigma = \sigma_{jk} = \sigma_{il}$ 的进口的门运用引理 3.4：这个门的上方单纯形唯一，所以 $\sigma_{j,k-1} = \sigma_{i,l-1}$.

若引理不真：$\sigma_{jk} = \sigma_{il}$. 不妨设 $k \leqslant l$. 由 $\sigma_{jk} = \sigma_{il}$，$k > 1$，$l > 1$ 蕴涵 $\sigma_{j,k-1} = \sigma_{i,l-1}$，可得 $\sigma_{j1} = \sigma_{i,l-k+1}$. 考虑作为 σ_{j1} 的进口

的门. 按照算法，它是 ∂Q_m 上第 i 条$\{z_1, z_2\}$棱. 如果 $l-k+1>1$,即如果 $l>k$，则 $\sigma_{i,l-k}$ 是以该棱为出口的一个三角形，$\dim(\sigma_{i,l-k})=2$ 但 $\sigma_{i,l-k}\not\subset Q_m$，与引理 3.3 矛盾. 所以 $l=k$，$\sigma_{j1}=\sigma_{i1}$. 这时，按照引理 2.6，对于同一个单纯形 $\sigma_{j1}=\sigma_{i1}$，它的进口是唯一的，即作为 σ_{j1} 进口的第 j 个(1,2)棱就是作为 σ_{i1} 进口的第 i 个(1,2)棱，所以 $i=j$. 这与所设 $(j,k)\neq(i,l)$矛盾. □

推论 3.6 对于每个 j，$1\leqslant j\leqslant n$，存在 K_j 使得 $k\geqslant K_j$ 时，$\dim(\sigma_{jk})=3$.

即：每个计算的单纯形序列除了开始的有限一段外，都由三维单纯形——四面体组成. 所以三维搜索是本质的.

证明 二维搜索只能在 Q_m 内进行，Q_m 内三角形数目有限($8m^2$个)，每个三角形顶多允许计算通过一次. □

注意，我们说每个三角形或每个四面体顶多允许计算通过一次，并不是说每个顶点顶多只允许计算一次. 例如在图 1.12 中，若 A_2, B_1, C_2, D_3 依旧，但 E 的标号不是 2 而是 3，那么下一次就应当计算 A 而不是 F，A 已被重复计算. 所以，由$(j,k)\neq(j,l)$不能推出$(z_{jk}, d_{jk})\neq(z_{il}, d_{il})$.

引理 3.7 存在(依赖于 $\tilde{z}, h$ 和多项式 f 的)$R>0$，使得$C(R)\times[-1\times+\infty)$ 外没有完全标号三角形，这里 $C(R)=\{z\,|\,|z|\leqslant R\}$.

这就是说，三维搜索不会跑到 $C(R)\times[-1,+\infty)$外面去.

证明 取

$R'=\max\{9\sqrt{2}nh/2\pi+|\tilde{z}|,(9n/2+1)|\tilde{z}|,9\max|a_k|/2+1\}$，
而 $R=R'+\sqrt{2}h$. 由于 $r=R'-|\tilde{z}|>0$，在 $C(R')=\{z\,|\,|z|\leqslant R'\}$
外改写

$$
\begin{aligned}
f(z) &= z^n+a_1z^{n-1}+\cdots+a_n=z^n(1+a_1/z+\cdots+a_n/z^n)\\
&=(z-\tilde{z})^n(1+\tilde{z}/(z-\tilde{z}))^n(1+g(z)),
\end{aligned}
$$

其中 $g(z)=a_1/z+\cdots+a_n/z^n$.若 z', z'' 是剖分 $T(\tilde{z};h)$中位于 $C(R)\times[-1,+\infty)$外的任一三点组的任意两点，记它们的映射

象为 w', w''，那么，不管所论的点的映射是 $w=(z-\tilde{z})^n$ 或 $w=f(z)$，都是 $w'\neq 0, w''\neq 0$。并且，注意线段 $z'z''$ 整个在 $C(R')\times[-1, +\infty)$ 外，所以

$$\left|\arg\frac{w'}{w''}\right| \leqslant n\left|\arg\frac{z'-\tilde{z}}{z''-\tilde{z}}\right| + n\cdot\left|\arg\frac{1+\tilde{z}/(z'-\tilde{z})}{1+\tilde{z}/(z''-\tilde{z})}\right| + \left|\arg\frac{1+g(z')}{1+g(z'')}\right| \leqslant n\cdot\frac{\sqrt{2}h}{r} + n\cdot 2\cdot\frac{\pi}{2}\cdot\frac{|\tilde{z}|}{r} + 2\cdot\frac{\pi}{2}\left(\frac{|a_1|}{R'}+\cdots+\frac{|a_n|}{R'^n}\right).$$

注意，当 z', z'' 均由 $w=(z-\tilde{z})^n$ 标号时，不等式右端第二项和第三项均可去掉；当 z', z'' 之一由 $w=(z-\tilde{z})^n$ 标号，而另一个由 $w=f(z)$ 标号时，不等式右端第二项和第三项的系数 2 均可去掉。但是不论在任何情况，上述形式的不等式均成立。因此，

$$\left|\arg\frac{w'}{w''}\right| < \frac{n\sqrt{2}h\cdot 2\pi}{9\sqrt{2}nh} + \frac{n\pi|\tilde{z}|}{(9n/2)|\tilde{z}|} + \frac{2\max|a_k|}{9\max|a_k|/2} = \frac{2\pi}{3}.$$

这样，据引理 2.3，$T(\tilde{z}; h)$的位于 $C(R)\times[-1,+\infty)$外的所有三点组均非完全标号三点组。□

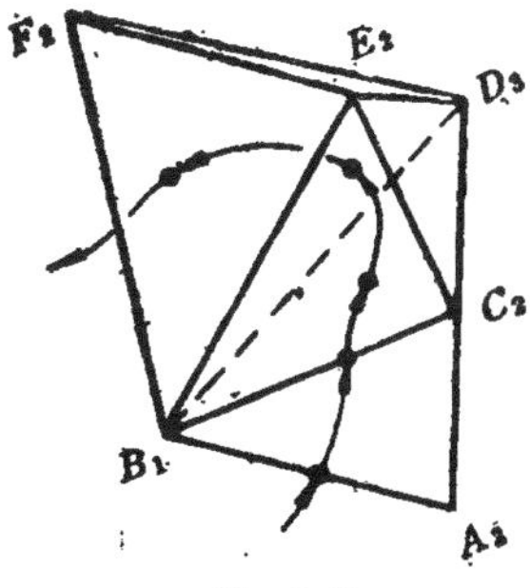

图 1.12

在作了所有以上的准备之后，现在可以证明关于收敛性的定理 3.8 和定理 3.9。

定理 3.8 投影到复平面上看，每个计算的点序列都有聚点。

证明 对于每个整数 $j, 1 \leqslant j \leqslant n$, $\{z_{jk}\}$是一个序列. 按照该序列的构造 3.2,注意 $Q_m \subset C(R)$,二维搜索不超出 Q_m, 三维搜索不超出 $C(R) \times [-1, +\infty)$, 可知$\{z_{jk}\} \subset C(R)$. 但 $C(R)$作为平面有界闭区域是紧致的, 所以无穷序列 $\{z_{jk}\}$ 在 $C(R)$ 中必有聚点. □

定理 3.9 设 z^* 是计算的点序列$\{z_{jk}\}$ 的一个聚点, 则 $f(z^*) = 0$.

即: 计算的点序列的聚点,都是多项式的零点.

证明 考虑计算的单纯形序列 $\{\sigma_{jk}\}$, 这是一个没有重复的无穷的单纯形序列(引理 3.5 和引理 2.7). 按照 $T(\tilde{z};h)$的构造, $Q_m \subset C_{-1}$内的三角形数目有限, 以 $C(R)$为底的大圆柱内位于任何有限高度以下的四面体数目有限, 但 $\{\sigma_{jk}\}$ 只能由不重复的 Q_m 内的三角形和 $C(R) \times [-1, +\infty)$内的四面体组成, 所以对于任意正整数 d, 存在 $k(d)$,使得当 $k \geqslant k(d)$时, σ_{jk} 位于 C_d 平面以上. 而计算的点序列 $\{z_{jk}, d_{jk}\}$ 是由计算的单纯形序列$\{\sigma_{jk}\}$按 3.2 的方式确定的. 所以, 对任何正整数 d, 存在 $k(d)$, 使得当 $k \geqslant k(d)$时, $d_{jk} \geqslant d$.

z^*是$\{z_{jk}\}$的聚点,所以存在$\{z_{jk}, d_{jk}\}$的子序列, 它在 z 平面上的投影收敛到 z^*. 记此子序列为$\{z(k), d(k)\}$,则有 $\lim\limits_{k\to\infty} z(k) = z^*$, 并且由于上面的讨论,不妨设此子序列具有 $d(k) \geqslant k+1$ 的性质.

注意, 为了这里证明叙述的方便, 子序列的写法与 3.2 不同, 号码 j 也省略了.

现在,为了证明 $f(z^*) = 0$,利用多项式 f 的连续性,只须证明任给 $\varepsilon > 0$,存在正整数 K,使当 $k \geqslant K$ 时有$|f(z(k))| < \varepsilon$ 便可.

事实上,取 $K = \lceil \log_2(2\sqrt{2}\, n^2 M R^{n-1} h / \sqrt{3}\, \varepsilon) \rceil$即可,其中$M = \max\{1, |a_1|, \cdots, |a_{n-1}|\}$, R 如引理 3.7 所述. 这是因为, 若 $k \geqslant K$. 设$\{z_1, z_2, z_3\}$或$\{z_1, z_3, z_2\}$是 $z(k)$所在的一个位于 C_K 以上的完全标号三点组,那么

$$|f(z_1) - f(z_2)| \leqslant |z_1^n - z_2^n| + |a_1||z_1^{n-1} - z_2^{n-1}| + \cdots + |a_{n-1}||z_1 - z_2| \leqslant \sqrt{2} \cdot h \cdot 2^{-k} M(nR^{n-1} + (n-1))$$

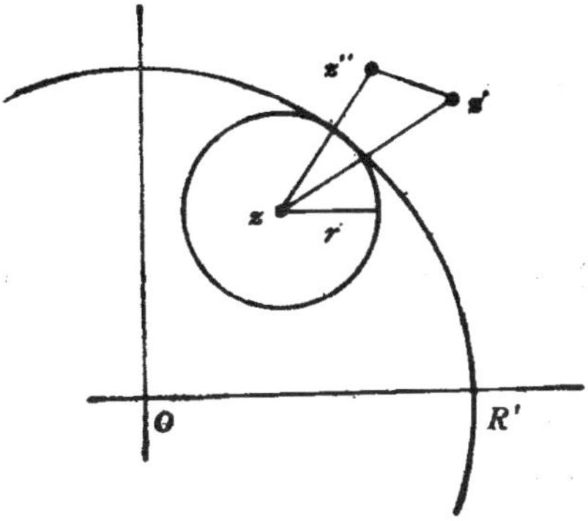

图 1.13

$$\cdot R^{n-2} + \cdots + 1) < \sqrt{2} \cdot h \cdot 2^{-k} \cdot M \cdot n^2 R^{n-1}$$

$$\leqslant \frac{\sqrt{2}\, hMn^2R^{n-1} \cdot \sqrt{3}\,\varepsilon}{2\sqrt{2}\, n^2 M R^{n-1} h} = \frac{\sqrt{3}}{2}\varepsilon.$$

同理,

$$|f(z_1) - f(z_3)| < \sqrt{3}\,\varepsilon/2,$$

$$|f(z_2) - f(z_3)| < \sqrt{3}\,\varepsilon/2.$$

所以,据引理 1.9,因 $z(k)$是该三点组之一点,

$$|f(z(k))| < (2/\sqrt{3})\sqrt{3}\,\varepsilon/2 = \varepsilon.$$

定理证完. □

直到现在为止,我们没有预先假定多项式 f 的零点的存在.但是我们构造了算法,证明了这个算法所产生的每个计算的点序列在复平面上都有聚点,而这种聚点都是多项式的零点. 这样,我们也就构造性地证明了以下定理.

3.10 代数基本定理 设 $f(z) = z^n + a_1 z^{n-1} + \cdots + a_n$,其中 n 为自然数,z 为复变量,$a_1, \cdots, a_n$ 为复常数,则 $f(z)$ 必有零点.

至此,我们可以把多项式写成乘积的形式,并叙述零点的重数的概念. 这就是下面的定义.

定义 3.11 设 $f(z) = z^n + a_1 z^{n-1} + \cdots + a_n = (z - \xi_1)^{k_1}$

$\cdots(z-\xi_l)^{k_l}$，l 及 $k_1,\cdots,k_l$ 均为正整数，$\xi_1,\cdots,\xi_l$ 互不相同，则称 k_i 为 f 的零点 ξ_i 的**重数**，$i=1,\cdots,l$. 特别地，若 $k_i=1$，称 ξ_i 为 f 的**单零点**；若 $k_i>1$，称 ξ_i 为 f 的**重零点**，或 k_i **重零点**.

§4. Kuhn 算法的收敛性(二)

这一节我们将进一步证明，每个计算的点序列只收敛到多项式的一个零点；从 ∂Q_m 上 n 个标号为(1, 2)的棱开始的 n 个计算的点序列正好收敛到多项式的全部 n 个零点.

定理 4.1 每个计算的点序列都收敛到多项式的一个零点.

证明 上一节已经证明，每个计算的点序列$\{z_{jk}\}$都有一个聚点 z^*，并且这个聚点就是多项式的零点. 现在，为了证明 $\lim\limits_{k\to\infty} z_{jk}=z^*$，只须证明 z^* 是此无穷序列在平面有界闭区域 $C(R)$中的唯一聚点.

若不然，设 z' 是$\{z_{jk}\}$的又一聚点，$z'\neq z^*$. 考虑从 $C(R)$挖去分别以 z^* 和 z' 为中心的半径 $r'=|z'-z^*|/4$ 的两个开圆所得的区域 $C'=\{z\in C(R)\,|\,|z-z'|\geqslant r',|z-z^*|\geqslant r'\}$. 显然 $C'\neq\varnothing$.

因为 z',z^* 都是$\{z_{jk}\}$的聚点，故对任何 K，存在 k'，$k^*\geqslant K$，使得 $|z_{jk'}-z'|<r'$，$|z_{jk^*}-z^*|<r'$.

不妨设K 足够大，使得当 $k\geqslant K$ 时，$d_{jk}\geqslant\log_2(\sqrt{2}\,h/r')+1$，计算点序列的投影步长(在相应高度的三点组的投影直径)不超过r'. 再不妨设 $k'>k^*$，则序列 $\{z_{jk}\}$从 $k=k^*$ 到 $k=k'$ 一段与 C'之交非空，因为它以不超过 r' 的步长，不可能从距 z^* 小于 r' 的地方一步跨到距 z' 小于 r' 的地方.

由于K 的任意性，可知 $\{z_{jk}\}\cap C'$ 也是一个无穷序列，而 C' 是平面有界闭集，由它的紧致性，存在 $z''\in C'$ 是 $\{z_{jk}\}\cap C'$ 的聚点，当然，z''也是$\{z_{jk}\}$的聚点，且 $z''\neq z'$，$z''\neq z^*$.

再挖去分别以 z', z^*, z'' 为中心的半径 $r'' = \frac{1}{4}\min\{|z''-z^*|, |z''-z'|, |z'-z^*|\}$的三个开圆重复上述讨论，又可得第 4 个聚点．这样做下去，$\{z_{jk}\}$在 $C(R)$ 有无穷多个聚点，于是据定理 3.9，多项式 f 在 $C(R)$有无穷多个零点．这样一来，必须 $f(z) \equiv 0$．这与所设 f 是阶数 n 大于 0 的首一多项式矛盾．▯

下面，我们先对没有重零点的情况证明 n 个计算的点序列正好收敛到多项式的 n 个零点，然后再推广到一般情况．为此要作若干准备．

4.2 组合的 Stokes 定理 设 Q 是平面有界区域(连通或不连通)，剖分成为有限个具有正的定向的三角形，各顶点的标号为 1 或 2 或 3．称 ∂Q 上的(1,2)标号棱和 Q 内的标号为(1, 3, 2)的三角形为 Q 的进口（源)；∂Q 上的(2, 1)标号棱和 Q 内的标号为(1,2,3)的三角形为 Q 的出口(渊)．那么，对于 Q，进口的数目和出口的数目相等．

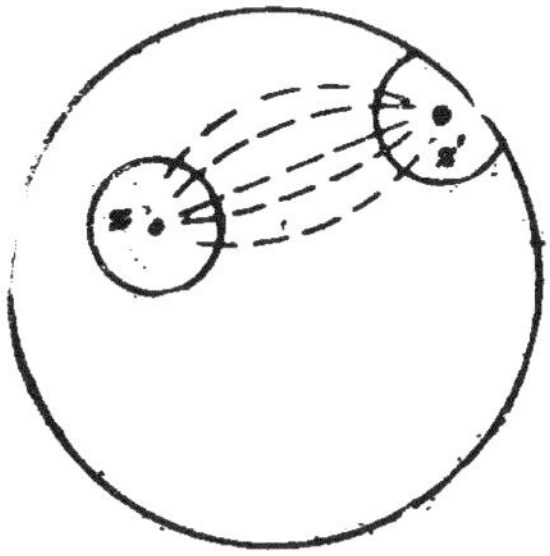

图 1.14

证明 据所设，Q 内三角形数目及 ∂Q 上棱的数目都有限，所以进口的数目和出口的数目当然有限，

对于每个进口，若它是 ∂Q 上的(1, 2)标号棱，则由它出发执行算法 2.4 中的步 1；若它是 Q 内的标号(1,3,2)的三角形，则取消标号为 3 的顶点后，开始执行步 1．这样做下去，或者找到 Q 内

一个标号 (1,2,3) 三角形；或者互补轮迴过程将超出 Q，在通过 ∂Q 超出 Q 的地方将给出一个(2,1)标号棱. 所以，从每个进口出发的步 1 互补轮迴过程,都以找到一个出口结束.

由于引理 2.6 及引理 3.4，互补轮迴过程按进退两个方向都是唯一决定的. 所以,对于每个出口,反方向执行步 1 (对(1,2,3)标号三角形要先取消标号为 3 的顶点),同样必终止于一个进口，这就完成了定理的证明. □

注意，4.2 中的 Q 比算法中的 Q_m 一般得多，读者可以对任何剖分为三角形的平面有限区域进行观察，不管各顶点怎样随机地得到 1 或 2 或 3 的号码，总是进口等于出口. 图 1.15 是一个例

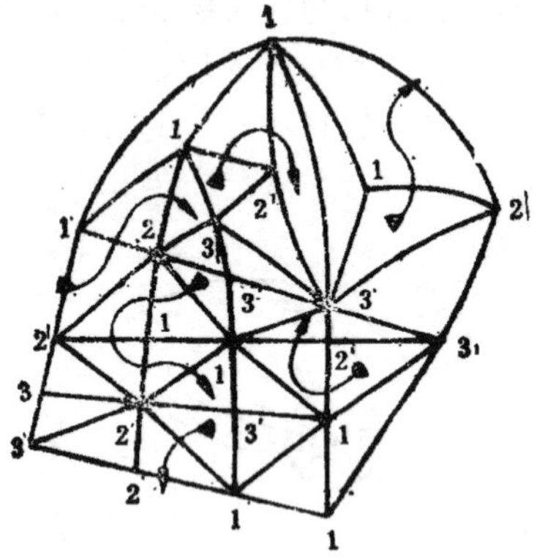

图 1.15

子，其中▲表示进口,→表示出口. 注意，对于组合的 Stokes 定理,平面上的曲边三角形也是允许的.

由定理 3.8,定理3.9,以及定理3.10,已经可以将多项式改写为 $f(z)=\prod_{j=1}^{n}(z-\xi_j)$,这里 $\xi_1,\cdots,\xi_n$ 是代数基本定理保证的多项式 f 的 n 个精确零点.

引理 4.3 设 ξ_j 是多项式 $f(z)$的一个单零点，$1\leqslant j\leqslant n$. 则

顶多只有一个计算的点序列收敛到ξ_j.

证明 在$z=\xi_j$附近，$f(z)=\prod_{i=1}^{n}(z-\xi_i)\approx(z-\xi_j)\prod_{i\neq j}(\xi_j-\xi_i)$. 即在$z=\xi_j$附近，$f$近似于一个线性函数，近似于复平面的以$z=\xi_j$为中心的乘以常数因子$\prod_{i\neq j}(\xi_j-\xi_i)$的旋转. 所以，存在以$z=\xi_j$为中心的半径足够小的圆域，对这个圆域内的任两点，用$w=(z-\xi_j)\prod_{i\neq j}(\xi_j-\xi_i)$代替$w=f(z)$计算$|\arg f(z')|$所引起的误差小于$\pi/24$；用$w=(z-\xi_j)\prod_{i\neq j}(\xi_j-\xi_i)$代替$w=f(z)$计算$|\arg f(z')/f(z'')|$所引起的误差小于$\pi/12$（下面第二章引理2.3.5将具体给出小圆域半径的一个估计）.

在剖分为T_d的C_d平面上，设$z=\xi_j$所在的一个三角形是τ，与τ有共同顶点的所有三角形的点集并的凸包为$T(\tau)$. 当d足够大因而剖分足够细时，总可以使得$T(\tau)$整个位于上述小圆域内. 我们要证明，小圆域内有且只有一个完全标号三角形，且其定向为正.

记$T(\tau)$的边界为∂T. 易知，∂T的每一条棱对τ的每一点的张角都在$\left(\frac{\pi}{12},\frac{\pi}{2}\right)$之间. 所以$\partial T$的$w=(z-\xi_j)\prod_{i\neq j}(\xi_j-\xi_i)$的象在$w$平面上按正向绕原点，每一步（相当于$\partial T$的一条棱）所转过的角在$(\pi/12,\pi/2)$之间. 这样，$\partial T$的$w=f(z)$象在$w$平面上按正向绕原点，每一步所转过的角在$\pi/12-\pi/24=\pi/24$和$\pi/2+\pi/24=13\pi/24$之间. 所以，按照标号法，$\partial T$上正好有一个标号(1,2)的棱，没有标号(2,1)的棱. 根据组合的Stokes定理，$T(\tau)$内正向全标形比负向全标形正好多一个.

下面证明小圆域内没有负向全标形.

考虑w平面上决定标号的三个顶角各为$\frac{2\pi}{3}$的扇形在z平面上以$z=\xi_j$为中心的小圆域内关于$w=(z-\xi_j)\prod_{i\neq j}(z-\xi_i)$的逆

象．我们有图 1.17，其中 $\Omega(1)$表示标号肯定为 1 的扇形区域，$\omega(1,2)$表示标号可能是 1 或 2 的扇形区域,等等．显然，ω 的顶角

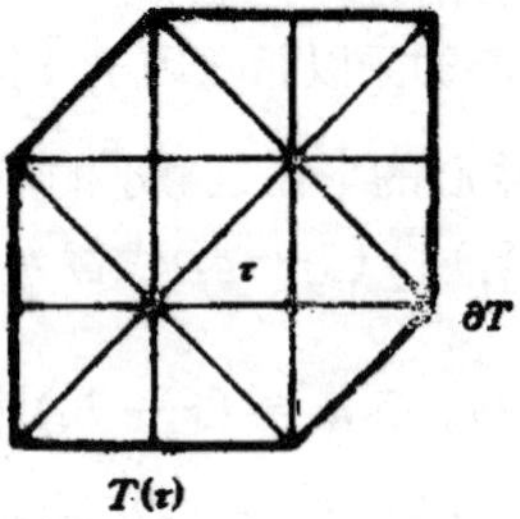

图 1.16

为$\frac{\pi}{12}$,不包括边界；Ω 的顶角为$\frac{7\pi}{12}$.

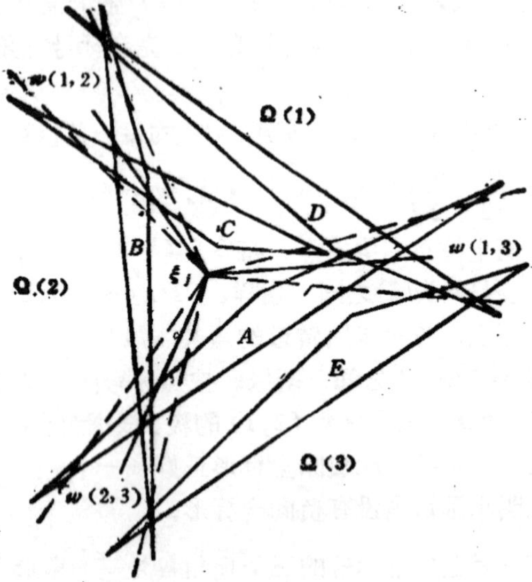

图 1.17

设$\{z_1, z_3, z_2\}$是圆域内一个负向全标三角形．若至少有两点

在Ω中(图 1.17中 A,B,C 三种情形),则必有一角大于$\frac{9}{12}\pi$,与剖分矛盾;在只有一点在Ω的情形,若一点在相邻的ω,另一点在对面的ω(图 1.17 中的D),则必有一内角大于$\frac{8\pi}{12}$;若另两点分别在相邻的两个ω中(图 1.17 中的E),则必有一内角大于$\frac{7}{12}\pi$,都与剖分矛盾;在三点都不在Ω的情形,如果三点在不同的ω,则它不是负向全标形.所以必有两点在同一ω.

综上所述,只剩下两点在同一ω,第三点在与此ω不相邻的区域的情形需要讨论.不妨设$z_2,z_3\in\omega(2,3)$,$z_1\in\omega(3,1)\cup\Omega(1)\cup\omega(1,2)$.

若$\xi_j\in\Delta z_1z_3z_2$,则$\angle z_1<\frac{\pi}{12}$,与剖分矛盾.所以$\xi_j\bar{\in}\Delta z_1z_3z_2$.由对称性,不妨设$z_2$,$\xi_j$在$\overline{z_1z_3}$两侧.$\overline{z_1z_3}$与$\omega(3,1)\cup\Omega(1)\cup\omega(1,2)$的边界的交点为$z'$.考虑沿通过$\xi_j$的射线,令$z_3$向$\xi_j$移动,$z_2$背向$\xi_j$移动(图 1.18),这是一个使$\angle z_2z'z_3$增大的过程,显然有上界 $\pi-\frac{7\pi}{12}<\frac{\pi}{2}$.所以$\angle z_1<z_2z'z_3<\frac{\pi}{2}$. 若$\angle z_3=\frac{\pi}{2}$,则$z_2z_3=z_1z_3>\xi_jz_3$, 所以 $\angle\xi_jz_2z_3<\alpha<\frac{\pi}{12}$, $\angle z_1z_3\xi_j>\frac{\pi}{2}-\alpha-\frac{\pi}{12}$,就引出 $\angle z_1\xi_jz_3+\angle\xi_jz_3z_1>\left(\frac{7}{12}\pi+\alpha\right)+\left(\frac{\pi}{2}-\alpha-\frac{\pi}{12}\right)=\pi$的矛盾.若$\angle z_2=\frac{\pi}{2}$,则 $z_2z_3=z_1z_2>z_2\xi_j$, $\angle z_2z_3\xi_j<\angle z_2\xi_jz_3<\frac{\pi}{12}$,引出$\angle\xi_jz_2z_3>\pi-\frac{\pi}{12}-\frac{\pi}{12}>\frac{\pi}{2}$的矛盾.

所以,圆域内没有负向全标等腰直角三角形.这样,据组合的 Stokes 定理,$T(\tau)$内有且只有一个全标三角形,其定向为正.

再设$z'z''$是圆域内$T(\tau)$外的任一棱,易知$z'z''$对ξ_j(在τ内)的张角不超过$\pi/2$,所以$f(z')$,$f(z'')$对原点的张角不超过$\pi/2$

$+\pi/12=7\pi/12<2\pi/3$. 因此，据引理 2.3，圆域内 $T(\tau)$外没有

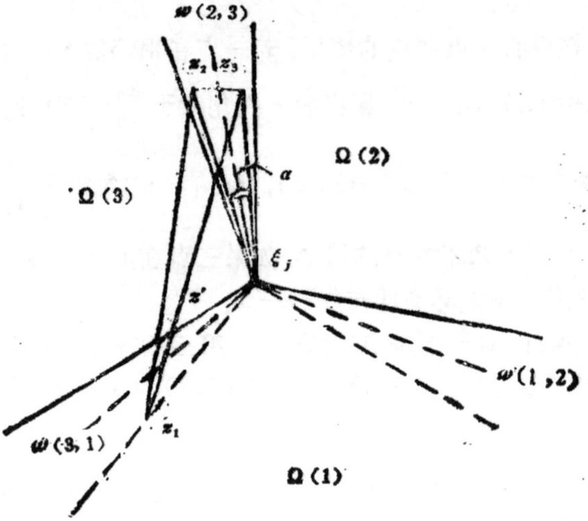

图 1.18

全标三角形.

至此，我们证明了，当 d 足够大因而剖分足够细时，以 $z=\xi_j$ 为中心的上述小圆域内总是有且只有一个全标三角形，并且它是正向全标三角形.

这样，按照算法，顶多只有一个计算的单纯形序列能无限接近 ξ_j. 所以，顶多只有一个计算的点序列收敛到 ξ_j. □

注意，引理的证明排除了小圆域内有任何负向完全标号的等腰直角三角形的可能性，即使该三角形不是剖分中的三角形.

最后，还需要有关于多项式零点是多项式系数的连续函数的下述引理.

引理 4.4 首一多项式的零点，是多项式系数的连续函数.

证明 回忆定义 3.11，设 $f(z)=z^n+a_1z^{n-1}+\cdots+a_n=(z-\xi_1)^{k_1}\cdots(z-\xi_l)^{k_l}$，$\xi_1,\cdots,\xi_l$ 互不相同，l 及 $k_1,\cdots,k_l$ 均为正整数. 当然，$k_1+\cdots+k_l=n$.

对于任何 j，$1\leqslant j\leqslant l$，可取 $\varepsilon>0$，使得在 $\{z\,|\,|z-\xi_j|\leqslant\varepsilon\}$

内 ξ_j 是唯一的零点。根据复变函数论中的幅角原理（例如见[Rudin, 1947]），有

$$k_j = \frac{1}{2\pi i}\int_{|z-\xi_j|=\varepsilon}(f'(z)/f(z))dz.$$

注意上式左端是整数，而右端是系数 $a_1,\cdots,a_n$ 的连续函数。所以当 $a_1,\cdots,a_n$ 变化很小时，上述积分值保持不变。也就是说，当 $a_1,\cdots,a_n$ 变化很小时，$\{z\,|\,|z-\xi_j|\leqslant\varepsilon\}$ 内多项式的零点数目（按重数计算）保持 k_j 不变。

最后，根据足够小 ε 的任意性，就证明了首一多项式的零点是它的系数的连续函数。□

引理自然可以推广到一般多项式的情况：设 $f(z) = a_0 z^n + a_1 z^{n-1} + \cdots + a_n = a_0(z-\xi_1)^{k_1}\cdots(z-\xi_l)^{k_l}$，$a_0 \neq 0$，$\xi_1,\cdots,\xi_l$ 互不相同，l 及 $k_1,\cdots,k_l$ 均为正整数，$k_1 + \cdots + k_l = n$。那么，只要 $(a_0',\cdots,a_n')$ 充分接近 $(a_0,\cdots,a_n)$，则多项式 $g(z) = a_0' z^n + a_1' z^{n-1} + \cdots + a_n'$ 在以 ξ_j 为中心的半径充分小的开圆域内的零点数目（按重数计算）仍是 k_j，$j = 1,\cdots,l$。在这意义上，我们有

引理 4.5 多项式的零点是多项式的系数的连续函数。□

现在转入主要定理的证明。

定理 4.6 n 个计算的点序列 $\{z_{jk}\}$ 正好收敛到多项式 f 的 n 个零点。并且，如果一个零点的重数为 μ，则正好有 μ 个计算的点序列收敛到这个零点。

证明 首先，定理对于没有重零点的多项式成立：据定理 4.1，n 个计算点序列中的每一个都收敛到多项式的一个零点；而引理 4.3 断定，n 个单零点中的每一个都顶多只允许一个计算的点序列收敛到它。所以，每个（单）零点都正好是一个计算的点序列的极限点。这样，在适当调整精确零点编号次序的条件下，有 $\lim\limits_{k\to\infty} z_{jk} = \xi_j$，$j = 1,\cdots,n$。

现在考虑有重零点的情况。注意对所有 $\varepsilon > 0$，$f(z) + \varepsilon$ 的导函数就是 $f'(z)$。设 $f'(z)$ 的零点为 $\xi_1',\cdots,\xi_{n-1}'$。则当 $\varepsilon \neq -f(\xi_j')$，$j = 1,\cdots,n-1$ 时，$f(z) + \varepsilon$ 没有重零点。所以，只要把

这有限个点避开，可以选取 $\varepsilon_0>0$，使得对于所有 $0<\varepsilon\leqslant\varepsilon_0$，$f(z)+\varepsilon$ 没有重零点．设对于这样的 $f(z)+\varepsilon$，算法所产生的计算的点序列是 $\{z_{jk}(\varepsilon)\}, j=1,\cdots,n,\ k=1,2,\cdots$.

由于定理对无重零点的多项式已经成立，我们有 $\lim\limits_{k\to\infty} z_{jk}(\varepsilon)=\xi_j(\varepsilon), j=1,\cdots,n$，这里 $\xi_1(\varepsilon),\cdots,\ \xi_n(\varepsilon)$ 是 $f(z)+\varepsilon$ 的所有 n 个(单)零点，也按计算出发点的编号来编号．

至于 $\{z_{jk}(\varepsilon)\}$ 与 $\{z_{jk}\}$ 的关系，我们断言：给定 K，存在 $0<\varepsilon_1\leqslant\varepsilon_0$，使得对于 $1\leqslant k\leqslant K$ 和 $0<\varepsilon\leqslant\varepsilon_1$ 成立，$z_{jk}(\varepsilon)=z_{jk}$．事实上，由于 w 平面上决定标号的区域右方是开的(图 1.5 右)，即，若一点落在某个标号区域内，则该点加一个充分小的正数所得的点仍落在原标号区域内．所以，对于这有限个 $z_{j1},\cdots,z_{jK}$，容易得到 $0<\varepsilon_1\leqslant\varepsilon_0$ 使得对 $0<\varepsilon\leqslant\varepsilon_1$, $z_{j1},\cdots,z_{jk}$ 的由 $f(z)$ 确定的标号和由 $f(z)+\varepsilon$ 确定的标号是一样的．

这样一来，由于 K 的任意性，就有 $\lim\limits_{k\to\infty}\lim\limits_{\varepsilon\to0^+} z_{jk}(\varepsilon)=\lim\limits_{k\to\infty} z_{jk}$.

按照引理 4.4 的证明，我们可以记 $\xi_j=\lim\limits_{\varepsilon\to0+}\xi_j(\varepsilon), j=1,\cdots,n$，并且，诸 ξ_j 均是 $f(z)$ 的零点．现在要证 $\xi_j=\lim\limits_{k\to\infty} z_{jk}$，$j=1,\cdots,n$.

一个自然的途径是：

$$\xi_j=\lim_{\varepsilon\to0^+}\xi_j(\varepsilon)=\lim_{\varepsilon\to0^+}\lim_{k\to\infty} z_{jk}(\varepsilon)=\lim_{k\to\infty}\lim_{\varepsilon\to0^+} z_{jk}(\varepsilon)=\lim_{k\to\infty} z_{jk}.$$

但二重极限的交换是一个棘手的问题．然而，它却启发我们构造对于 ε 一致收敛的子序列来给出证明．

对于每个 j 和 $\varepsilon, 1\leqslant j\leqslant n, 0<\varepsilon\leqslant\varepsilon_0$，令 $\tilde z_{jd}$ 和 $\tilde z_{jd}(\varepsilon)$ 分别为头一个达到 C_d，$d=0,1,\cdots$ 的 z_{jk} 和 $z_{jk}(\varepsilon)$ (记得按记法 3.2，每个 z_{jk} 总是联系一个 d_{jk} 的，虽然作为最后计算结果，我们主要关心 z_{jk})．对这样选出来的子序列 $\{\tilde z_{jd}\}$ 和 $\{\tilde z_{jd}(\varepsilon)\}$，当然有

$$\lim_{d\to\infty}\tilde z_{jd}=\lim_{k\to\infty} z_{jk},\quad \lim_{d\to\infty}\tilde z_{jd}(\varepsilon)=\lim_{k\to\infty} z_{jk}(\varepsilon)=\xi_j(\varepsilon),$$

并且

$$\xi_j=\lim_{\varepsilon\to0^+}\xi_j(\varepsilon)=\lim_{\varepsilon\to0^+}\lim_{d\to\infty}\tilde z_{jd}(\varepsilon)=\lim_{d\to\infty}\lim_{\varepsilon\to0^+}\tilde z_{jd}(\varepsilon)=\lim_{d\to\infty}\tilde z_{jd}.$$

这里，二重极限的交换已不成问题，因为不管 ε, $0<\varepsilon\leqslant\varepsilon_0$ 如何，序列总是在 d 步内达到第 d 层，所以极限 $\lim\limits_{d\to\infty}\tilde{z}_{id}(\varepsilon)$对于 ε, $0<\varepsilon\leqslant\varepsilon_0$ 是一致收敛的. 即对任何 $\eta>0$，我们可以找到 $D>-\log_2\dfrac{\eta}{\left(1+\frac{3}{4}h\right)\sqrt{2}h}$，当 $d\geqslant D$ 时，对所有的$0<\varepsilon\leqslant\varepsilon_0$ 均有 (引理 2.1.2 将具体给出一个估计)

$$
\begin{aligned}
|\tilde{z}_{id}(\varepsilon)-\xi_i(\varepsilon)| &< \left(1+\frac{3}{4}n\right)\sqrt{2}h\cdot 2^{-d} \\
&\leqslant \left(1+\frac{3}{4}n\right)\sqrt{2}h\cdot 2^{-D}<\eta.
\end{aligned}
$$

至此我们得到

$$
\xi_i=\lim_{d\to\infty}\tilde{z}_{id}=\lim_{k\to\infty}z_{jk}, j=1,\cdots,n.
$$

现设 ξ 为 $f(z)$的 μ 重根，同样，根据幅角原理，注意 ε_0 的选取，有:

$$
\mu=\frac{1}{2\pi i}\int_{|z-\xi|=\varepsilon_0}\frac{f'(z)}{f(z)}dz.
$$

但$(f(z)+\varepsilon)'=f'(z)$，当 ε 很小时，在圆周$|z-\xi|=\varepsilon_0$ 上$(f(z)+\varepsilon)'/(f(z)+\varepsilon)$ 与$f'(z)/f(z)$ 之差就很小，所以 $(f(z)+\varepsilon)'/(f(z)+\varepsilon)$的相应积分与上述积分相差也很小. 但两个积分值都是整数，所以，当 ε 足够小时，恒成立

$$
\frac{1}{2\pi i}\int_{|z-\xi|=\varepsilon_0}\frac{(f(z)+\varepsilon)'}{f(z)+\varepsilon}dz=\mu.
$$

今 $f(z)+\varepsilon$ 是无重零点的多项式，所以正好有 μ 个计算的点序列收敛到 $f(z)+\varepsilon$ 在圆 $\{z\,|\,|z-\xi|<\varepsilon_0\}$内的 μ 个单零点. 最后，注意足够小的 $\varepsilon_0>0$ 的任意性以及对任意 K，存在 $0<\varepsilon_1\leqslant\varepsilon_0$，使得对于 $1\leqslant k\leqslant K$ 和 $0<\varepsilon\leqslant\varepsilon_1$, $z_{jk}(\varepsilon)=z_{jk}$，可知正好有 μ 个计算的点序列收敛到 ξ. □

根据定理 4.6，在下一章，我们都用零点的计算顺序为零点编号，即 f 的 n 个零点 $\xi_1,\cdots,\xi_n$ 顺次分别是从 ∂Q 上第 $1,\cdots,n$ 个标号为(1,2)的棱出发的计算点序列的极限点.

第二章　Kuhn 算法的效率

这一章讨论 Kuhn 算法的效率.

首先,在 § 1,我们给出 Kuhn 算法的误差估计，然后在 § 2,证明用 Kuhn 算法算出多项式全部零点的成本随着多项式阶数 n 的增加顶多按 $n^3\log_2(n/\varepsilon)$增长，这里 $\varepsilon > 0$ 是零点计算的精度要求，ε 充分小. 按照计算复杂性理论,这是一种相当好的算法.

计算的单调性是影响算法效率的重要因素. 在 § 3 和 § 4,我们证明收敛到单零点的计算序列除了开始的一段以外，必定是单调上升的，并且给出风格不同的讨论. 这些讨论除本身结论的价值外，对于我们进一步熟悉算法也是大有帮助的.

§ 1. 误 差 估 计

函数方程 $f(z) = 0$ 数值求解的精度要求，一般有两种提法. 一种是给定 $\varepsilon > 0$，要找 z 使得对于某个符合 $f(\xi) = 0$ 的 ξ 有 $|z - \xi| < \varepsilon$. 另一种提法是：给定 $\varepsilon > 0$,要找 z 使得 $|f(z)| < \varepsilon$.

定理 1.3.9 的证明已经包含按 $|f(z)| < \varepsilon$ 型精度要求的 Kuhn 算法的误差估计. 当然,那个估计是相当粗糙的，并且对于阶数相同而系数不同的多项式并不是一致的.

现在我们按 $|z - \xi| < \varepsilon$ 型精度要求，提出 Kuhn 算法的一个误差估计，它对于阶数相同的多项式是一致的. 所讨论的代数方程仍为 $f(z) = 0$,这里 $f(z)$是 n 阶复系数首一多项式.

记得我们限制复数幅角的取值范围是$(-\pi, \pi]$.

引理 1.1　$|w| < 1$蕴涵 $|\arg(1 + w)| \leqslant \frac{\pi}{2}|w|$.

证明 因为当$0\leqslant\lambda\leqslant\frac{\pi}{2}$时，有$\lambda\leqslant\frac{\pi}{2}\sin\lambda$，所以在$|w|<1$的条件下，

$$|\arg(1+w)|\leqslant\arcsin|w|\leqslant\frac{\pi}{2}\sin(\arcsin|w|)$$

$$=\frac{\pi}{2}|w|.\ \Box$$

定理 1.2 设$\{z_1,z_2,z_3\}$是一个完全标号三点组，其标号都由多项式f确定，那么该三点组与f的某个零点的距离不大于$3n\delta/4$，这里$\delta=\mathrm{diam}\{z_1,z_2,z_3\}$是三点组的(投影)直径，$n$是多项式的阶数.

证明 $n=1$的情况是平凡的，因为这时$w=f(z)$只是一个平移. 下面考虑$n>1$情况.

改写$f(z)$为$f(z)=\prod_{j=1}^{n}(z-\xi_j)$，这里$\xi_1,\cdots,\xi_n$是$f$的$n$个精确零点.

若定理结论不真，则$|z_k-\xi_j|>3n\delta/4$，$k=1,2,3$；$j=1,\cdots,n$。于是，对所有$j=1,\cdots,n$，均有

$$|(z_2-z_1)/(z_1-\xi_j)|<\delta/(3n\delta/4)=4/3n<1.$$

据引理 1.1，就有

$$\left|\arg\frac{f(z_2)}{f(z_1)}\right|=\left|\arg\frac{(z_2-\xi_1)\cdots(z_2-\xi_n)}{(z_1-\xi_1)\cdots(z_1-\xi_n)}\right|$$

$$\leqslant\sum_{j=1}^{n}\left|\arg\frac{z_2-\xi_j}{z_1-\xi_j}\right|=\sum_{j=1}^{n}\left|\arg\left(1+\frac{z_2-z_1}{z_1-\xi_j}\right)\right|$$

$$\leqslant\sum_{j=1}^{n}\frac{\pi}{2}\left|\frac{z_2-z_1}{z_1-\xi_j}\right|<n\cdot\frac{\pi}{2}\cdot\frac{4}{3n}=\frac{2\pi}{3}. \qquad \text{(I)}$$

同理将有

$$\left|\arg\frac{f(z_1)}{f(z_3)}\right|<\frac{2\pi}{3}, \qquad \text{(II)}$$

$$\left|\arg\frac{f(z_2)}{f(z_3)}\right|<\frac{2\pi}{3}. \qquad \text{(III)}$$

但按标号法，

$$\arg f(z_2)-\arg f(z_1)>\frac{4\pi}{3},$$

$$\arg f(z_1)-\arg f(z_3)>\frac{4\pi}{3}$$

和

$$\arg f(z_2)-\arg f(z_3)<\frac{2\pi}{3}$$

都是不可能的．所以(I),(II)和(III)分别等价于

$$0<\arg f(z_2)-\arg f(z_1)<2\pi/3, \tag{IV}$$

$$0<\arg f(z_1)-\arg f(z_3)<2\pi/3, \tag{V}$$

和

$$\arg f(z_2)-\arg f(z_3)>4\pi/3. \tag{VI}$$

现从(VI)减去(IV)，就得到

$$\arg f(z_1)-\arg f(z_3)>2\pi/3,$$

与已有的(V)矛盾．这就完成了定理的证明．▯

定理的证明中蕴涵一个用起来方便的事实，我们把它归纳如下．

引理 1.3 如果对一给定的三点组中任两点 z' 和 z'' 都有 $\left|\arg\frac{f(z')}{f(z'')}\right|<2\pi/3$，则该三点组不是由 f 确定标号的一个完全标号三点组．▯

这实际上是第一章引理 1.2.3 对于由 f 确定标号的三点组的一个翻版：如果三点中的任两点的象在 w 平面上对原点所张开的角小于 $2\pi/3$，则该三点组不会是全标三点组，除非它的一个点已是零点．

回到算法上来，我们可以提出

引理 1.4 设 $\varepsilon>0$ 是零点计算的精度要求，令 $D=\lceil\log_2(\sqrt{2}\cdot h(1+0.75n)/\varepsilon)\rceil$．则 C_D 以上的计算是不必要的．事实上，设$\{z_1,z_2,z_3\}$是 C_D 上的一个完全标号三角形，则 z_1,z_2,z_3 与 f 的相应零点的距离均不超过 ε．

证明 记 C_D 上三角形的直径为 δ. 由引理 1.2, $\{z_1,z_2,z_3\}$与 f 的相应零点的距离不超过 $3n\delta/4$. 所以它的任一顶点与该零点的距离不超过 $\delta+3n\delta/4=(1+0.75n)\delta$.

另一方面, 在 C_D 上 $\delta=\sqrt{2}\cdot h\cdot 2^{-D}\leqslant\sqrt{2}\cdot h/(\sqrt{2}\cdot h(1+0.75n)/\varepsilon)=\varepsilon/(1+0.75n)$. 所以 C_D 上任一完全标号三角形的任一顶点与 f 的相应零点的距离不超过 $(1+0.75n)\cdot\varepsilon/(1+0.75n)=\varepsilon$. 即计算已经达到预定的精度要求. □

将精度要求设置在算法中, 我们重新叙述算法如下.

算法 1.5

令 $D=\lceil\log_2(\sqrt{2}h(1+0.75n)/\varepsilon)\rceil$, $j=1$.

步 0 若 $j=n+1$,停机,计算结束;否则, 令$\{z_1,z_2\}$为 ∂Q_m 上第 j 个标号为(1,2)的棱.

步 1 (二维搜索) 若 z_3 空白,令 z' 是使得 $\{z_1,z_2,z'\}$是 $T_{-1}(\tilde{z};h)$中一个正向三角形的唯一顶点. 计算 $l=l(z')$,令 $z_l=z'$,回到步 1. (若 $l(z')=3$,将升维.)

步 2 (降维) 若 $\{z_1,z_3,z_2\}$是 $T_{-1}(\tilde{z};h)$的一个负向全标三角形,取消 z_3,回到步 1.

步 3 (三维搜索) 令 z'是使得$\{z_1,z_2,z_3,z'\}$是$T(\tilde{z};h)$中顶点次序按右手螺旋方向给出的四面体的唯一顶点, 计算 $l=l(z')$. 令 $z_l=z'$,若 $d_1+d_2+d_3=3D$,打印 $\xi_j=z_1$ 作为第 j 个数值零点,并置 $j=j+1$ 回到步0;否则回到步 1.

关于 Kuhn 算法的程序实施及数值试验, 可参看[王则柯, 1981],限于篇幅,本书就不再赘述了. 在[王则柯,1986]中, 还讨论了用 Kuhn 算法求解超越方程的问题.

§2. 成本估计

一种算法通常是对于某种类型的问题提出来的. 当问题的规模增大时, 通常计算的成本也随着增大. 如果计算成本随着问题规模增大的关系是指数式的,这种算法将被认为是难以接受的.相反，如果计算成本随着问题规模而增大的关系是一种多项式关系，这种算法就是实际可行的。

代数方程的阶数是单个复变量代数方程数值求解问题的规模的自然度量。这一节我们证明，Kuhn 算法计算代数方程全部解的总成本随着方程阶数 n 增大的速度顶多是 $n^3\log_2(n/\varepsilon)$，这里 $\varepsilon > 0$ 是计算的精度要求，ε 充分小。

函数方程数值求解的成本通常是以所需要的函数计值总次数来衡量的。对于 Kuhn 算法，多项式计值次数不超过计算通过四面体的次数。我们试图对计算可能走到的区域中的四面体总数给出一个上界，这样，计算总成本的一个上界也就得出来了。

为了简化讨论，以后我们总是用剖分 $T(0;1)$，即总是取 $\tilde{z}=0$ 和 $h=1$。

记 $M=\sqrt{2}+\max\left\{3\sqrt{2}(2+\pi)n/4\pi,\ 1+\frac{5}{4}\frac{n}{n-1}\max|a_j|\right\}$，$\Lambda=\{z\,|\,|z|<M\}\times[-1,+\infty)$。

引理 2.1 $\sigma_{jk}\subset\Lambda$，$j=1,\cdots,n$；$k=1,2,\cdots$。

即：全部计算都在大圆柱 Λ 内进行。

证明 显然，$Q_m\subset\Lambda$。所以若 $\dim(\sigma_{jk})=2$，引理 1.3.3 保证 $\sigma_{jk}\subset\Lambda$。下面只讨论 $\dim(\sigma_{jk})=3$ 的情况。

现在 σ_{jk} 是四面体，它有一对二维界面是完全标号三角形。所以我们只须证明完全标号三角形或完全标号三点组一定在 Λ 内即可。因为剖分 $T(0;1)$ 中三角形的最大直径为 $\sqrt{2}$，所以根据引理 1.4，又只须证明：令

$$r=M-\sqrt{2}\geqslant\max\left\{3\sqrt{2}(2+\pi)n/4\pi,\right.$$
$$\left.1+\frac{5}{4}\frac{n}{n-1}\max|a_j|\right\},$$

$$\Lambda'=\{z\,|\,|z|<r\}\times[-1,+\infty),$$

若棱 (z',z'') 在 Λ' 之外，则 $|\arg(f_d(z')/f_d(z''))|<2\pi/3$。这里，对 $z\in C_{-1}$，$f_d(z)=z^n$，在其他情况 $f_d(z)=f(z)$。

改写 $f(z)$ 为

$$f(z) = z^n(1 + a_1/z + \cdots + a_n/z^n) = z^n(1 + g(z)).$$

若 $z' \bar{\in} \boldsymbol{C}_{-1}, z'' \bar{\in} \boldsymbol{C}_{-1}$，则

$$|g(z'')| \leqslant |a_1|/r + \cdots + |a_n|/r^n \leqslant \max|a_j|/(r-1)$$
$$\leqslant (n-1)/n,$$

$$|g(z') - g(z'')| \leqslant |a_1|\left|\frac{1}{z'} - \frac{1}{z''}\right| + \cdots + |a_n|\left|\frac{1}{z'^n} - \frac{1}{z''^n}\right| \leqslant \max|a_j| \cdot |z' - z''|\left(\frac{1}{r^2} + \frac{2}{r^3} + \cdots + \frac{n}{r^{n+1}}\right) \leqslant \sqrt{2}\max|a_j|/(r-1)^2$$

$$\leqslant \frac{\sqrt{2}}{r-1}\frac{n-1}{n} \leqslant \frac{n-1}{n}\sqrt{2}\Big/\left(\frac{3\sqrt{2}(2+\pi)n}{4\pi} - 1\right) < \frac{n-1}{n}\sqrt{2}\Big/\frac{3\sqrt{2}(2+\pi)(n-1)}{4\pi}$$

$$= \frac{4\pi}{3(2+\pi)n},$$

$$\left|\frac{g(z') - g(z'')}{1 + g(z'')}\right| < \frac{4\pi}{3(2+\pi)n}\Big/\left(1 - \frac{n-1}{n}\right)$$

$$= \frac{4\pi}{3(2+\pi)} < 1,$$

故由引理 1.1，

$$\left|\arg\frac{f_d(z')}{f_d(z'')}\right| = \left|\arg\frac{f(z')}{f(z'')}\right| \leqslant n\left|\arg\frac{z'}{z''}\right| + \left|\arg\left(1 + \frac{g(z') - g(z'')}{1 + g(z'')}\right)\right|$$

$$\leqslant n \cdot \frac{\sqrt{2}}{3\sqrt{2}(2+\pi) \cdot n/4\pi} + \frac{\pi}{2}\left|\frac{g(z') - g(z'')}{1 + g(z'')}\right|$$
$$< \frac{4\pi}{3(2+\pi)} + \frac{\pi}{2} \cdot \frac{4\pi}{3(2+\pi)} = \frac{2\pi}{3}.$$

若 $z' \in \boldsymbol{C}_{-1}, z'' \in \boldsymbol{C}_{-1}$，则

$$\left|\arg\frac{f_d(z')}{f_d(z'')}\right| = \left|\arg\frac{z'^n}{z''^n}\right| \leqslant n|\arg z' - \arg z''|$$

$$\leqslant n\cdot\frac{\sqrt{2}}{3\sqrt{2}(2+\pi)n/4\pi}-\frac{4\pi}{3(2+\pi)}$$

$$<\frac{2\pi}{3}.$$

若 $z'\bar{\in}C_{-1}$，$z''\in C_{-1}$，则 $f_d(z')=f(z')=z'^n(1+g(z'))$，$f_d(z'')=z''^n=z''^n(1+0)$，于是：

$$\left|\frac{g(z')-0}{1+0}\right|=|g(z')|<\max|a_i|/(r-1)$$

$$\leqslant\frac{4(n-1)}{5n}<\frac{4\pi}{3(2+\pi)}\cdot\frac{n-1}{n}$$

$$<\frac{4\pi}{3(2+\pi)},$$

再类似上面推导得到

$$\left|\arg\frac{f_d(z')}{f_d(z'')}\right|=\left|\arg\frac{f(z')}{z''^n}\right|\leqslant n\left|\arg\frac{z'}{z''}\right|$$

$$+\left|\arg\left(1+\frac{g(z')-0}{1+0}\right)\right|<\frac{2\pi}{3}$$

若 $z'\in C_{-1}$，$z''\bar{\in}C_{-1}$，则

$$\left|\arg\frac{f_d(z')}{f_d(z'')}\right|=\left|-\arg\frac{f_d(z'')}{f_d(z')}\right|=\left|\arg\frac{f_d(z'')}{f_d(z')}\right|$$

$$<\frac{2\pi}{3}.\quad\square$$

引理 2.2 设 $d\geqslant 0$. 计算所通过的 C_d 以上的四面体，都在 $\{\xi_i\}\times[d,+\infty)$ 为轴的半径 $(1+0.75n)2^{0.5-d}$ 的 n 个圆柱内，这里 $\xi_1,\cdots,\xi_n$ 是多项式的 n 个精确零点.

即：C_d 以上的计算都在这 n 个圆柱内进行.

证明 计算所通过的四面体都有一对完全标号三角形界面. 现在四面体在 C_d 以上，据定理 1.2，它的某个顶点与多项式的某个零点的距离不超过 $3n\cdot\sqrt{2}\cdot 2^{-d}/4=0.75n\,2^{0.5-d}$，所以它的所有顶点与这个零点的距离均不超过

$$0.75n2^{0.5-d}+\sqrt{2}\cdot 2^{-d}=(1+0.75n)2^{0.5-d}.$$

引理得证.

注意我们说的都是投影的距离. □

最后,还需要一个技术性的引理.

引理 2.3 令 B_d 为以$\{0\}\times[d,d+1]$为轴的一个圆柱体,设 Σ_d 是剖分 $T(0;1)$中位于 $\boldsymbol{C}_d$ 和 $\boldsymbol{C}_{d+1}$ 之间的任一基本方体(图 1.3 及图 1.4). 以 σ_d 记 Σ_d 的完全包含在 B_d 内的四面体的数目,那末,

$$\sigma_d \leqslant \begin{cases} 5\mathrm{vol}(\Sigma_d \cap B_d), & \text{当 } d = -1, \\ 14\mathrm{vol}(\Sigma_d \cap B_d)\cdot 2^{2d}, & \text{当 } d \geqslant 0, \end{cases}$$

这里 vol(A) 表示子集 $A\subset R^3$ 在三维欧氏空间中的通常体积.

注意: 引理对基本方体在 $\boldsymbol{C}_d$ 和 $\boldsymbol{C}_{d+1}$ 之间的具体位置并无限制,对圆柱体的半径亦无限制.

证明 为方便计,记 $v_d=\mathrm{vol}(\Sigma_d\cap B_d)$. 对 $d=-1$, 总有 $0\leqslant v_d\leqslant 1$. 由图 1.3,显然当 $v_d\leqslant 1/2$ 时, $\sigma_d=0$; 当 $v_d=1$ 时, $\Sigma_d\subset B_d$, 所以 $\sigma_d=5$. 在 $1/2<v_d<1$ 的情况, 注意 Σ_d 的任一垂直棱均与 Σ_d 的 4 个四面体接触, 所以 $\sigma_d\leqslant 1$. 至此已完成当 $d=-1$ 时引理的证明.

对 $d\geqslant 0$, 有 $0\leqslant v_d\leqslant 2^{-2d}$. 按照图 2.1(图 1.4 的投影), 我们区分八种情况进行讨论, 相应的结果从初等几何的简单体积分析即可得出:

1° $0\leqslant v_d\leqslant \frac{1}{8}2^{-2d}$, $\sigma_d=0$;

2° $\frac{1}{8}2^{-2d}< v_d\leqslant \frac{1}{4}2^{-2d}$, $\sigma_d\leqslant 1$;

3° $\frac{1}{4}2^{-2d}< v_d\leqslant \frac{3}{8}2^{-2d}$, $\sigma_d\leqslant 2$;

4° $\frac{3}{8}2^{-2d}< v_d\leqslant \frac{1}{2}2^{-2d}$, $\sigma_d\leqslant 4$;

5° $\frac{1}{2}2^{-2d}< v_d\leqslant \frac{3}{4}2^{-2d}$, $\sigma_d\leqslant 7$;

6° $\frac{3}{4}2^{-2d} < v_d \leqslant \frac{7}{8}2^{-2d}$, $\sigma_d \leqslant 8$;

7° $\frac{7}{8}2^{-2d} < v_d < 2^{-2d}$, $\sigma_d \leqslant 9$;

8° $v_d = 2^{-2d}$, $\sigma_d = 14$.

例如情况 7°,图 2.1 方块的一个顶角在 B_d 外，所以至少有 5 个四面体不完全包含在 B_d 内.

在所有上述情况，$\sigma_d \leqslant 14 \cdot v_d/2^{-2d} = 14 \cdot v_d \cdot 2^{2d}$，这就完成了引理的证明. □

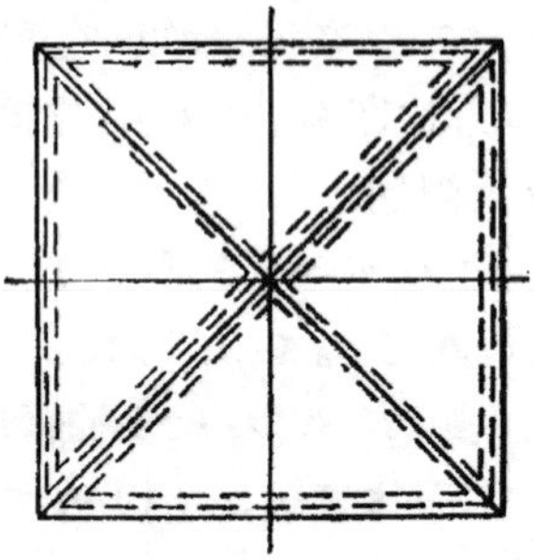

图 2.1

本节的主要结果是

定理 2.4 当 $\varepsilon > 0$ 充分小时，用 Kuhn 算法按照精度要求 ε 算出 n 阶代数方程 $f(z) = 0$ 全部零点所需要的多项式 f 的计值次数不超过

$$\pi[5M^2 + 28n(1 + 0.75n)^2\lceil\log_2(\sqrt{2}(1 + 0.75n)/\varepsilon)\rceil],$$

这里 $M = \sqrt{2} + \max\left\{3\sqrt{2}(2+\pi)n/4\pi, 1 + \frac{5}{4}\frac{n}{n-1}\max|a_i|\right\}$

如引理 2.1 所述.

证明 综合引理 2.1 及引理 2.2，在剖分成 $T(0;1)$ 的半空间 $\boldsymbol{C} \times [-1, +\infty)$ 中，计算所通过的四面体全部包含在以 $\{0\} \times [-1,0]$ 为轴的半径为 M 的底座圆柱，加上 $\boldsymbol{C}_0$ 以上以诸 $\{\xi_i\} \times [0, +\infty)$ 为轴、$\boldsymbol{C}_d$ 和 $\boldsymbol{C}_{d+1}$ 之间半径为 $(1 + 0.75n)2^{0.5-d}$ (不断缩小)

的 n 个圆柱阶梯内.（参看图 2.2，侧视如图 2.3）

取 $D=\lceil\log_2(\sqrt{2}(1+0.75n)/\varepsilon)\rceil$. 按照算法，从 ∂Q_m 上 n 个标号为(1,2)的棱出发的 n 个计算点列，各收敛到 f 的一个零点，零点重数亦计算在内. 已经证明(定理 1.4.1)，每个计算点列有且只有一个聚点. 所以，当 $\varepsilon>0$ 充分小因而 D 足够大时，各不同零点的圆柱阶梯互相分离，并且各圆柱阶梯内的计算点列数目正好等于相应零点的重数. 否则将引出某计算点列有不止一个聚点的矛盾. （几何上看，$\varepsilon>0$ 充分小的要求排除了对例如图 2.3 中计算点列(4)过早截断所造成的失误.）

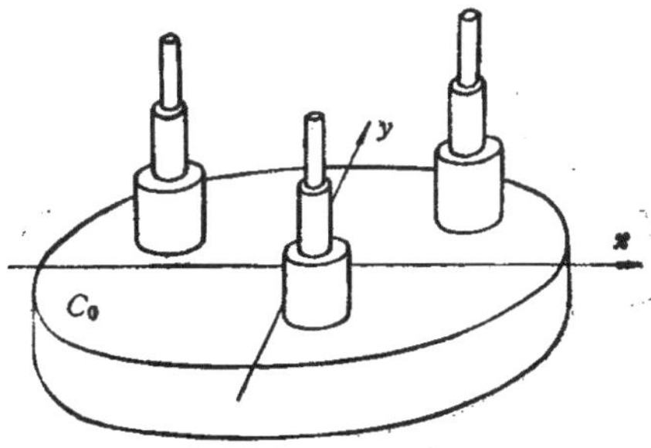

图 2.2

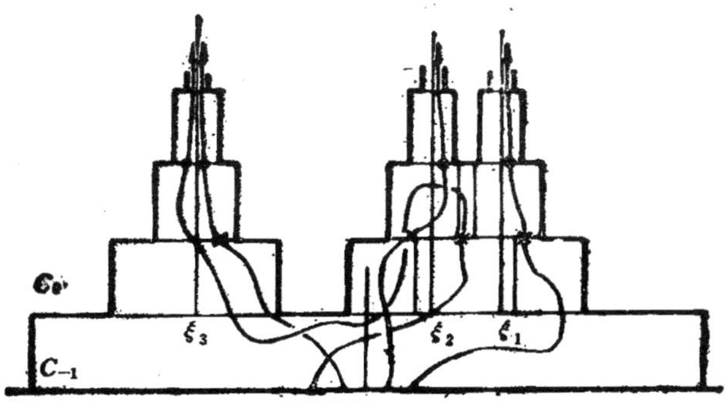

图 2.3

按照引理 1.4，C_D 以上的计算都是不必要的。所以，为了按精度要求 $\varepsilon>0$ 算出全部 n 个零点，计算所通过的四面体全部包含在由一个半径为 M 的底座圆柱加上高度为 D 的 n 个圆柱阶梯(可以有重叠)所组成的区域内。按照引理 2.3，这个区域内所包含的四面体数目不超过

$$\pi[5M^2+28n(1+0.75n)^2\lceil\log_2(\sqrt{2}(1+0.75n)/\varepsilon\rceil].$$

按照算法，步 1 (二维搜索)和步 2 (从三维搜索降到二维搜索)都不包含 f 计值；每执行一次步 3 (三维搜索)，顶多需要一次 f 计值。但我们知道，每执行一次步 3，计算就通过一个四面体。所以在整个计算中，f 计值次数不超过计算所通过的四面体的总数。

这就完成了定理的证明。 □

有时候，计算一个零点的成本更为人们关切。我们有

推论 2.5 计算 n 阶代数方程 $f(z)=0$ 的一个零点所需要的多项式 f 的计值次数平均不超过

$$\pi[5M^2/n+28(1+0.75n)^2\lceil\log_2(\sqrt{2}(1+0.75n)/\varepsilon\rceil],$$

这里 M，ε 同定理 2.4。

§3. 单调性问题

代数方程的 Kuhn 算法，是最近十几年来新兴的不动点算法的一个范例。单调性问题，是关于不动点算法效率的一个重要问题。

当我们用 Kuhn 算法计算一个 n 次代数方程的全部 n 个零点的时候，上面已经证明，n 个计算序列总是要不断向上发展，直至按照预定的精度要求把全部 n 个零点算出来。这里所说的向上，是计算过程的总的趋向，但并不排除上两层退一层又上两层又退一层这样一种非单调上升的可能。这种上上下下或者说进进退退的现象，在文献(例如 [Todd, 1976] 和 [Allgowen & Georg' 1980])中称为计算的 *yo-yo* 行为。*yo-yo* 一词，借用于美国一种

儿童玩具的名称.

显然，*yo-yo* 行为，或者说计算的非单调性，是对算法效率不利的因素. 首先看一个例子.

例 3.1 用 Kuhn 算法解方程 $z^7=0$ 时的非单调性行为.

取剖分 $T(0;1)$. $n=7$ 时，$m=5$. 方块 Q_5 的部分点的标号，如图 2.4. 考虑从 ∂Q 上第 1 个标号为(1,2)的棱出发的计算点序列. 为了本例叙述中便于把空间的计算在平面上表示出来，我们对序列中每个点采用$(l)_d^k$ 的记号，这里 k 是点的计算序数，d 是该点所在的层次，l 是该点的标号. 在图 2.4 中有关各点及其对应的记号如下:

$(2)_{-1}^1 \qquad z=4+i$

$(1)_{-1}^2 \qquad z=4$

$(1)_{-1}^3 \qquad z=3$

$(2)_{-1}^4 \qquad z=3+i$

$(3)_{-1}^5 \qquad z=2+i.$

全标三角形已找到，接下去计算向空中发展. 注意，在本特例中，C_{-1} 和 $C_d(d\geqslant 0)$的标号函数是一样的，只是剖分不同. 继续算下去，读者可以写出 $(2)_0^6,(1)_0^7,(3)_0^8$，至此 C_0 平面上一个正向全标三角形已经找到. 注意在图 2.5 中，虚线表示 C_{-1} 平面上的剖分斜线，$(3)_{-1;0}^{5;8}$是$(3)_{-1}^5$和$(3)_0^8$的合并记法. 从$(3)_{-1}^5$到$(3)_0^8$，读者可参看图 1.3. 在此以后，就都用图 1.4. 接下去是:

$$(2)_1^9,(2)_1^{10},(2)_1^{11},(1)_0^{12},(3)_1^{13},(1)_1^{14}.$$

这时，C_1 平面上一个正向全标形已经找到.

继续做下去: $(3)_2^{15}$, $(3)_1^{16}$. 得到 C_{-1} 平面上一个负向全标形，于是: $(1)_0^{17},(1)_0^{18},(1)_1^{19},(2)_2^{20},(2)_2^{21},(2)_2^{22},(1)_1^{23}$, $(3)_2^{24}$, $(1)_2^{25}$. 这时，C_2 平面上一个正向全标形已经找到.

由于本例中函数 $f(z)=z^7$ 的对称性，可知接下去的计算都按同样规律进行: 从 C_d 上的已经找到的正向全标形起，再算 11 个点，就到达 C_{d+1} 上的一个正向全标形. 这样的全标形越来越靠近原点(图 2.6)，最后就把方程 $z^7=0$ 的第 1 个零点 $z=0$ 算出来。

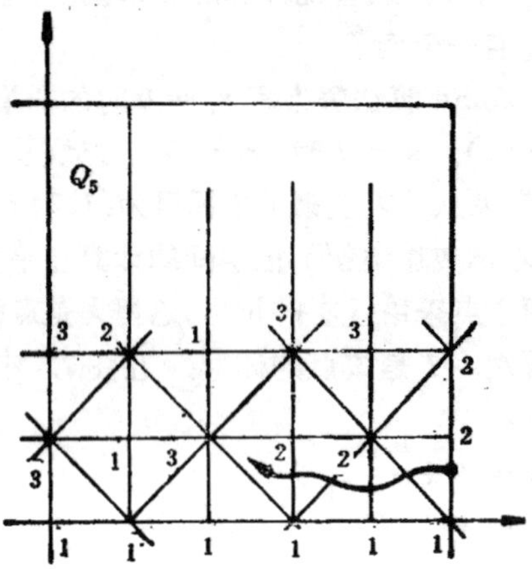

图 2.4

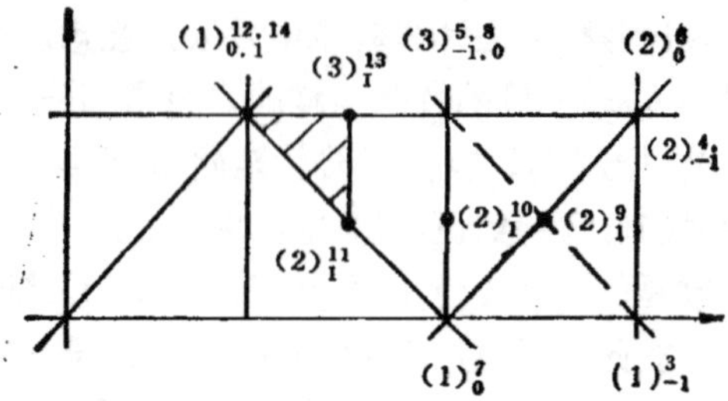

图 2.5

读者若能顺利地跟着本例走一遍，从第 1 个点到第 25 个点或者第36 个点，那么对算法的几何结构就算比较清楚了.

仔细分析从 C_1 上的正向全标形$(1)^{14}_{1}$,$(2)^{11}_{1}$,$(3)^{13}_{1}$到 C_2 上的正向全标形$(1)^{25}_{2}$,$(2)^{22}_{2}$,$(3)^{24}_{2}$ 的计算过程:

$(3)^{15}_{2}$,$(3)^{16}_{1}$,$(1)^{17}_{0}$,$(1)^{18}_{0}$,$(1)^{19}_{1}$,$(2)^{20}_{2}$,$(2)^{21}_{2}$,$(2)^{22}_{2}$, $(1)^{23}_{1}$, $(3)^{24}_{2}$, $(1)^{25}_{2}$.

表示层次的下标从 1 升到 2 又降回 0 然后才终于又升到 2. 下一

个循环，将是从 2 升到 3 又降回 1 然后才终于又升到 3. 计

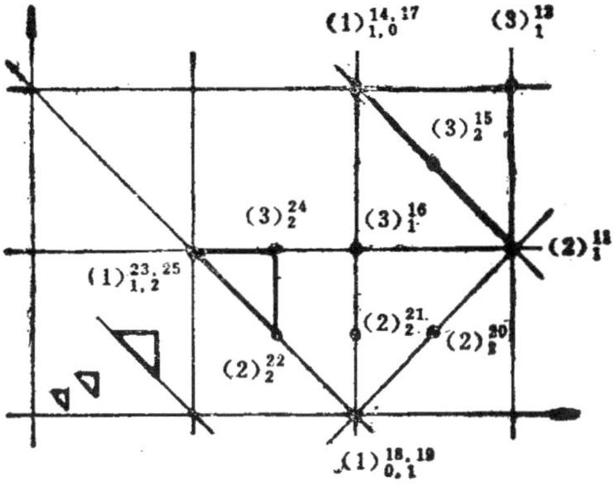

图 2.

算呈现非单调性.

还可以构造一些更复杂的例子. 非单调性的计算，其效率当然比较低. 为了进行讨论,我们先给出单调性的定义.

设$\{\sigma_{jk}\}$是一个计算的单纯形序列(记号 1.3.1),令 $d(\sigma_{jk})$ 为单纯形 σ_{jk} 各顶点所在的层次的最小值.

定义 3.2 如果 $d(\sigma_{j,k+1}) \geqslant d(\sigma_{jk})$ 对所有 $k=1,2,3,\cdots$成立,则说第 j 个计算序列是单调上升的.

设$\{(z_{jk},d_{jk})\}$是一个计算的点序列(参看记号 1.3.2).

定义 3.3 如果 $d_{j,k+1} \geqslant d_{jk}$ 对所有 $k=1,2,3,\cdots$成立,则说第 j 个计算序列是强单调上升的.

显然，强单调上升的计算序列必定是单调上升的，但反之不然,读者容易构造例子说明.

按照定义 3.2 和 3.3,我们知道例 3.1 中的计算序列,既不是强单调上升的,也不是单调上升的.

关于单调性问题，我们也可以说一个计算序列从某个时刻开始是单调上升的或强单调上升的. 下面就要证明，收敛到单零点的计算序列,除了开始的一段外,必定是单调上升的.

本节从现在开始，作如下假设.

假设 3.4 设 $z=\xi_j$ 是 $f(z)$ 的一个单零点，$1\leqslant j\leqslant n$，$n>1$. 记 $\mu=\min\limits_{k\neq j}|\xi_j-\xi_k|$，$M=\max\limits_{k\neq j}|\xi_j-\xi_k|$，$r=\left(M^{n-1}+\frac{1}{13}\mu^{n-1}\right)^{1/(n-1)}-M$.

显然，$M\geqslant\mu>0$，$r>0$.

引理 3.5 记 $\sigma_j(r)=\{z\,|\,|z-\xi_j|<r\}$，则对任何 $z',z''\in\sigma_j(r)$，都有

$$\left|\arg\left(\frac{f(z')}{f(z'')}\Big/\frac{z'-\xi_j}{z''-\xi_j}\right)\right|<\frac{\pi}{12}$$

和

$$\left|\arg\frac{f(z')}{(z'-\xi_j)\prod\limits_{k\neq j}(\xi_j-\xi_k)}\right|<\frac{\pi}{26}.$$

这就是说，计算 $\sigma_j(r)$ 内任两点的 f 值之比的幅角的绝对值或任一点的幅角的绝对值时，用线性函数 $w=(z-\xi_j)\prod\limits_{k\neq j}(\xi_j-\xi_k)$ 代替 $w=f(z)$ 进行计算所产生的误差分别不超过 $\pi/12$ 和 $\pi/26$.

证明 记 $\Delta z_j=z-\xi_j$，$D_{jk}=\xi_j-\xi_k$，则

$$\begin{aligned}f(z)&=(z-\xi_j)\prod_{k\neq j}(z-\xi_j+\xi_j-\xi_k)\\&=\Delta z_j\prod_{k\neq j}(\Delta z_j+D_{jk})=\Delta z_j\Big(\Delta z_j^{n-1}+\Delta z_j^{n-2}\\&\quad\times\sum_{k\neq j}D_{jk}+\Delta z_j^{n-3}\sum_{\substack{j,k_1,k_2\\\text{均不同}}}D_{jk_1}D_{jk_2}+\cdots\\&\quad+\Delta z_j\sum_{\substack{j,k_1,\cdots,k_{n-2}\\\text{均不同}}}D_{jk_1}\cdots D_{jk_{n-2}}+\prod_{k\neq j}D_{jk}\Big)\\&\overset{\text{(记作)}}{=}\Delta z_j\Big[v(\Delta z_j)+\prod_{k\neq j}D_{jk}\Big].\end{aligned}$$

显然，当 $\Delta z_j\to0$ 时，$v(\Delta z_j)\to0$.

令 $z', z'' \in \sigma_i(r)$，则

$$|\nu(\Delta z_i')| \leqslant |\Delta z_i'|^{n-1} + \binom{n-1}{1}|\Delta z_i'|^{n-2}M$$

$$+ \binom{n-1}{2}|\Delta z_i'|^{n-3}M^2 + \cdots + \binom{n-1}{n-2}$$

$$\times |\Delta z_i'|M^{n-2} = (|\Delta z_i'| + M)^{n-1} - M^{n-1}$$

$$< \left[\left(M^{n-1} + \frac{1}{13}\mu^{n-1}\right)^{1/(n-1)} - M + M\right]^{n-1} - M^{n-1}$$

$$= \mu^{n-1}/13.$$

同理 $|\nu(\Delta z_i'')| < \mu^{n-1}/13$。熟知 $|w| < 1 \Longrightarrow |\arg(1+w)| \leqslant \frac{\pi}{2}|w|$，并记 $\Pi = \prod\limits_{k\neq i} D_{jk}$，则得

$$\left|\arg\left(\frac{f(z')}{f(z'')}\Big/\frac{z'-\xi_i}{z''-\xi_i}\right)\right| = \left|\arg\frac{\nu(\Delta z_i') + \Pi}{\nu(\Delta z_i'') + \Pi}\right|$$

$$= \left|\arg\left(1 + \frac{\nu(\Delta z_i') - \nu(\Delta z_i'')}{\nu(\Delta z_i'') + \Pi}\right)\right|$$

$$\leqslant \frac{\pi}{2}\left|\frac{\nu(\Delta z_i) - \nu(\Delta z_i'')}{\nu(\Delta z_i'') + \Pi}\right| < \frac{\pi}{2}\,\frac{\mu^{n-1}/13 + \mu^{n-1}/13}{\mu^{n-1} - \mu^{n-1}/13}$$

$$= \frac{\pi}{12}.$$

类似地，我们有

$$\left|\arg\frac{f(z')}{(z'-\xi_i)\prod\limits_{k\neq i}(\xi_i - \xi_k)}\right| = \left|\arg\frac{\nu(\Delta z_i') + \Pi}{\Pi}\right|$$

$$= \left|\arg\left(1 + \frac{\nu(\Delta z_i')}{\Pi}\right)\right| \leqslant \frac{\pi}{2}\left|\frac{\nu(\Delta z_i)}{\Pi}\right| < \frac{\pi}{2}\,\frac{\mu^{n-1}/13}{\mu^{n-1}}$$

$$= \frac{\pi}{26}. \quad \square$$

引理 3.6 令 D 是比 $\log_2(2\sqrt{2}/r)$ 大的最小整数，则当 $d \geqslant D$ 时，在 $\sigma_i(r) \subset \boldsymbol{C}_d$ 中有且只有一个全标形；并且这个全标形具有正的定向.

证明 回忆第一章引理 1.4.3 的证明，在剖分成 $T_d(0;1)$ 的平

面 $\boldsymbol{C}_d$ 上，记 ξ_j 所在的一个三角形是 τ，与 τ 有共同顶点的所有三角形的点集并的凸包为 $T(\tau)$，则 $T(\tau)$内任一点与 ξ_j 的距离不超过 $2\cdot\sqrt{2}\cdot 2^{-D} < r$. 所以 $T(\tau)\subset\sigma_j(r)\subset\boldsymbol{C}_d$. 这时，第一章引理 1.4.3 的证明告诉我们，在 $\sigma_j(r)\subset\boldsymbol{C}_d$, $d\geqslant D$, 总是有且只有一个完全标号三角形，而且，它具有正定向. □

由上述，我们得到

定理 3.7 收敛到单零点 ξ_j 的(第 j 个)计算序列，从 $\boldsymbol{C}_D$ 开始，是单调上升的.

证明 考虑以 $\sigma_j(r)$为底，以$[D,+\infty)$为轴的圆柱 $\sigma_j(r)\times[D,+\infty)$. 显然 $r<\mu/2$，并且在每个 $\sigma_j(r)\times\{d\}, d\geqslant D$, 有且只有一个全标形，其定向为正. 所以，收敛到 ξ_j 的计算序列，必定从 $\sigma_j(r)\times\{D\}$进入圆柱，不能穿过圆柱的侧面逃逸，亦不能再次穿过 $\sigma_j(r)\times\{D\}$退回，因 $\sigma_j(r)\times\{D\}$内没有负向全标三角形，而只有通过平面上的负向全标三角形，计算的单纯形序列才可能穿过这个平面下降一层. 所以，计算一定向上. 同样道理，上了 $\boldsymbol{C}_{D+1}$ 后，再也不会降回 $\boldsymbol{C}_D$；上了 $\boldsymbol{C}_{D+2}$ 以后，再也不会降回 $\boldsymbol{C}_{D+1}$. 余此类推，这就证明了从 $\boldsymbol{C}_D$ 开始，计算序列是单调上升的. □

最后，我们叙述关于单调性对计算效率的意义的一个定理.

定理 3.8 从 $\boldsymbol{C}_D$ 开始，收敛到 ξ_j 的计算序列，顶多每计算 5 个点，就要上升一层.

证明 设第 j 个计算序列已经到达 $T_d(0;1)$上的一个(正向)完全标号三角形，$d\geqslant D$. 不失一般性，设此全标形为图 2.7 的 1,2,3. 接下去要算 A.

若 A 的标号为 2，接下去要算 B. B 的标号不会是 2，否则与引理 3.6 抵触. 由对称性，不妨设 B 的标号为 1. 这时，按 B_1A_23 确定下一个点是 C.

若 C 的标号是 1，则 C_1A_23 确定 E，但 E 的标号已知是 3. 这就达到了 $T_{d+1}(0;1)$上的一个(正向)全标形 $C_1A_2E_3$. 一共计算了 $ABCD$ 这 4 个点.

若 C 的标号是 3，则将达到 $F_1A_2C_3$，也是一共算了 4 个点.

若C的标号是 2，则 B_1C_23 确定下一点是 D．D的标号不能是 2，否则 $F_1E_3D_2$ 这个负向全标三角形与引理 3.6 和第一章引理 1.4.3 的证明矛盾(见第一章引理 1.4.3 后的注)．若D的标号是 1，将到达 $D_1C_2E_3$；若D的标号是 3，将到达 $F_1C_2D_3$。在两种情况，都是算了 5 个点：$ABCDE$ 或 $ABCDF$．

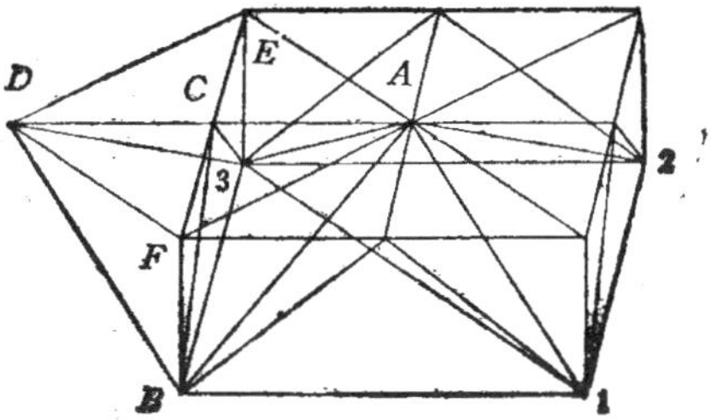

图 2.7

所以，若A的标号为 2，顶多一共算 5 个点，可上升一层．

若A的标号为 1 或 3，顶多一共算 4 个点就上升一层． 证明是类似的，留给读者作为练习．□

如果采用计算的点序列$\{(z_{jk}, d_{jk})\}$的记号，定理也可以写成

定理 3.8′ $d_{jk} \geqslant D + 1$ 蕴涵 $d_{j,k+5} \geqslant d_{jk} + 1$．□

在定理 2.4 的证明中，我们用到了这样一个事实： 从 C_0 开始，平均顶多算 $28\pi(1 + 0.75n)^2$ 个点，计算序列就要上升一层．由此建立了成本或效率估计． 现在，从定理 3.8 的证明中，我们看到，在单调上升的情况下，顶多算 5 个点，就上升一层．这就是单调性问题的意义．由此，我们进一步可以得到

定理 3.9 存在常数 c_j，使得 $|f(z_{jk})| \leqslant c_j 2^{-k/5}$，$k = 1, 2, \cdots$．

证明 设按 Kuhn 算法逼近单零点 ξ_j 的计算的点序列 $\{z_{jk}\}$ 中，z_{jK} 是在 C_D 上的最后一点．由定理 3.8，当 $k \geqslant K$ 时，我们有 $k - K \leqslant 5(d - D)$，所以 $d \geqslant k/5 + (D - K/5)$．

另一方面，

$$f(z)=f'(\xi_i)(z-\xi_i)+\sum_{l=2}^{n}(f^{(l)}(\xi_i)/l!)(z-\xi_i)^l,$$

所以，对所有 $k=1,2,\cdots$，有

$$|f(z_{jk})|=|f'(\xi_j)(z_{jk}-\xi_j)+\sum_{l=2}^{n}(f^{(l)}(\xi_i)/l!)(z_{jk}-\xi_j)^l|=\left|f'(\xi_i)(z_{jk}-\xi_i)\left[1+\sum_{l=2}^{n}\right.\right.$$

$$\left.\left.\times(f^{(l)}(\xi_i)/l!)(z_{jk}-\xi_i)^{l-1}/f'(\xi_i)\right]\right|$$

$$\leqslant C_i'|z_{jk}-\xi_i|\leqslant C_i'(1+0.75n)2^{0.5-d}$$

$$\leqslant C_i'(1+0.75n)\sqrt{2}/2^{k/3+(D-K/3)}$$

$$=C_i\cdot 2^{-k/3},$$

这里

$$C_i'=\max_{z\in\sigma_i(\gamma)}\left|f'(\xi_i)\left[1+\sum_{l=2}^{n}(f^{(l)}(\xi_i)/l!)(z-\xi_i)^{l-1}/f'(\xi_i)\right]\right|$$

和

$$C_i=C_i'(1+0.75n)\sqrt{2}/2^{(D-K/3)}$$

都是正常数. □

§4. 关于单调性的结果

上一节我们提出了单调性问题，并得出了收敛到单零点的计算序列除开始一段外一定是单调上升的结果(3.7). 这一节我们继续讨论单调性问题，用分析的方法得出新的结果.

引理 4.1 $|z|>\max|a_i|+1$ 蕴涵 $f(z)\neq 0$.

这就是说，$f(z)$的所有零点都在闭圆域 $\{z\,|\,|z|\leqslant\max|a_j|+1\}$内.

证明 这是因为当 $|z|>\max|a_j|+1$ 时，

$$|f(z)|=\left|z^n\left(1+\sum_{j=1}^{n}a_j/z^j\right)\right|$$

$$\geqslant |z|^n\left(1-\sum_{j=1}^{n}|a_j|/|z|^j\right)$$

$$\geqslant |z|^n\left(1-\max|a_j|\sum_{j=1}^{\infty}|z|^{-j}\right)$$

$$=|z|^n[1-\max|a_j|/(|z|-1)]>0. \quad \square$$

以下，令 $\varphi(z)=\sum_{l=0}^{n}|a_l|z^l, R=\max|a_j|+1, H=1+\sum_{l=s}^{n}$ $\times\varphi^{(l)}(R)/(l-1)!$。首先有

$$|f^{(s)}(\xi_i)|=\left|\sum_{l=s}^{n}l(l-1)\cdots(l-s+1)a_l\xi_i^{l-s}\right|$$

$$\leqslant\sum_{l=s}^{n}l(l-1)\cdots(l-s+1)|a_l|R^{l-s}=\varphi^{(s)}(R),$$

$s=1,\cdots,n$。

引理 4.2 设 $f(z)$的各零点 $\xi_1,\cdots,\xi_n$ 均是单零点，$0<N\leqslant\min|f'(\xi_i)|$。若剖分 $T_d(\tilde{z};h)$中的一个三角形的各顶点与 $f(z)$的某一个根 ξ_i 的距离均不超过 $\sigma=\min\{1, N/5H\}$，则该三角形不是一个负向完全标号三角形。

证明 因 $f(\xi_i)=0$，按 Taylor 公式

$$f(z)=f'(\xi_i)(z-\xi_i)+\sum_{l=2}^{n}(f^{(l)}(\xi_i)/l!)(z-\xi_i)^l.$$

记此三角形为$\{\alpha,\beta,\gamma\}$，且$\angle\gamma=\pi/2$，则

$$\frac{f(\beta)-f(\gamma)}{f(\alpha)-f(\gamma)}$$

$$=\frac{f'(\xi_i)(\beta-\gamma)+\sum_{l=2}^{n}(f^{(l)}(\xi_i)/l!)[(\beta-\xi_i)^l-(\gamma-\xi_i)^l]}{f'(\xi_i)(\alpha-\gamma)+\sum_{l=2}^{n}(f^{(l)}(\xi_i)/l!)[(\alpha-\xi_i)^l-(\gamma-\xi_i)^l]}$$

$$=\frac{\beta-\gamma}{\alpha-\gamma}\Big[1+\Big\{\Big[\sum_{l=2}^{n}(f^{(l)}(\xi_i)/l!)\sum_{s=1}^{l}(\beta-\xi_i)^{l-s}(\gamma$$

$$- \xi_i)^{s-1} - \sum_{l=2}^{n} (f^{(l)}(\xi_i)/l!) \sum_{s=1}^{l} (\alpha - \xi_i)^{l-s}(\gamma$$

$$- \xi_i)^{s-1} \Big] \Big/ \Big[f'(\xi_i) + \sum_{l=2}^{n} (f^{(l)}(\xi_i)/l!)$$

$$\times \sum_{s=1}^{l} (\alpha - \xi_i)^{l-s}(\gamma - \xi_i)^{s-1} \Big]\Big\}\Big]$$

$$\overset{\text{(记作)}}{=} \frac{\beta - \gamma}{\alpha - \gamma}[1 + \Theta].$$

但 α,β,γ 与 ξ_i 的距离均不超过 $\sigma = \min\{1, N/5H\}$，所以

$$|\Theta| \leqslant \frac{2\sum_{l=2}^{n} (\varphi^{(l)}(R)/l!) l\sigma^{l-1}}{|f'(\xi_i)| - \sum_{l=2}^{n} (\varphi^{(l)}(R)/l!) l\sigma^{l-1}}$$

$$\leqslant \frac{2\sigma\sum_{l=2}^{n} \varphi^{(l)}(R)/(l-1)!}{N - \sigma\sum_{l=2}^{n} \varphi^{(l)}(R)/(l-1)!}$$

$$= \frac{2\sigma H}{N - \sigma H} \leqslant \frac{1}{2}$$

我们知道，当 $|w| \leqslant 1/2$ 时，

$$|\arg(1 + w)| \leqslant \arc\sin|w| \leqslant \arc\sin(1/2) = \frac{\pi}{6},$$

由此得到

$$\frac{\pi}{3} = \frac{\pi}{2} - \frac{\pi}{6} = \arg\frac{\beta - \gamma}{\alpha - \gamma} - \frac{\pi}{6} \leqslant \arg\frac{f(\beta) - f(\gamma)}{f(\alpha) - f(\gamma)}$$

$$\leqslant \arg\frac{\beta - \gamma}{\alpha - \gamma} + \frac{\pi}{6} = \frac{\pi}{2} + \frac{\pi}{6} = \frac{2\pi}{3}.$$

若 $\{\alpha,\beta,\gamma\}$ 是一个负向全标三角形，α,β,γ 的标号分别为 1，3,2. 这时，如果 $f(\alpha), f(\beta), f(\gamma)$ 共线，则

$$\arg\frac{f(\beta)-f(\gamma)}{f(\alpha)-f(\gamma)}=\pi \text{ 或 } 0;$$

如果三角形 $\{f(\alpha),f(\beta),f(\gamma)\}$包含原点(图2.8(1)),则

$$\arg\frac{f(\beta)-f(\gamma)}{f(\alpha)-f(\gamma)}<0;$$

如果 $f(\gamma)$ 与原点分别在直线 AB 两侧(图2.8(2)和(3)), $A=f(\alpha), B=f(\beta)$,则有

$$\arg\frac{f(\beta)-f(\gamma)}{f(\alpha)-f(\gamma)}<\frac{\pi}{3};$$

如果 $f(\gamma)$与原点在直线 AB 同侧(图2.8(4)和(5)),则

$$\arg\frac{f(\beta)-f(\gamma)}{f(\alpha)-f(\gamma)}>\frac{2\pi}{3} \text{ 或 } <0,$$

各种情况都将引出矛盾. 所以,$\{\alpha,\beta,\gamma\}$不是一个负向全标形. □

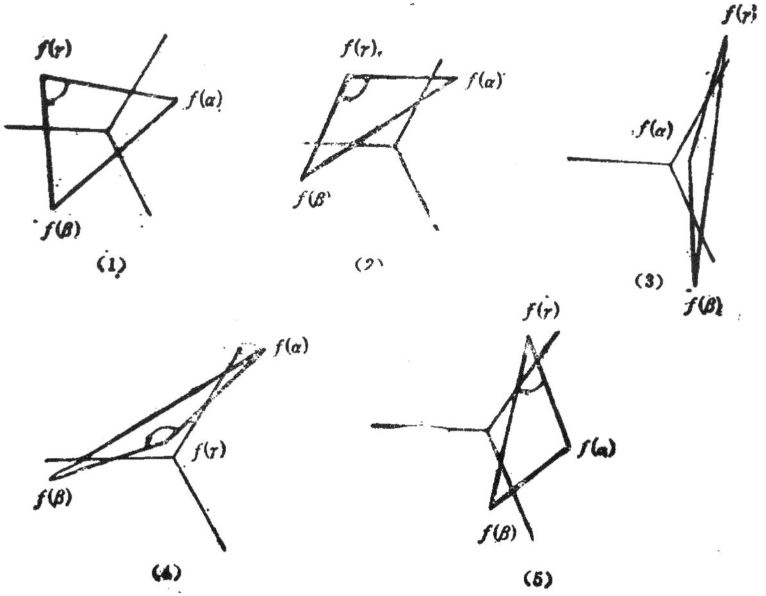

图 2.8

引理 4.3 设 $f(z)$ 的各零点 $\xi_1,\cdots,\xi_n$ 均是单零点，并令 $D=\lceil\log_2[(1+0.75n)\sqrt{2}/\sigma]\rceil$，这里 $\sigma=\min\{1,N/5H\}$ 如引理 4.2 所述．那么，当 $d\geqslant D$ 时，$T_d(\tilde{z};1)$ 中没有负向全标三角形．

证明 若不然，设 $\{\alpha,\beta,\gamma\}$ 是剖分 $T_d(\tilde{z};1)$ 中的一个负向全标形，则按引理 2.2，对于 $f(z)$ 的某个根 ξ_i，α,β,γ 与 ξ_i 的距离都不超过 $(1+0.75n)\cdot 2^{0.5-d}\leqslant(1+0.75n)\cdot 2^{0.5-D}\leqslant\sigma$．

这与引理 4.2 矛盾．□

由此我们马上得到

定理 4.4 在引理 4.3 的条件下，$d(\sigma_{jk})\geqslant D$ 蕴涵 $d(\sigma_{j,k+1})\geqslant d(\sigma_{jk})$，$j=1,\cdots,n$．即每个计算序列从 $\boldsymbol{C}_D$ 开始都是单调上升的．□

设 $\{\sigma_{jk}\}$ 是一个计算的单纯形序列．当 $\dim(\sigma_{jk})=3$ 时，令 $D(\sigma_{jk})$ 为 σ_{jk} 的四个顶点所在的层次和．我们知道，$d(\sigma_{jk})$ 单调不降，说的是单纯形所在的层次不降．$D(\sigma_{jk})$ 单调不降，则保证单纯形的重心高度 $D(\sigma_{jk})/4$ 不降．显然，$D(\sigma_{jk})$ 单调不降比 $d(\sigma_{jk})$ 单调不降的条件来得强．

定理 4.5 在引理 4.3 的条件下，$d(\sigma_{jk})\geqslant D$ 蕴涵 $D(\sigma_{j,k+1})\geqslant D(\sigma_{jk})$，$j=1,\cdots,n$．

证明 按照算法，如 $D(\sigma_{jk})=4d(\sigma_{jk})+1$，$\sigma_{jk}$ 如图 2.9 的 $\alpha\beta\gamma\delta$．若出口是 $\alpha\beta\gamma$，则它是 $\boldsymbol{C}_{d(\sigma_{jk})}$ 平面上一个负向全标形，与理 4.3 矛盾；若出口是 $\alpha\delta\gamma$，$D(\sigma_{j,k+1})=D(\sigma_{jk})$；若出口是 $\alpha\beta\delta$ 或 $\beta\gamma\delta$，$D(\sigma_{j,k+1})=D(\sigma_{jk})+1$．

如 $D(\sigma_{jk})=4d(\sigma_{jk})+2$，$\sigma_{jk}$，如图 2.9 的 $\alpha\beta\delta\varepsilon$． 若出口是 $\alpha\delta\beta$，记 δ 在 $\boldsymbol{C}_{d(\sigma_{jk})}$ 平面上的投影为 δ'，则 $\alpha\beta\delta'$ 是该平面上一个负向全标形，与引理 4.3 矛盾；若出口是 $\alpha\beta\varepsilon$，$D(\sigma_{j,k+1})=D(\sigma_{jk})$；若出口是 $\alpha\varepsilon\delta$ 或 $\beta\delta\varepsilon$，$D(\sigma_{j,k+1})=D(\sigma_{jk})+1$．

如 $D(\sigma_{jk})=4d(\sigma_{jk})+3$，$\sigma_{jk}$，如图 2.9 的 $\beta\delta\varepsilon\zeta$．按照剖分法及标号法，$\beta\zeta\delta$ 及 $\beta\zeta\varepsilon$ 都不会是门．若 $\beta\varepsilon\delta$ 是出口，记 ε 在 $\boldsymbol{C}_{d(\sigma_{jk})}$ 平面上的投影为 ε'，则 $\beta\delta'\varepsilon'$ 是该平面上的一个负向全标形，与引理 4.3 矛盾．只有 $\zeta\delta\varepsilon$ 可以是出口，所以 $D(\sigma_{j,k+1})=D(\sigma_{jk})+2$．

综合上述，即得定理. □

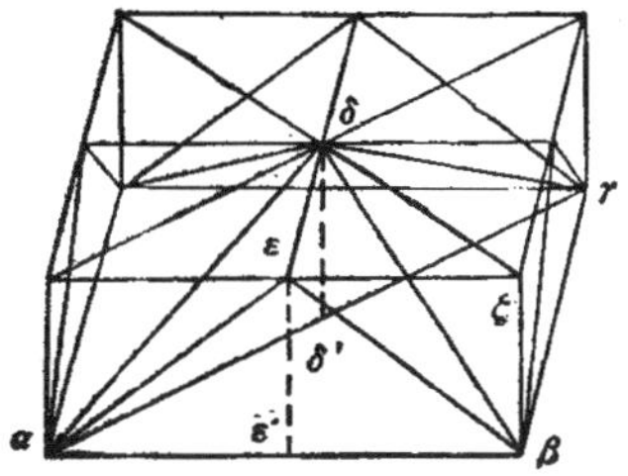

图 2.9

同样，读者亦可以将定理 3.7 加强为 $D(\sigma_{i,k+1}) \geqslant D(\sigma_{ik})$ 的形式。

最后，我们讨论

4.6 用多项式的系数表达单调上升的开始时刻（层次 D）

我们已经知道 $D = \lceil \log_2[(1+0.75n)\sqrt{2}/\min\{1, N/5H\}]\rceil$. 这里 $H = 1 + \sum_{l=1}^{n} \varphi^{(l)}(R)/(l-1)!$，$R = \max|a_j| + 1$，可直接用 $a_1, \cdots, a_n$ 表达，所以只须讨论用 $a_1, \cdots, a_n$ 表达 N 的问题。

由 $f(z) = \prod_{l=1}^{n}(z-\xi_l)$，有 $f'(\xi_i) = \prod_{l \neq i}(\xi_i - \xi_l)$.

据 Vandermonde 行列式，对于固定的 i，我们有

$$\Delta = \sqrt{\left|\det\begin{pmatrix} n & s_1 & s_2 \cdots s_{n-1} \\ s_1 & s_2 & s_3 \cdots s_n \\ \cdots & & \cdots \\ s_{n-1} & s_n & s_{n+1} \cdots s_{2n-2} \end{pmatrix}\right|}$$

$$= \sqrt{\left|\det\begin{pmatrix} 1 & 1 \cdots 1 \\ \xi_1 & \xi_2 \cdots \xi_n \\ \xi_1^2 & \xi_2^2 \cdots \xi_n^2 \\ \cdots & \cdots \\ \xi_1^{n-1} & \xi_2^{n-1} \cdots \xi_n^{n-1} \end{pmatrix}\begin{pmatrix} 1 & \xi_1 & \xi_1^2 \cdots \xi_1^{n-1} \\ 1 & \xi_2 & \xi_2^2 \cdots \xi_2^{n-1} \\ \cdots & & \cdots \\ 1 & \xi_n & \xi_n^2 \cdots \xi_n^{n-1} \end{pmatrix}\right|}$$

$$= \prod_{s>l} |\xi_s - \xi_l| \leqslant (2R)^{\frac{n(n-1)}{2}-(n-1)} \prod_{l\neq i} |\xi_i - \xi_l|,$$

其中 $s_k = \sum_{l=1}^{n} \xi_l^k$. 所以，$|f'(\xi_i)| = \prod_{l\neq i} |\xi_i - \xi_l| \geqslant \Delta/(2R)^{\frac{n(n-1)}{2}-(n-1)}$.

取 $N = \Delta/(2R)^{\frac{n(n-1)}{2}-(n-1)}$，就可以用多项式的系数 $a_1, \cdots, a_n$ 给出 D 的一个估计．这是因为，计算 Δ 所用到的行列式，是关于 ξ_1、$\cdots$，ξ_n 的一个对称多项式，它可以按字典排列(参看 [Jacobson, 1974])，表示为初等对称多项式

$$\sum_{i_1<\cdots<i_k} \xi_{i_1} \cdots \xi_{i_k} = (-1)^k a_k$$

的一个多项式．

第三章 Newton 方法与逼近零点

这一章讨论用 Newton 方法计算多项式的零点的问题，并给出收敛性的判据和收敛速度的估计．这时，对于任一多项式，Smale 提出的逼近零点的概念是重要的．

§1 提出逼近零点的概念．§2 给出多项式的系数与它的临界值之间的关系．§3 对于一步 Newton 迭代的效果给出估计．最后，§4 给出关于收敛性的条件连同收敛速度的估计．

本章的§2 需要两个引自复变函数论和同伦论方面的预备知识：Loewner 定理和映射升腾定理．除列举参考文献外，我们对两个定理的意义和用法作了细致的说明．

§1. 逼 近 零 点

众所周知，Newton 方法已有近三百年的历史，人们对它进行了大量的研究，并积累了丰富的经验．此外，Newton 方法的表述特别简单．因此，在零点计算问题中，Newton 方法是一种广泛使用的算法．

然而，Newton 方法本身并不是一种总是具有收敛性保证的算法．Newton 方法的成功与否依赖于初值的选取．初值选得好，收敛就快；初值选得不好，收敛就慢，甚至根本不收敛．这与前面介绍的 Kuhn 算法是大不相同的．由于初值选取以及其他一些问题，Newton 方法实际上并不是一种容易把握的方法．

Newton 方法的叙述，在任何一本有关的教科书中都可以找到．如果说 Kuhn 算法基于一种剖分以及一种标号法，那么，Newton 方法则是基于一个迭代公式以及一个迭代过程．

考虑 n 阶复系数首一多项式 $f(z) = z^n + a_1 z^{n-1} + \cdots + a_n$

的零点计算问题.

1.1 Newton 方法 取 $z_0\in \boldsymbol{C}$, 归纳地定义

$$z_k = z_{k-1} - f(z_{k-1})/f'(z_{k-1}),\ k=1,2,\cdots.$$

如前所述，初值选取是一个重要的问题. 如果初值选得与实际零点足够近，Newton 方法的收敛速度是相当快的. 重要的是找到一个好的初值范围,即收敛区域. 为此，Smale 提出了"逼近零点"的概念.

定义 1.2 在 1.1 中，如果 z_k 对所有 k 有意义，$\lim\limits_{k\to\infty} z_k = z_0$, $f(z_0)=0$,并且对所有的 k 有 $|f(z_k)/f(z_{k-1})|<1/2$,则称 z_0 为一个逼近零点,或者说,z_0 是 $f(z)$的一个逼近零点.

这里我们从概念上强调，一点 z_0 是否成为逼近零点，是相对于函数 $f(z)$而言的.

为了找逼近零点,原型的 Newton 方法显得比较粗糙. 为此，缩小步长,成为以下改进的 Newton 方法.

1.3 参数为 h 的 Newton 方法 取 $z_0\in \boldsymbol{C}$,归纳地定义 $z_k = N_{h,f}(z_{k-1})$，这里 $N_{h,f}(z)=z-hf(z)/f'(z)$，h 是一个固定的参数, $0<h\leqslant 1$.

显然，参数 $h=1$ 的 Newton 方法就是原型的 Newton 方法.

§2. 多项式的系数

这一节讨论多项式的系数与多项式临界值之间的关系，主要结果是定理 2.5. 我们需要两个方面的预备知识. 一是 Loewner 定理,二是引理 2.3 的证明. 关于 Loewner 定理，我们指出了参考文献,并提出与定理 2.4 和定理 2.5 有关的若干注记. 为了突出处理问题的主要数学思想，我们把引理 2.3 的证明放在本节的末尾. 初读时暂不顾及这个证明,并不妨碍以后章节的阅读.

如前，$\boldsymbol{C}$ 为复数 z 平面，$\boldsymbol{C}'$ 为复数 w 平面. $D_r=\{w\in \boldsymbol{C}' \mid |w|<r\}$ 是中心在原点的半径为 r 的开圆盘，使得 $f'(\theta)=0$ 的

一点 $\theta \in \mathbf{C}$ 称作为 f 的一个临界点，这时 $f(\theta)$ 称作为 f 的一个临界值.

定理 2.1 (Loewner) 设 g: $D_1 \to \mathbf{C}$ 为一对一的解析函数: $g(w) = \sum_{i=0}^{\infty} b_i w^i$, $|w| < 1$, 并且 $b_0 = 0$, $b_1 = 1$. 设 $f: \Omega \to D_1$ 为 g 的一个反函数, $0 \in \Omega$, 并且在 0 附近 $f(z) = \sum_{i=0}^{\infty} a_i z^i$. 那么

$$|a_k| \leqslant B_k, \ k = 1, 2, \cdots,$$

其中

$$B_k = 2^k \cdot \frac{1 \cdot 3 \cdots (2k-1)}{1 \cdot 2 \cdots (k+1)}.$$

关于 Loewner 定理，可参看 [Jenkins, 1965]. 注意在定理的条件下必须 $a_0 = 0$, $a_1 = 1$.

现在考虑将定理推广到圆盘半径不必为 1、$b_1 \neq 0$ 亦不必为 1 的情况.

定理 2.2(推广的 Loewner 定理) 设 $g: D_R \to \mathbf{C}$ $(R > 0)$ 是一对一的解析函数: $g(w) = \sum_{i=0}^{\infty} b_i w^i$, $|w| < R$, 并且 $b_0 = 0$, $b_1 \neq 0$. 设 $f: \Omega \to D_R$ 是 g 的一个反函数, $0 \in \Omega$, 并且在 0 附近, $f(z) = \sum_{i=0}^{\infty} a_i z^i$, 那么对于 $k = 2, 3, \cdots$ 成立

$$|a_k/a_1|^{1/(k-1)} \cdot R/|a_1| \leqslant B_k^{1/(k-1)}.$$

证明 先讨论 $R = 1$ 情况. 这时 $a_1 = f'(0) = 1/g'(0) = 1/b_1$. 令 $g_0(w) = g(w)/b_1$, $f_0(z) = f(z/a_1)$, 则对于 $|w| < 1$, 有

$$f_0(g_0(w)) = f((g(w)/b_1)/a_1) = f(g(w)) = w.$$

但

$$f_0(z) = z + (a_2/a_1^2)z^2 + (a_3/a_1^3)z^3 + \cdots,$$

对 g_0 运用 Loewner 定理, 就得 $|a_k/a_1^k| \leqslant B_k$, 所以 $|a_k/a_1|^{1/(k-1)} \cdot 1/|a_1| \leqslant B_k^{1/(k-1)}$, $k = 2, 3, \cdots$. 于是，定理在 $R = 1$ 时成立.

在 $R>0$ 情况，令 $g_1(w)=g(Rw)$，$f_1(z)=f(z)/R$，则对 $|Rw|<R$ 有

$$f_1(g_1(w))=f_1(g(Rw))=f(g(Rw))/R=Rw/R=w.$$

对于 g_1 和 f_1 可以应用 $R=1$ 情况的结果，注意 $f_1(z)=(a_1/R)z+(a_2/R)z^2+\cdots$，就得

$$|(a_k/R)/(a_1/R)|^{1/(k-1)}\cdot 1/|a_1/R|\leqslant B_k^{1/(k-1)},$$
$$k=2,3,\cdots,$$

即

$$|a_k/a_1|^{1/(k-1)}\cdot R/|a_1|\leqslant B_k^{1/(k-1)}.\ \square$$

引理 2.3 设 $f(z)$ 是 n 阶多项式，$f(0)=0$，并且 $R=\min\limits_{\theta,f'(\theta)=0}|f(\theta)|>0$. 那么，存在解析函数 $g: D_R\to \boldsymbol{C}$，$g(0)=0$，使得对所有 $w\in D_R$，$f(g(w))=w$，并且 g 是一对一的.

引理 2.3 的证明放在本节末尾，现在先用它来证明本节的主要定理.

定理 2.4 设 $f(z)=a_1z+a_2z^2+\cdots+a_nz^n$ 是复系数多项式，$a_1\neq 0$，那么，存在临界点 $\theta\in\boldsymbol{C}$ (即 $f'(\theta)=0$)，使得对所有的 $k=2,3,\cdots n$，成立

$$|a_k/a_1|^{1/(k-1)}|f(\theta)/a_1|\leqslant\beta_k,$$

这里

$$\beta_k=B_k^{1/(k-1)}.$$

证明 据题设，$f(0)=0$. 如果 $R=\min\limits_{\theta,f'(\theta)=0}|f(\theta)|=0$，定理显然成立. 对于 $R>0$ 情形，据引理 2.3，存在解析函数 $g:D_R\to\boldsymbol{C}$，

$g(w)=\sum\limits_{i=0}^{\infty}b_iw^i$，使得对所有 $w\in D_R$，$f(g(w))=w$，并且 g 是一对一的，$g(0)=0$.

$g(0)=0$ 给出 $b_0=0$；$f'(0)g'(0)=1$ 给出 $b_1\neq 0$. 所以按推广的 Loewner 定理，本定理得证. $\square$

由 $\beta_k=B_k^{1/(k-1)}$ 易得 $\beta_2=2$，$\beta_3=\sqrt{5}$，$\beta_4=(14)^{1/3}$，$\beta_5=(42)^{1/4}\approx 2.55$，$\beta_6\approx 2.67$，$\beta_7\approx 2.61$，$\cdots$，$\beta_{20}\approx 3.29$，$\cdots$，等等.

为了使用的方便，希望对 β_k 作出一致的估计. 这就导致

定理 2.5 设 $f(z)=a_1z+a_2z^2+\cdots+a_nz^n$ 是复系数多项式，$a_1\neq 0$. 那么存在临界点 $\theta\in\mathbf{C}$，使得对所有 $k=2,3,\cdots$，成立

$$|a_k/a_1|^{1/(k-1)}|f(\theta)/a_1|\leqslant K,$$

这里 $K=4$.

证明 $B_k=2^{k-1}\cdot\dfrac{2}{k+1}\cdot\dfrac{1\cdot 3\cdots(2k-1)}{1\cdot 2\cdots k}$

$$\leqslant 2^{k-1}\frac{2}{k+1}\cdot 2^{k-1}\leqslant 4^{k-1},$$

所以，$\beta_k\leqslant 4$. □

注 2.6 定理 2.4 和 2.5 只对多项式成立. 例子 $f(z)=(1/\alpha)\cdot e^{\alpha z}-1/\alpha$，$\alpha>1$，说明，即使对于整函数(全平面上的解析函数)，定理亦不复成立. 事实上，例子中的 $f(z)$，在复平面上没有临界点.

注 2.7 在定理 2.5 中，已经证明可取 $K=4$. 现在证明，K 至少为 1.

定理 2.5 中的 K 是不依赖于 n 和 k 的. 现在，对于每个 n 和 k，记 $K_{n,k}$ 是由多项式

$$f(z)=\begin{cases}(z-1)^n-(-1)^n, & \text{当 } k<n,\\ z^n-nz, & \text{当 } k=n.\end{cases}$$

给出的关于 K 的下界.

当 $k=n$，$f'(z)=n(z^{n-1}-1)$. $f'(\theta)=0$ 蕴涵 $\theta^{n-1}=1$. 这时 $f(\theta)=\theta(\theta^{n-1}-n)$，得 $R=\min\limits_{\theta,f'(\theta)=0}|f(\theta)|=n-1$. 注意 $a_1=-n$，$a_n=1$，得 $K_{n,n}=(1/n)^{1/(n-1)}((n-1)/n)$.

当 $k<n$，$f'(z)=n(z-1)^{n-1}$. 从 $f'(\theta)=0$ 得 $\theta=1$，$f(\theta)=(-1)^{n+1}$. 所以 $R=1$. 这时，$a_1=(-1)^{n-1}n$，$a_k=(-1)^{n-k}n!/k!(n-k)!$，得 $K_{n,k}=((n-1)!/k!(n-k)!)^{1/(k-1)}\cdot(1/n)$.

由此，据

$$\sup_{n>2} K_{n,2} = \sup_{n>2}((n-1)!/2(n-2)!)(1/n)$$

$$= \sup_{n>2}((n-1)/2n) = 1/2,$$

$$K_{2,2} = \frac{1}{4},$$

得 $\sup\limits_{n} K_{n,2} = 1/2$.

再由 $\sup\limits_{n>3} K_{n,3} = \sup\limits_{n>3}((n-1)!/6(n-3)!)^{1/2}(1/n)$

$$= \sup_{n>3}((n-1)(n-2)/6)^{1/2} \cdot (1/n) = (1/6)^{1/2}.$$

和 $K_{3,3} = (1/3)^{1/2}(2/3) = (4/27)^{1/2} < (1/6)^{1/2}$,

得 $\sup\limits_{n} K_{n,3} = (1/6)^{1/2}$.

在 $k > 3$ 时,因

$$\sup_{n>k} K_{n,k} = \sup_{n>k}\left(\frac{(n-k+1)(n-k+2)\cdots(n-1)}{k!\underbrace{n\cdots n}_{k-1}}\right)^{1/(k-1)}$$

$$= \left(\frac{1}{k!}\right)^{1/(k-1)},$$

$$\sup_{n=k} K_{n,k} = (1/k)^{1/(k-1)}((k-1)/k) > (1/k!)^{1/(k-1)},$$

得 $\sup\limits_{n} K_{n,k} = (1/k)^{1/(k-1)}((k-1)/k)$, $k > 3$.

综合 $k=2$, $k=3$ 和 $k>3$ 的讨论,注意我们要求 K 是不依赖于 n 和 k 的,即对每个 n 和 k,必须 $K \geqslant K_{n,k}$,所以 $K \geqslant 1$,否则与

$$\lim_{k\to\infty}(1/k)^{1/(k-1)}((k-1)/k) = 1$$

矛盾.

注 2.8 S. Smale 猜想 $K=1$. 这个问题与关于 Bjeberbach 猜想的工作有紧密的联系(参看本书第五章).

Bjeberbach 猜想: 设 $f: D_1 \to \boldsymbol{C}'$ 是一对一的解析函数, $f(z) = z + a_2z^2 + a_3z^3 + \cdots$,那么 $|a_k| \leqslant k$, $k = 2, 3, \cdots$.

De Branges (1985) 在最广泛的形式下证明了 Bjeberbach 猜想,不论对纯粹数学界还是对应用数学界来说,都具有重大意义.

注 2.9 为了容纳任何可能的改进，在下面几节的讨论中，关于定理 2.5 的结论，我们都用 $|a_k/a_1|^{1/(k-1)}|f(\theta)/a_1| \leqslant K$. 读者应当记住，$K \geqslant 1$. 但无论如何，总是可取 $K=4$.

现在我们来完成引理 2.3 的证明. 用到的主要工具是映射升腾定理. 为此，首先需要覆盖空间的概念.

定义 设 X 和 $\hat{X}$ 都是连通的和局部道路(弧)连通的拓扑空间，$p:\hat{X} \to X$ 是一个连续映射. 如果对于每个 $x \in X$，都存在包含 x 的一个连通开集 U，使得

(1) $p^{-1}(U) = \bigcup\limits_{\alpha \in \Lambda_x} S_\alpha$，这里诸 S_α 是 $\hat{X}$ 中互不相交的开集，并且

(2) 对每个 $\alpha \in \Lambda_x$，p 在 S_α 上的限制映射 $p|S_\alpha: S_\alpha \to U$ 是一个同胚映射，则称$(\hat{X}, p)$为 X 的一个覆盖空间.

映射升腾定理 设$(\hat{X}, p)$是 X 的一个覆盖空间，$x_0 \in X$，$\hat{x}_0 \in p^{-1}(x_0)$，$Y$ 是连通的和局部道路连通的空间. 那么，对于连续映射 $\varphi:(Y, y_0) \to (X, x_0)$，当且仅当 $\varphi_*(\pi_1(Y, y_0)) \subset p_*(\pi_1(\hat{X}, \hat{x}_0))$ 时，存在唯一的连续映射 $\varphi':(Y, y_0) \to (\hat{X}, \hat{x}_0)$使得 $p\circ\varphi' = \varphi$.

这里，$p\circ\varphi'$ 是由 $(p\circ\varphi')(y) = p(\varphi'(y))$ 确定的复合映射.

关于定理的证明，可看例如 [Christenson & Voxman, 1977]. 其中，记号 $\varphi:(Y, y_0) \to (X, x_0)$表示 $\varphi: Y \to X$，$x_0 \in X$，$y_0 \in Y$，$\varphi(x_0) = y_0$. $\pi_1(Y, y_0)$表示 Y 的以 y_0 为基点的基本群，$\pi_1(\hat{X}, \hat{x}_0)$ 和 $\pi_1(X, x_0)$意义相仿. 现在我们有连续映射 $p:(\hat{X}, \hat{x}_0) \to (X, x_0)$ 和 $\varphi:(Y, y_0) \to (X, x_0)$，它们诱导出基本群之间的同态 $p_*: \pi_1(\hat{X}, \hat{x}_0) \to \pi_1(X, x_0)$和 $\varphi_*: \pi_1(Y, y_0) \to \pi_1(X, x_0)$. 映射的升腾定理说，当且仅当在 $\pi_1(X, x_0)$中有 $\varphi_*(\pi_1(Y, y_0)) \subset p_*(\pi_1(\hat{X}, \hat{x}_0))$时，存在唯一的连续映射 $\varphi':(Y, y_0) \to (\hat{X}, x_0)$，使得 $p\circ\varphi' = \varphi$，这时，$\varphi'(Y, y_0) \to (\hat{X}, \hat{x}_0)$称作是 $\varphi:(Y, y_0) \to (X, x_0)$ 的到覆盖空间的一个升腾. 在定理的条件下，这个升腾是唯一的.

基本群的一个简单结果是：可缩空间的基本群是平凡的. 换言之，若 X 可以收缩到它的一点 x_0，则 $\pi_1(X, x_0) = \{e\}$，即只包含

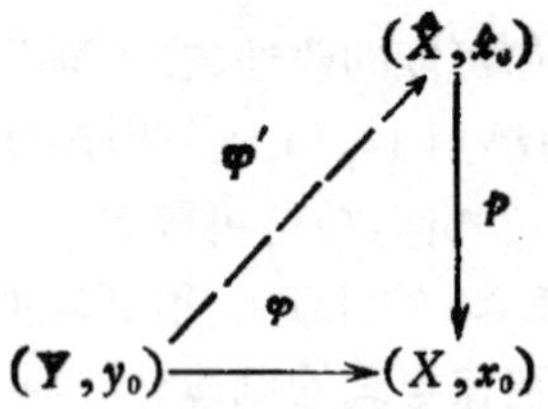

一个单位元素 e 的平凡群．当然，圆盘以它的任一点为基点的基本群都是平凡的．

另一个要用到的工具是反函数定理．设 $U\subset \boldsymbol{R}^m$ 是一个开集，$f:U\to \boldsymbol{R}^n$ 是一个映射，如果 f 具有直到 γ 阶的连续偏导数，则称 f 为 C^γ 映射；如果 f 具有各阶连续偏导数，则称 f 为 C^∞ 映射；如果 f 是实解析的，则称 f 为 C^ω 映射．现在我们来叙述下面的反函数定理．

反函数定理 设 $U\subset \boldsymbol{R}^n$ 是一个开集，$f: U\to \boldsymbol{R}^n$ 是一个 C^γ 映射，其中 $\gamma=1,2,\cdots$，或 ∞，或 ω．如果 $x\in U$，且 f 在 x 的偏导数矩阵(即 Jacobi 矩阵)Df_x 可逆，则 f 是在 x 的一个 C^γ 局部微分同胚．

有了以上的准备，就可以给出引理 2.3 的证明了．

引理 2.3 的证明 记 $U=\boldsymbol{C}-\bigcup\limits_{\theta,f'(\theta)=0} f^{-1}(f(\theta))$，$V=\boldsymbol{C}-\bigcup\limits_{\theta,f'(\theta)=0}\{f(\theta)\}$．显然，$U$ 和 V 都是连通的和局部道路连通的空间．考虑 $f:U\to V$，f 当然是连续的．

现对任意 $w\in V$，考虑由 $F(z)=f(z)-w$ 确定的多项式 $F:\boldsymbol{C}\to \boldsymbol{C}'$，由代数基本定理，存在 $x_1,\cdots,x_n\in \boldsymbol{C}$ 使得 $F(x_i)=0$，即 $f(x_i)=w$，进而 $F'(x_i)=f'(x_i)\neq 0$，$i=1,\cdots,n$．所以 $x_i\neq x_j$，$1\leqslant i<j\leqslant n$．并且显然，$x_i\in U$，$i=1,\cdots,n$．

对于每个 $j=1,\cdots,n$，$f'(x_j)\neq 0$．据反函数定理，f 是在 x_j 的一个局部微分同胚，即存在开集 S_j^*，$x_j\in S_j^*\subset U$，使得 $f|S_j^*:S_j^*\to f(S_j^*)$ 是微分同胚映射．不妨设诸 S_j^* 有界，并且互不相交．因 $f(z)$ 是多项式，易得正数 M，使得在圆盘 $B(M)=\{z\,|\,|z|\leqslant M\}$ 外，$|f(z)|\geqslant 1$，并且，$\bigcup\limits_{j=1}^{n} S_j^*\subset B(M)$．故 $B(M)-\bigcup\limits_{j=1}^{n} S_j^*$ 是

非空有界闭集，记 $\gamma = \min\limits_{z\in B(M)-\bigcup\limits_{j=1}^{n} S_j^*} |f(z)|$，显然 $\gamma > 0$. 令 $S' = \{t\in \boldsymbol{C}' \mid |t| < \min\{\gamma,1\}\}$，显然 S' 是 V 中开集，$w\in S'$. 这时，令 $S_j = (f|S_j^*)^{-1}(S')$，$j=1,\cdots,n$，就有：(1) $f^{-1}(S') = \bigcup\limits_{j=1}^{n} S_j$，诸 S_j 是 U 中互不相交的开集；(2) $f|S_j$: $S_j \to S'$ 是一个同胚映射. 所以，(U,f) 是 V 的一个覆盖空间.

显然，$D_R \subset V$. 考虑包含映射 i: $D_R \to V$. f 和 i 分别诱导基本群之间的同态 i_*: $\pi_1(D_R,0)\to\pi_1(V,0)$ 和 f_*: $\pi_1(U,0)\to\pi_1(V,0)$. 但圆盘 D_R 的基本群是平凡的：$\pi_1(D_R,0)=\{e\}$，所以在 $\pi_1(V,0)$ 中，必有

$$i_*(\pi_1(D_R,0)) = \{e\} \subset f_*(\pi_1(U,0)).$$

据映射升腾定理，存在唯一的映射 g: $(D_R,0)\to(U,0)$，使得 $f\circ g = i$.

最后，因 f 是解析的，所以 g 也是解析的，引理证毕. □

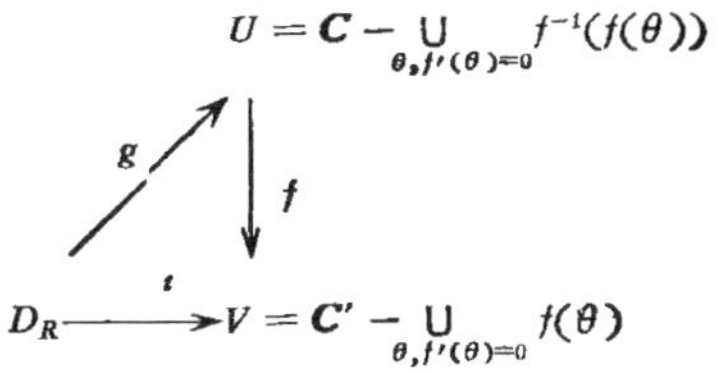

§3. 一步 Newton 迭代

现在讨论一步 Newton 迭代的效果，主要的结果是定理 3.2. 首先提出定理 2.5 的一种便于本节讨论的形式.

定理 3.1 设 f 是一个多项式，$z\in \boldsymbol{C}$ 使得 $f'(z)\neq 0$. 那么，存在 f 的一个临界点 θ 使得对所有的 $k=2,3,\cdots$,

$$\left|\frac{f^{(k)}(z)}{k!f'(z)^k}\right|^{1/(k-1)} \leqslant \frac{K}{|f(z)-f(\theta)|}.$$

此外，若 $f(z)\neq 0$，$h_0 = \min\limits_{\theta,f'(\theta)=0} \frac{1}{K}\left|\frac{f(\theta)-f(z)}{f(z)}\right|$，则对所有 $k=$

2,3,⋯,

$$\left|\frac{f^{(k)}(z)f(z)^{(k-1)}}{k!f'(z)^k}\right|^{1/(k-1)} \leqslant \frac{1}{h_0}.$$

证明 将 f 在 z 展开，得 $f(v)=\sum_{k=0}^{n}(f^{(k)}(z)/k!)(v-z)^k$.

再按 $g(u)=\sum_{k=1}^{n}(f^{(k)}(z)/k!)u^k$ 定义多项式 g,就有 $g(v-z)=f(v)-f(z)$,并且 $g^{(k)}(v-z)=f^{(k)}(v)$, $g^{(k)}(0)=f^{(k)}(z)$, $k=1,2,\cdots$. 因 $f'(z)\neq 0$,对 g 可运用定理 2.5，就得到 g 的一个临界点 σ (即 $g'(\sigma)=0$)使得

$$\left|\frac{f^{(k)}(z)}{k!f'(z)}\right|^{1/(k-1)}\left|\frac{g(\sigma)}{f'(z)}\right| \leqslant K,\ k=2,3,\cdots.$$

现在令 $\theta=z+\sigma$, $g(\sigma)=f(\theta)-f(z)$, $f'(\theta)=g'(\sigma)=0$. 所以，θ 是 f 的一个临界点，使得

$$|f^{(k)}(z)/k!f'(z)^k|^{1/(k-1)}\cdot|f(\theta)-f(z)|\leqslant K,\ k=2,3,\cdots,$$

这就证明了定理的第一部分.

定理的第二部分只是第一部分的一个简单推论. □

定理 3.2 设 f 是一个多项式，$z\in\boldsymbol{C}$ 使得 $f(z)$ 及 $f'(z)$ 均非零. 令 $h_0=\min\limits_{\theta,f'(\theta)=0}\frac{1}{K}\left|\frac{f(\theta)-f(z)}{f(z)}\right|$,而 $0<h<h_0$. 这时，如果 $z'=z-hf(z)/f'(z)$,就有某个 $\alpha\in\boldsymbol{C}$, $|\alpha|\leqslant 1$, 使得

$$f(z')/f(z)=1-h-\alpha h^2/(h_0-h).$$

证明 如定理 3.1 的证明，将 f 在 z 展开，并令 $z'=z-hf(z)/f'(z)$,就有

$$f(z')=\sum_{k=0}^{n}(f^{(k)}(z)/k!)(z'-z)^k,$$

$$\begin{aligned} f(z')/f(z) &= \sum_{k=0}^{n}(f^{(k)}(z)/k!f(z))(-hf(z)/f'(z))^k \\ &= 1-h+\sum_{k=2}^{n}(-h)^k(f^{(k)}(z)f(z)^{k-1}/k!f'(z)^k) \\ &= 1-h-\gamma h, \end{aligned}$$

其中 $\gamma=\sum_{k=2}^{n}(-h)^{k-1}(f^{(k)}(z)f(z)^{k-1}/k!f'(z)^k)$. 按照定理 3.1, $|f^{(k)}(z)f(z)^{k-1}/k!f'(z)^k|\leqslant(1/h_0)^{k-1}$, 所以

$$|\gamma|\leqslant\sum_{k=2}^{n}|h/h_0|^{k-1}<\sum_{k=1}^{\infty}|h/h_0|^k$$

$$=\sum_{k=0}^{\infty}|h/h_0|^k-1=1/(1-h/h_0)-1$$

$$=h_0/(h_0-h)-1=h/(h_0-h).$$

取 $\alpha=((h_0-h)/h)\gamma$, 就得

$$f(z')/f(z)=1-h-\alpha h^2/(h_0-h),$$

并且 $|\alpha|\leqslant|\gamma|\cdot|(h_0-h)/h|\leqslant 1$. □

回忆逼近零点的定义，定理 3.2 的形式是符合关于逼近零点的讨论的要求的. 下面是该定理的若干推论，由于其本身的重要性，所以把它们都写成定理.

定理 3.3 设 $c\geqslant 1$，对于多项式 f，令 $\rho_f=\rho=\min_{\theta,f'(\theta)=0}|f(\theta)|$. 如果 $f(z)\neq 0$, $|f(z)|<\rho/(cK+K+1)$, 那么就有 $|f(z')/f(z)|<1/c$，这里 $z'=z-f(z)/f'(z)$.

证明 $|f(z)|<\rho/(cK+K+1)$保证 $f'(z)\neq 0$. 所以，定理所讨论的 Newton 迭代有意义.

现在注意，对 f 的任一临界点 θ, $|f(\theta)-f(z)|\geqslant|f(\theta)|-|f(z)|\geqslant\rho-|f(z)|$. 按所设，$|f(z)|(cK+K+1)<\rho$, 所以 $|f(z)|K(1+c)<\rho-|f(z)|\leqslant|f(\theta)-f(z)|$, 进而

$$|f(\theta)-f(z)|/K|f(z)|>1+c.$$

由此，按照 h_0 的定义(定理 3.2)，有 $h_0>1+c$, $h_0-1>c$, $1/(h_0-1)<1/c$.

取 $h=1$. 由定理 3.2, $f(z')/f(z)=-\alpha/(h_0-1)$，所以

$$|f(z')/f(z)|<1/c. \quad □$$

这就给出了从使得$|f(z)|<\rho/(cK+K+1)$的一点 z 做一次原型的 Newton 迭代的效果的一个估计式.

定理 3.4 设 $|f(z_0)|<\rho(2K+1)$. 那么从z_0开始的(原型)

Newton 迭代收敛到 f 的某个零点 z^*.

证明 $|f(z_0)| < \rho/(2K+1)$,故可取 $c > 1$ 使得 $|f(z_0)| < \rho/(cK+K+1)$.

归纳地令 $z_k = z_{k-1} - f(z_{k-1})/f'(z_{k-1})$, $k = 1,2,\cdots$. 由定理 3.3, 对 $k = 1,2,\cdots$, 归纳地有

$$|f(z_k)| < |f(z_{k-1})|/c < |f(z_0)| < \rho/(2K+1),$$

故由 ρ 的定义,$f'(z_k) \neq 0$. 所以,从 z_0 开始的 Newton 迭代可以一直进行下去,并且 $|f(z_k)/f(z_0)| < (1/c)^k$, $k = 1,2,\cdots$.

现若对某个 l, $0 \leqslant l < \infty$,$f(z_0) \neq 0$,$f(z_1) \neq 0,\cdots,f(z_{l-1}) \neq 0$ 但 $f(z_l) = 0$,那么明显地,$z_k = z_l$, $k \geqslant l$. 所以 $\lim\limits_{k\to\infty} z_k = z^* = z_l$, $f(z^*) = 0$.

若对所有的 $k = 0,1,2,\cdots$, $f(z_k) \neq 0$. 首先,因 $|f(z_k)| < |f(z_0)|/c^k$, $k = 1,2,\cdots$,已有 $\lim\limits_{k\to\infty} f(z_k) = 0$.

今令 $L = \min\limits_{|f(z)| \leqslant \rho/(cK+K+1)} |f'(z)|$. 因为 $\{z \mid |f(z)| \leqslant \rho/(cK+K+1)\}$ 是紧致集, 并且 $|f(z)| < \rho/(cK+K+1) < \rho$, 可知 $L > 0$. 现对任何自然数 k 和 m,

$$|z_{k+m} - z_k| \leqslant \sum_{l=1}^{m} |z_{k+l} - z_{k+l-1}| = \sum_{l=1}^{m} |f(z_{k+l-1})/$$

$$f'(z_{k+l-1})| \leqslant \frac{1}{L}\sum_{l=1}^{m} |f(z_{k+l-1})| \leqslant \frac{1}{L}\sum_{l=1}^{m} |f(z_0)|/c^{k+l-l}$$

$$< |f(z_0)|/L \cdot c^k\left(1 - \frac{1}{c}\right).$$

可知 $\{z_k\}$ 是复平面上的一个 Cauchy 序列, 所以 $\{z_k\}$ 收敛到某点 $z^* \in \boldsymbol{C}$: $\lim\limits_{k\to\infty} z_k = z^*$,并且因 f 的连续性, $f(z^*) = \lim\limits_{k\to\infty} f(z_k) = 0$. □

综合定理 3.3 和 3.4, 立即有下述明显的推论. 由于其本身的重要性,我们也把它写成定理.

定理 3.5 如果 $|f(z)| < \rho_f/(3K+1)$,则 z 是 f 的一个逼近零点.

证明 这只要按定义 1.2 用定理 3.4 和 3.3 验证即可，这时在定理 3.3 中取 $c=2$. □

值得注意的是，定理 3.3、3.4 以及定理 3.5，给出了 Newton 方法可行性的新判据.

§4. 达到逼近零点的条件

这一节集中讨论在什么条件下经过一定次数的 Newton 迭代将到达一个逼近零点，主要结果是 4.9. 这样做的时候，参数 h 的选取是重要的. 定理 4.9 包含参数 h 和迭代次数 s 两方面的结果.

引理 4.1 (a)若 $\tau,\beta\in \boldsymbol{C},\beta\neq 0,\tau+\beta\neq 0$，则 $|\sin\arg((\beta+\tau)/\beta)|\leqslant|\tau/\beta|$.

(b) 若 $f(z)\neq 0$，$f(\theta)\neq 0$，则

$$|\sin\arg(f(\theta)/f(z))|\leqslant|f(z)-f(\theta)|/|f(z)|;$$

(c) 若 $h_*\leqslant 1, 0<h<h_*/2$，$\alpha\in\boldsymbol{C}$，$|\alpha|\leqslant 1$,那么

$$\left|\sin\arg\left(1-h+\frac{\alpha h^2}{h_*-h}\right)\right|\leqslant\left(\frac{h^2}{h_*-h}\right)\left(\frac{1}{1-h}\right).$$

证明 (a)若作为向量 τ 和 β 平行，结论因 $\sin\arg((\beta+\tau)/\beta)=0$ 当然成立. 若 τ 和 β 不平行，则 $|\beta|,|\tau|,|\tau+\beta|$ 是一个非退化三角形的三边，其中 $|\tau|$ 是 $|\beta+\tau|$ 和 $|\beta|$ 夹角的对边，所以

$$|\sin\arg((\beta+\tau)/\beta)|\leqslant|\tau/\beta|.$$

(b)在(a)中令 $\beta=f(z)\neq 0$，$\tau=f(\theta)-f(z)$ 即得.

(c)因 $0<h<h_*/2\leqslant 1/2$,故$1-h>h=h^2/(2h-h)>h^2/(h_*-h)\geqslant|\alpha|h^2/(h_*-h)$,所以

$$\left|\sin\ \arg\ \left(1-h+\frac{\alpha h^2}{h_*-h}\right)\right|\leqslant\left|\frac{\alpha h^2}{h_*-h}\right|\Big/(1-h)$$

$$\leqslant\left(\frac{1}{1-h}\right)\cdot\left(\frac{h^2}{h_*-h}\right).$$

引理证完. □

定义 4.2 设多项式 f 及 $z_0\in\mathbf{C}$ 满足 $f(z_0)\neq 0$ 和 $\rho_f=\min\limits_{\theta,f'(\theta)=0}|f(\theta)|>0$. 定义

$$\mathscr{K}=\mathscr{K}_{f,z_0}=\min_{\theta,f'(\theta)=0,\ |f(\theta)|\leqslant 2|f(z_0)|}\left\{1,\left|\arg\frac{f(\theta)}{f(z_0)}\right|\right\},$$

$$\zeta=\zeta_{f,z_0}=\max\{2,(3K+1)|f(z_0)|/\rho_f\}.$$

引理 4.3 设多项式 f 及 $z_0\in\mathbf{C}$ 满足 $f(z_0)\neq 0$, $\rho_f>0$, $\mathscr{K}>0$. 令 $h_*=\frac{1}{K}\sin\frac{\mathscr{K}}{2}$,并设依赖于 $\mathscr{K}$, ζ 的正整数 s 和实数 h, $0<h<h_*/2$ 满足:

$$(1-h+h^2/(h_*-h))^s<1/\zeta, \tag{I}$$

$$s\left(\frac{h^2}{h_*-h}\right)\left(\frac{1}{1-h}\right)<\sin\frac{\mathscr{K}}{2}, \tag{II}$$

那么 $z_k=z_{k-1}-hf(z_{k-1})/f'(z_{k-1})$ 对所有 $k=1,2,\cdots$ 有意义,并且 $|f(z_s)|<\rho_f/(3K+1)$.

证明 首先,$\rho_f>0$ 和 $\mathscr{K}>0$ 蕴涵 $f'(z_0)\neq 0$. 又因 $0<\mathscr{K}\leqslant 1$, $0<\sin(\mathscr{K}/2)<\sin\mathscr{K}<1$. 设 θ 为 f 的任一临界点. 若 $|f(\theta)|>2|f(z_0)|$ 或 $|\arg(f(\theta)/f(z_0))|>\pi/2$, 当然 $|(f(\theta)-f(z_0))/f(z_0)|>1>\sin(\mathscr{K}/2)$. 在 $|f(\theta)|\leqslant 2|f(z_0)|$, 并且 $|\arg(f(\theta)/f(z_0))|\leqslant\pi/2$ 的情形,据引理 4.1(b),

$$\sin(\mathscr{K}/2)<\sin\mathscr{K}\leqslant\sin|\arg(f(\theta)/f(z_0))|$$
$$\leqslant|(f(\theta)-f(z_0))/f(z_0)|.$$

由 θ 的任意性,就得

$$h_*=\frac{1}{K}\sin\frac{\mathscr{K}}{2}\leqslant h_0=\frac{1}{K}\min_{\theta,f'(\theta)=0}\left|\frac{f(z_0)-f(\theta)}{f(z_0)}\right|.$$

今设 $k\leqslant s$. 归纳地设对所有 $i<k$, $f'(z_i)\neq 0$ (因而 $z_{i+1}=z_i-hf(z_i)/f'(z_i)$ 有意义), 并且

$$h_i=\frac{1}{K}\min_{\theta,f'(\theta)=0}\left|\frac{f(z_i)-f(\theta)}{f(z_i)}\right|>h_*,$$

我们要证明 $f'(z_k)\neq 0$ 和 $h_k>h_*$.

如果 $f(z_k)=0$(或对某个 $i<k$, $f(z_i)=0$),引理已自成立. 下面只须讨论 $f(z_k)\neq 0$ 的情况.

注意 $f(z_k)/f(z_0)=f(z_k)/f(z_{k-1})\cdots f(z_1)/f(z_0)$，按定理 3.2，

$$\frac{f(z_i)}{f(z_{i-1})}=1-h+\frac{\alpha_i h^2}{h_{i-1}-h},\ |\alpha_i|\leqslant 1,\ 0<h<h_{i-1},$$

$$i=1,2,\cdots,k.$$

按归纳假设，$0<h<h_*/2<h_{i-1}$，$i=1,\cdots,k$，故

$$\left|1-h+\frac{\alpha_i h^2}{h_{i-1}-h}\right|\leqslant|1-h|+\left|\frac{h^2}{h_{i-1}-h}\right|$$

$$=1-h+\frac{h^2}{h_{i-1}-h}<1-h+\frac{h^2}{h_*-h}<1,$$

$$i=1,\cdots,k,$$

所以

$$\left|\frac{f(z_k)}{f(z_0)}\right|\leqslant\left(1-h+\frac{h^2}{h_*-h}\right)^k<1. \tag{III}$$

另一方面，

$$\arg\frac{f(z_k)}{f(z_0)}=\sum_{i=1}^{k}\arg\frac{f(z_i)}{f(z_{i-1})}\pmod{2\pi},$$

因为

$$\left|\sin\arg\frac{f(z_i)}{f(z_{i-1})}\right|=\left|\sin\arg\left(1-h+\frac{\alpha_i h^2}{h_{i-1}-h}\right)\right|$$

$$\leqslant\frac{1}{1-h}\cdot\frac{h^2}{h_{i-1}-h}<\left(\frac{1}{1-h}\right)\left(\frac{h^2}{h_*-h}\right),$$

$$i=1,\cdots,k,$$

所以

$$\left|\sin\arg\frac{f(z_k)}{f(z_0)}\right|\leqslant\sum_{i=1}^{k}\left|\sin\arg\frac{f(z_i)}{f(z_{i-1})}\right|$$

$$<k\left(\frac{1}{1-h}\right)\left(\frac{h^2}{h_*-h}\right)\leqslant s\left(\frac{1}{1-h}\right)\left(\frac{h^2}{h_*-h}\right)$$

$$<\sin\frac{\mathscr{K}}{2}.$$

由第二章引理 2.1.1 得到

$$\left|\arg\frac{f(z_k)}{f(z_0)}\right| \leqslant \sum_{i=1}^{k}\left|\arg\frac{f(z_i)}{f(z_{i-1})}\right|$$

$$= \sum_{i=1}^{k}\left|\arg\left(1-h+\frac{\alpha_i h^2}{h_{i-1}-h}\right)\right|$$

$$\leqslant \frac{\pi}{2}\sum_{i=1}^{k}\left|\frac{\alpha_i h^2}{(1-h)(h_{i-1}-h)}\right|$$

$$\leqslant \frac{\pi}{2}k\frac{h^2}{(1-h)(h_*-h)} \leqslant \frac{\pi}{2}s\frac{h^2}{(1-h)(h_*-h)}$$

$$< \frac{\pi}{2}\sin\frac{\mathscr{K}}{2} < \frac{\pi}{2},$$

故

$$\left|\arg\frac{f(z_k)}{f(z_0)}\right| < \mathscr{K}/2. \tag{IV}$$

现设 θ 是 f 的一个临界点，$|f(\theta)| \leqslant 2|f(z_0)|$，那么按 $\mathscr{K}$ 之定义，有 $|\arg(f(\theta)/f(z_0))| \geqslant \mathscr{K}$. 如果 $|\arg(f(\theta)/f(z_k))| \leqslant \mathscr{K}/2$，则 $\arg(f(\theta)/f(z_0)) = \arg(f(\theta)/f(z_k)) + \arg(f(z_k)/f(z_0))$，于是 $|\arg(f(\theta)/f(z_0))| < \mathscr{K}$，这与 $|\arg(f(\theta)/f(z_0))| \geqslant \mathscr{K}$ 相矛盾. 所以，

$$\left|\arg\frac{f(\theta)}{f(z_k)}\right| > \frac{\mathscr{K}}{2}. \tag{V}$$

注意 $|f(z_k)| < |f(z_0)| < 2|f(z_0)|$，若 $f'(z_k) = 0$，必须 $|\arg(f(z_k)/f(z_0))| \geqslant \mathscr{K}$ 与(IV)矛盾. 所以 $f'(z_k) \neq 0$.

现若 $|\arg(f(\theta)/f(z_k))| \leqslant \pi/2$，则由(V)，$|\sin\arg(f(\theta)/f(z_k))| > \sin(\mathscr{K}/2)$. 由引理 4.1(b)，

$$\left|\frac{f(z_k)-f(\theta)}{f(z_k)}\right| \geqslant \left|\sin\arg\frac{f(\theta)}{f(z_k)}\right| > \sin\frac{\mathscr{K}}{2},$$

若 $|\arg(f(\theta)/f(z_k))| > \pi/2$，则 $|(f(z_k)-f(\theta))/f(z_k)| > 1 > \sin(\mathscr{K}/2)$ 自然成立.

再设 θ 是使 $|f(\theta)| > 2|f(z_0)|$ 的临界点，因 $|f(z_k)| < |f(z_0)|$，有

$$\left|\frac{f(z_k)-f(\theta)}{f(z_k)}\right| > \frac{|f(\theta)|-|f(z_0)|}{|f(z_0)|} > 1 > \sin\frac{\mathscr{K}}{2}.$$

故对 f 的所有临界点 θ 总有 $|(f(z_k)-f(\theta))/f(z_k)| > \sin(\mathscr{K}/2)$. 所以

$$h_k = \min_{\theta, f'(\theta)=0} \frac{1}{K}\left|\frac{f(z_k)-f(\theta)}{f(z_k)}\right| > \frac{1}{K}\sin\frac{\mathscr{K}}{2} = h_*.$$

这就归纳证明了对所有的 $k=1,2,\cdots,s$, $f'(z_k)\neq 0$, $h_k > h_*$.

综合(V)和(III),得 $|f(z_s)/f(z_0)| \leqslant (1-h+h^2/(h_*-h))^s < 1/\zeta$,由 ζ 之定义,

$$|f(z_s)| < |f(z_0)|/\zeta \leqslant \rho_f/(3K+1).$$

最后,对 $k>s$, 由上面的讨论可得 $|f(z_k)| < |f(z_s)|$, 所以 $f'(z_k)\neq 0$. 这就证明了参数为 h 的 Newton 迭代对所有 $k=1,2,\cdots$ 有意义,并且 $|f(z_k)| < \rho_f/(3K+1)$. □

下面,设法把 h 和 s 具体找出来. 为此,首先叙述两个引理.

引理 4.4 若 $0<y<1$, 则 $\ln(1/(1-y)) > y$. □

引理 4.5 若 $0<h_*<1/2, \zeta>1, K\geqslant 1, c\geqslant 3+(\ln\zeta)/Kh_*$, 则

$$(\ln\zeta)\frac{c}{h_*}\left(\frac{c-1}{c-2}\right)+1 < K(c-h_*)(c-1).$$

证明 因为 $c>3$,

$$\frac{\ln\zeta}{Kh_*}+\frac{c-2}{K}\frac{1}{c}\left(\frac{1}{c-1}+Kh_*\right) < \frac{\ln\zeta}{Kh_*}+\frac{1}{2K}$$
$$+h_* < \frac{\ln\zeta}{Kh_*}+1 \leqslant c-2,$$

得

$$(\ln\zeta)\frac{c}{h_*}\left(\frac{c-1}{c-2}\right)+1 = \left(\frac{\ln\zeta}{Kh_*}+\frac{1}{Kc}\frac{c-2}{c-1}\right)Kc\frac{c-1}{c-2}$$
$$< \left(c-2-\frac{h_*}{c}(c-2)\right)Kc\frac{c-1}{c-2}$$
$$= K(c-h_*)(c-1).\ \square$$

如常,$\boldsymbol{R}^+$表示正实数集合,$\boldsymbol{Z}^+$表示正整数集合.

定理 4.6 存在两个函数 $H: \boldsymbol{R}^+ \times \boldsymbol{R}^+ \to \boldsymbol{R}^+$和 $S: \boldsymbol{R}^+ \times \boldsymbol{R}^+ \to \boldsymbol{Z}^+$,具有下列性质：若 f 及 z_0 满足 $\rho_f > 0$ 及 $\mathscr{K} = \mathscr{K}_{f,z_0} > 0$，$h = H(\mathscr{K},\zeta)$，$s = S(\mathscr{K},\zeta)$,那么对所有 $k = 1,2,\cdots$，$z_k = z_{k-1} - hf(z_{k-1})/f'(z_{k-1})$有意义，$|f(z_s)| < \rho_f/(3K+1)$. 此外，上述$H$和 S 具有下述形式:

$$H(\mathscr{K},\zeta) = \frac{1}{K}\frac{\sin^2(\mathscr{K}/2)}{3\sin(\mathscr{K}/2) + \ln\zeta},$$

$$S(\mathscr{K},\zeta) = \left\lceil K\left(3 + \frac{\ln\zeta}{\sin(\mathscr{K}/2)}\right)^2\right\rceil.$$

证明 由于引理 4.3,剩下只要对引理中的条件(I)和(II)解出 h 和 s,并整理成上述形式. 前面已经证明:

$$(1 - h + h^2/(h_* - h))^s < 1/\zeta, \tag{I}$$

$$s(1/(1-h))\cdot(h^2/(h_* - h)) < \sin(\mathscr{K}/2). \tag{II}$$

$$(\text{I}) \Longleftrightarrow \ln\zeta/\ln(1 - h + h^2/(h_* - h))^{-1} < s. \tag{I$'$}$$

记 $y = h - h^2/(h_* - h) = h((h_* - 2h)/(h_* - h))$, 则有 $0 < y < 1$. 但 $0 < y < 1 \Rightarrow \ln(1-y)^{-1} > y$,所以

$$\ln\zeta/y < s \tag{I$''$}$$

$\Rightarrow \ln\zeta/\ln(1-y)^{-1} < \ln\zeta/y < s$, 即 (I$'$).

令 $h = h_*/c$,这里 $c > 2$,那么

$$y = (h_*/c)(h_* - 2h_*/c)/(h_* - h_*/c) = (h_*/c)((c-2)/(c-1)).$$

故

$$(\text{I}'') \Longleftrightarrow \ln\zeta\cdot(c/h_*)(c-1)/(c-2) < s \tag{I$'''$}$$

另一方面,因 $h_* = (1/K)\sin(\mathscr{K}/2)$，$\sin(\mathscr{K}/2) = Kh_*$,

$$(\text{II}) \Longleftrightarrow s < Kh_*(1-h)(h_* - h)/h^2 = Kh_*(1 - h_*/c) \times (h_* - h_*/c)/(h_*/c)^2 = K(c-1)(c - h_*). \tag{II$'$}$$

以上的推导说明,若取 $h = h_*/c$, 则关于 h 和 s 的条件(I)和(II)可以由关于 s 的条件(I$'''$)和(II$'$)代替. 引理 4.5 说明，只要 $c \geqslant 3 + (\ln\zeta)/Kh_*$,则满足(I$'''$)和(II$'$)的正整数 s 是存在的.

现在就取 $c = 3 + (\ln\zeta)/Kh_*$, $h = h_*/c$. 至于 s,在存在性

解决以后，取大一点不会带来任何困难. 所以为整理的方便，就取 $s=[Kc^2]$. 这时

$$h=\frac{h_*}{3+\ln\zeta/Kh_*}=\frac{Kh_*^2}{3Kh_*+\ln\zeta}$$

$$=\frac{K(1/K)^2\sin^2(\mathscr{K}/2)}{3\sin(\mathscr{K}/2)+\ln\zeta}=\frac{\sin^2(\mathscr{K}/2)}{K(3\sin(\mathscr{K}/2)+\ln\zeta)},$$

$$s=\left[K\left(3+\frac{\ln\zeta}{\sin(\mathscr{K}/2)}\right)^2\right].$$

这就完成了定理的证明. □

定理说明，若 f 和 z_0 使得 $\rho_f>0$ 及 $\mathscr{K}>0$，那么令 $h=\sin^2(\mathscr{K}/2)/K(3\sin(\mathscr{K}/2)+\ln\zeta)$，则 $z_k=z_{k-1}-hf(z_{k-1})/f'(z_{k-1})$ 对所有 $k=1,2,\cdots$ 有意义，并且 $|f(z_s)|<\rho_f/(3K+1)$，即从 z_0 开始经过 s 步参数为 h 的 Newton 迭代，一定可以找到 f 的一个逼近零点.

第四章 Kuhn 算法与 Newton 方法的一个比较

在前三章的基础上，这一章提出 Kuhn 算法与 Newton 方法的一种比较．准确地说，是关于我们对 Kuhn 算法所得到的成本估计与 S. Smale 对 Newton 方法所得到的成本估计的一个比较，结果是前者优于后者，相应的成本比率是 $n^3\ln(n/\mu)$比 n^9/μ^7，这里 n 是多项式的阶数，$\mu(0<\mu<1)$是允许论断失败的概率．

§1. Smale 关于 Newton 方法复杂性理论的概述

在上一章的详细讨论的基础上，S. Smale 讨论 Newton 方法的计算复杂性理论的主要思想可以概述如下(参阅 [Smale, 1981])．

在定理 3.4.9 中，多项式 f 和点 z_0 共同给出如下条件：在 h 的适当选取之下，经过 s 步参数 h 的 Newton 迭代可以到达 f 的一个逼近零点．对于一个多项式，我们可以说某些点是“好”的，它们都能与多项式一起给出到达逼近零点的充分条件．反过来，对于一个点，我们也可以说某些多项式是“好”的，它们都能与这个点一起给出到达逼近零点的充分条件．

现在固定 $z_0=0$． 设全体 n 阶首一多项式组成的空间 $\mathscr{P}_n$，在 $\mathscr{P}_n$ 中确定一个相对于出发点 $z_0=0$ 来说是“坏”的多项式所构成的子集 W_*． 对于 $f\in W_*$，不论 $h>0$ 取得怎么小，都未能保证从 $z_0=0$ 开始的参数 h 的 Newton 迭代将在有限步内达到 f 的一个逼近零点．

如果从 $\mathscr{P}_n$ 中挖去 W_* 的一个“开邻域” Y_σ，则对剩余的多项式，可望对保证到达逼近零点的 h 和 s 给出一个一致的估计．挖去越多，剩下的就越好．挖去的多少，要经过空间 $\mathscr{P}_n$ 中的体积计算．若挖去部分的体积与全空间的体积之比为 μ, $0<\mu<1$，设对剩余的多项式进行的讨论得到一个一致的结论 $\mathscr{A}$，那么我们也可以说结论 $\mathscr{A}$ 对全空间中任一多项式成立的概率为 $1-\mu$．

按照这个想法 S. Smale 报道了下述形式的结论：给定自然数 n 和 $0<\mu<1$，则对所有首项系数为 1、其余各项系数的绝对值均小于 1 的 n 阶复系数多项式，从 $z_0=0$ 开始适当选取参数 $0<h<1$ 的 Newton 迭代在 $s=\lceil[100(n+2)]^9/\mu^7\rceil$ 步内可以到达一个逼近零点的概率至少为 $1-\mu$．

具体来说，S. Smale 提出了下列定理．

令 $\mathscr{P}_n$ 为 n 阶首一复系数多项式的空间．那么 $\mathscr{P}_n$ 可与 n 维复空间 $\boldsymbol{C}^n=\{(a_1,\cdots,a_n)=a\,|\,a_i\in\boldsymbol{C}\}$等同．或者，对 $f(z)=z^n+a_1z^{n-1}+\cdots+a_n$，我们可以写 $f\in\boldsymbol{C}^n$ 或 $a=(a_1,\cdots,a_n)\in\mathscr{P}_n$，都是一样的意思．

在 $\mathscr{P}_n$ 中，令 $P(R)$为多圆柱$\{a\in\mathscr{P}_n\,|\,|a_i|<R,\ i=1,\cdots,n\}$．易知 $P(R)$ 的体积 $\mathrm{vol}P(R)=(\pi R^2)^n$，这里体积 vol 表示对 $\mathscr{P}_n$ 用 $\boldsymbol{C}^n=\boldsymbol{R}^{2n}$ 的通常的 Lebesgue 测度．

令 $W_0=\{f\in\mathscr{P}_n\,|\,f(\theta)=0,\theta$ 是 f 的某个临界点$\}$．易知 W_0 是有重零点的多项式的集合．定义 W_0 的邻域 $U_\rho(W_0)=\bigsqcup\limits_{f_0\in W_0}U_\rho(f_0)$，这里$U_\rho(f_0)=\{f\in\mathscr{P}_n\,|\,|f(0)-f_0(0)|<\rho_i;f'(z)=f_0'(z),z\in\boldsymbol{C}\}$．注意，这种邻域结构与 $\boldsymbol{C}^n$ 中通常的邻域结构不同，只是沿一条复坐标轴方向取邻域．事实上，由定义，$f\in U_\rho(f_0)$当且仅当$|f(0)-f_0(0)|<\rho$和除常数项外 f 和 f_0 的其余各项系数都相同．

定理 1.1　$\mathrm{vol}[U_\rho(W_0)\cap P(R)]/\mathrm{vol}P(R)\leqslant(n-1)\rho^2/R^2$．

这给出在多圆柱 $P(R)$中 $U_\rho(W_0)$的体积的一个估计．

令$W_*=\{f\in\mathscr{P}_n\,|\,\mathrm{Im}(\overline{f(0)}f(\theta))=0$, θ 是 f 的某个临界点$\}$，这里 $\mathrm{Im}z$ 表示复数 z 的虚部，$\mathrm{Re}z$ 表示复数 z 的实部．所以，若 $\mathrm{Re}f'$, $\mathrm{Im}f'$ 和 $\mathrm{Im}(\overline{f(0)}f)$有一个公共零点，则 $f\in W_*$．定义W_*的邻

域 $U_\rho(W_*) = \bigcup_{f_0 \in W_*} U_\rho(f_0)$，其中 $U_\rho(f_0)=\{f \in \mathscr{P}_n \mid |f(0) - f_0(0)| < \rho; f'(z) = f_0'(z), z \in \mathbf{C}\}$如前。

定理 1.2 $\operatorname{vol}[U_\rho(W_*) \cap P(R)]/\operatorname{vol}P(R) \leqslant 3\rho(n-1)^2/R$.

这给出在多圆柱 $P(R)$中 $U_\rho(W_*)$的体积的一个估计。

令 $W_1 = \{f \in \mathscr{P}_n \mid f(\theta) = f(0)$，$\theta$ 是 f 的某个临界点$\}$，定义 $L_\rho(W_0) = \bigcup_{f_0 \in W_1} L_\rho(f_0)$，其中

$$L_\rho(f_0) = \left\{f \in \mathscr{P}_n \,\middle|\, |f'(0) - f_0'(0)| < \rho, \left|\frac{f''(0)}{2} - \frac{f_0''(0)}{2}\right| < \rho\right\}.$$

定理 1.3 $\operatorname{vol}[L_\rho(W_1) \cap P(R)]/\operatorname{vol}P(R) \leqslant 4(n+2)(\rho/R)^2$.

这给出 $P(R)$中 $L_\rho(W_1)$的体积的一个估计.

然后，令 $Q_\sigma = \{f \in \mathscr{P}_n \mid |f(\theta) - f(0)| < \sigma$，$\theta$ 是 f 的某个临界点$\}$，$Y_\sigma = Q_\sigma \cup U_{\sigma R}(W_*)$。利用定理1.2和定理 1.3，可以证明

定理 1.4 (1)若 $R > \frac{1}{3}$，则

$$\operatorname{vol}[Y_\sigma \cap P(R)]/\operatorname{vol}P(R) \leqslant 150(n+2)^{4/3}\sigma^{2/3}.$$

(2)若 $0 < \sigma < 1$，$f \bar{\in} Y_\sigma$，则

(a) $\rho_f > \sigma R$,

(b) $4R \sin \mathscr{K}_f \geqslant \sigma^2$.

其中，$\mathscr{K}_f$ 即上一章的 $\mathscr{K}_{f,0}$，此时 $z_0 = 0$。

最后，综合定理 1.4 和定理 3.4.6 得到

定理 1.5 给定 n 及 $0<\mu<1$，并设 $R > 1/3$，$\sigma = (\mu/150)^{3/2}/(n+2)^2$。那么对 $f \in P(R)$，以下事实成立的概率至少是 $1-\mu$：适当选取只依赖于 n 和 μ 的 h，$0 < h < 1$，取 $z_0 = 0$，则 $z_k = z_{k-1} - hf(z_{k-1})/f'(z_{k-1})$对所有 $k = 1, 2, \cdots$有意义，并且 z_s 是 f 的一个逼近零点，这里 $s = \lceil 4(3 + \ln(15/\sigma)8R/\sigma^2)^2 \rceil$。

这是因为由定理 1.4(2)及定理 3.4.6，对所有 $f \bar{\in} Y_\sigma$，定理 1.5所述的事实成立，但 σ 的选取连同定理 1.4(1) 给出 $\operatorname{vol}[Y_\sigma \cap P(R)]/\operatorname{vol}P(R) \leqslant \mu$，所以对一切 $f \in P(R)$，定理1.5 所述事实成立之概率

至少为 $1-\mu$。注意定理的讨论当 n,μ 固定时，对所有的多项式 f 是一致的。

为了得到一个具体的数值结果，试取 $R=1$，经过若干计算可以得到

定理 1.6 存在函数 $h=h(n,\mu)$，使得对于 n 和 μ，$0<\mu<1$，下列事实对于除首项系数外，其余各项系数之绝对值均小于 1 的首 1 复系数多项式 f 成立的概率至少为 $1-\mu$：令 $z_0=0$，则 $z_k=z_{k-1}-hf(z_{k-1})/f'(z_{k-1})$ 对所有 $k=1,2,\cdots$ 有意义，且 z_s 是 f 的一个逼近零点，$s=\lceil(100(n+2))^9/\mu^7\rceil$。

Newton 方法是一种广泛使用的数值方法。S. Smale 的工作提出了讨论 Newton 方法效率或计算复杂性问题的很富启发性的途径。下面，我们将对 Kuhn 算法进行类似于 Smale 对 Newton 方法所进行的讨论。读者将看到，由于第二章对 Kuhn 算法所建立的结果，这里对 Kuhn 算法所进行的讨论是成功的。并且，本章对 Kuhn 算法所得到的结果比 Smale 对 Newton 方法所得到的结果为好。

下面的 §2 和 §3 仍取自 [Smale, 1981]。§4 对用 Kuhn 算法求逼近零点进行了讨论。

§2. 重零点多项式集合的邻域 $U_\rho(W_0)$ 及其体积估计

这一节，我们定义重零点多项式集合 W_0 的一种特殊邻域 $U_\rho(W_0)$，并给出它的充要条件。

如上节，设 $\mathscr{P}_n$ 为 n 阶首一复系数多项式的空间，$\mathscr{P}_n$ 与 $\mathbf{C}^n=\{(a_1,\cdots,a_n)=a\mid a_i\in\mathbf{C}\}$ 等同。令 $P(R)=\{a\in\mathscr{P}_n\mid |a_i|<R, i=1,\cdots,n\}$。

定义 2.1 $W_0=\{f\in\mathscr{P}_n\mid$ 存在 $\theta\in\mathbf{C}$ 使得 $f'(\theta)=f(\theta)=0\}$；$U_\rho(W_0)=\bigcup\limits_{f_0\in W_0}U_\rho(f_0)$，其中 $U_\rho(f_0)=\{f\in\mathscr{P}_n\mid |f(0)-f_0(0)|$

$<\rho; f'(z)=f_0'(z), z\in \boldsymbol{C}\}$.

由定义易知 W_0 是 $\mathscr{P}_n$ 中具有重零点的多项式的集合. 另外, $f\in U_\rho(f_0)$ 当且仅当 f 与 f_0 的常数项之差的绝对值小于 ρ, 其余各项系数相等.

回忆在第三章 §3,我们定义了 $\rho_f=\min\limits_{\theta,f'(\theta)=0}|f(\theta)|$. 立即可以得到 $f\in W_0$的一个充要条件: $f\in W_0 \Longleftrightarrow \rho_f=0$. 由此启发, 建立下述充要条件.

定理 2.2 $f\in U_\rho(W_0)\Longleftrightarrow \rho_f<\rho$.

证明 我们要证明 $f\in U_\rho(W_0)$当且仅当: 对 f 的某个临界点 $\theta, |f(\theta)|<\rho$.

必要性. $f\in U_\rho(W_0)$,按定义,存在 $f_0\in W_0$ 使得 $f\in U_\rho(f_0)$. 按 $U_\rho(f_0)$的定义, f 与 f_0 常数项之差的绝对值不超过 ρ, 其余系数均相等. 故对所有 $z\in \boldsymbol{C}$, $|f(z)-f_0(z)|<\rho$. 但 $f_0\in W_0$, 故存在 f_0 的一个临界点 θ 使得 $f_0(\theta)=0$. 注意 $f_0'(z)=f'(z), z\in\boldsymbol{C}$. 所以 θ 也是 f 的一个临界点. 这时 $|f(\theta)|=|f(\theta)-f_0(\theta)|<\rho$.

充分性. 设对 f 的某个临界点 θ,有$|f(\theta)|<\rho$. 按 $f_0(z)=f(z)-f(\theta), z\in\boldsymbol{C}$,定义多项式 f_0. 显然, θ 也是 f_0 的临界点, 但 $|f_0(\theta)|=|f(\theta)-f(\theta)|=0$. 所以 $f_0\in W_0$, 并且 $f\in U_\rho(f)$. 故知 $f\in U_\rho(W_0)$. □

有了这个充要条件, 重零点多项式集合 W_0 的特殊邻域 $U_\rho(W_0)$ 的构造就清楚得多了. 下面我们将进而对这个特殊邻域的体积给出一个估计. 为此,先作一些准备.

定理 2.3 设 $f(z)=\sum\limits_{i=0}^{n}a_{n-i}z^i, g(z)=\sum\limits_{i=0}^{m}b_{n-i}z^i$, $n>0$, $m>0$. 令 f 与 g 的结式为 $R(f,g)$ 行列式, 则 $R(f,g)=0$ 当且仅当 $a_0=b_0=0$ 或 $f(z)$ 与 $g(z)$ 具有一个正阶数的公因子.

关于定理的证明,可参阅 [Jacobson, 1974].

$$R(f,g)=\begin{vmatrix} a_0 & a_1 & \cdots a_n & 0 \cdots 0 \\ 0 & a_0 & a_1 \cdots a_n & 0 \cdots 0 \\ \cdots & & \cdots & \cdots \\ 0 \cdots & a_0 & a_1 \cdots & a_n \\ b_0 & b_1 & \cdots & b_m 0 \cdots 0 \\ 0 & b_0 & b_1 & \cdots b_m 0 \cdots 0 \\ \cdots & & & \\ 0 \cdots 0 & b_0 & b_1 & \cdots b_m \end{vmatrix}\begin{matrix} \left.\begin{matrix}\\ \\ \\ \\ \end{matrix}\right\} m\text{ 行} \\ \left.\begin{matrix}\\ \\ \\ \\ \end{matrix}\right\} n\text{ 行}, \end{matrix}$$

例如,设 $f(z)=az^2+bz+c,a\neq 0$,取 $g(z)=f'(z)=2az+b$,则

$$R(f,f')=\begin{vmatrix} a & b & c \\ 2a & b & 0 \\ 0 & 2a & b \end{vmatrix}=a(4ac-b^2).$$

我们知道 f 有重零点等价于 f 与 f' 有公共零点，所以上式以熟悉的形式给出二阶多项式有一对重零点的充要条件：$4ac-b^2=0$. 这里 $a\neq 0$ 的意义在于：否则 f 不成其为二阶多项式.

引理 2.4 子集 $W_0\subset\mathscr{P}_n$ 可以表示为由 $F(a)=0$ 确定的一个复代数超曲面. 这里 $F:\boldsymbol{C}^n\to\boldsymbol{C}$ 由

$$F(a_1,\cdots,a_n)=\sum_{i=0}^{n-1}F_i(a_1,\cdots,a_{n-1})a_n^i$$

给出,其中 F_i 都是多项式;F 的总阶数是 $2n-1$, 对 a_n 的阶数是 $n-1$.

这就是说，$W_0=\{a\in\boldsymbol{C}^n|F(a)=0\}$.

证明 $f\in W_0\Longleftrightarrow f$ 和 f' 有公共零点 $\Longleftrightarrow f(z)$ 与 $f'(z)$ 具有一个正阶数的公因子 $\Longleftrightarrow R(f,f')=0$.

利用定理 2.3 的符号,就有 $g=f',m=n-1,a_0=1,b_0=n$. 结式 $R(f,f')$ 是关于 $a_1,\cdots,a_n$ 的一个多项式. 总阶数是 $2n-2$, 对 a_n 的阶数是 $n-1$. 将这个多项式称作 F,并按 a_n 的幂次整理，即得本引理. □

$$
R(f, f') = \begin{vmatrix} 1 & a_1 & \cdots & a_n & & \\ 0 & 1 & a_1 & \cdots & a_n & \\ \cdots & & & & & \\ 0 & \cdots & 0 & 1 & a_1 & \cdots a_n \\ n & (n-1)a_1 & \cdots & a_{n-1} & & \\ 0 & n & & \cdots & a_{n-1} & \\ \cdots & & & & & \\ 0 \cdots & 0 & n & (n-1)a_1 & \cdots & a_{n-1} \end{vmatrix} \begin{matrix} \left.\begin{matrix} \\ \\ \\ \\ \end{matrix}\right\} n-1\text{行} \\ \left.\begin{matrix} \\ \\ \\ \\ \end{matrix}\right\} n\text{行} \end{matrix}.
$$

定理 2.5 $\operatorname{vol}[U_\rho(W_0)\cap P(R)]/\operatorname{vol}P(R) \leqslant (n-1)\rho^2/R^2$.

这就是§1介绍的定理1.1.

证明 定义 $\chi: C^n \to R$ 为集合 $U_\rho(W_0)$ 的特征函数，即在 $U_\rho(W_0)$ 上 χ 取值为1，在其余地方 χ 取值为0.

注意，$W_0 = \{a \in C^n | F(a) = 0\}$，其中 F 对 a_n 的阶数为 $n-1$. 所以对几乎每个 $(a_1, \cdots, a_{n-1})$，W_0 与经过 $(a_1, \cdots, a_{n-1})$ 的复一维坐标直线的交点顶多是 $n-1$ 个. 每个交点联系一个沿 a_n 一维复直线距离 ρ 的开邻域，得

$\left|\int_{|a_n|<\rho} \chi(a_1, \cdots, a_n) da_n\right| \leqslant \left|\int_{|a_n|<+\infty} \chi(a_1, \cdots, a_n) da_n\right| \leqslant (n-1)\pi\rho^2$. 所以，据测度论中的 Fubini 定理(例如可以参看 [Royden, 1968])

$$
\frac{\operatorname{vol}[U_\rho(W_0)\cap P(R)]}{\operatorname{vol}P(R)} = \frac{1}{(\pi R^2)^n}\int_{P(R)} \chi(a)da
$$

$$
= \frac{1}{(\pi R^2)^n}\int_{|a_1|<R}\cdots\int_{|a_{n-1}|<R}\left[\int_{|a_n|<R} \chi(a_1, \cdots, a_n)da_n\right]da_{n-1}
$$

$$
\cdots da_1 \leqslant \frac{1}{(\pi R^2)^n}\int_{|a_1|<R}\cdots\int_{|a_{n-1}|<R}(n-1)\pi\rho^2 da_{n-1}\cdots da_1
$$

$$
= \frac{1}{(\pi R^2)^n}(n-1)\pi\rho^2 \cdot (\pi R^2)^{n-1} = \frac{(n-1)\rho^2}{R^2}.
$$

这就完成了定理的证明. □

§3. 用 Kuhn 算法计算逼近零点

在第一章和第二章我们已经知道，对于任何一个复系数多项

式，用 Kuhn 算法总是可以按照任何预先指定的精度要求在有限步内把它的所有零点(不管是单零点还是重零点)计算出来，并且我们给出了所需的互补轮迴步数的一个估计式. 对于 Kuhn 算法，本来不需要 S. Smale 对 Newton 方法引进的逼近零点的概念，但为了与 Smale 关于 Newton 方法所得到的结果作一个竞赛规则相同的比较，我们特意考虑用 Kuhn 算法计算逼近零点的问题.

第二章定理 2.2.4 指出，可以任意逼近一个多项式的所有零点，并给出成本估计. 越接近零点，多项式值越小，第三章定理 3.3.5 具体说明，若 $|f(z)| < \rho_f/(3K+1)$，z 就是 f 的一个逼近零点. 当然，$|f(z)| < \rho_f/(3K+1)$ 只对没有重零点的多项式有意义，而且，为了得出一个关于计算速度的一致的估计，我们必须把重零点多项式的一个邻域从所考虑的多项式空间中挖去，这样来避开 $\rho_f = 0$ 或 ρ_f 太小的情况. 这就是本节的主要思想.

另一方面，定理 2.2 说： $f \in U_\rho(W_0) \Longleftrightarrow \rho_f < \rho$. 也就是说 $U_\rho(W_0) = \{f \in \mathscr{P}_n \mid \rho_f < \rho\}$，而定理 2.5 给出 $\operatorname{vol}[U_\rho(W_0) \cap P(R)] / \operatorname{vol}P(R) \leqslant (n-1)\rho^2/R^2$. 这样，所需要的工具也就有了.

定理 3.1 给定正整数 n 和正实数 σ，对任意多项式 $f \in P(R)$，$f \notin U_{\sigma R}(W_0)$，用 Kuhn 算法顶多在 s 步内可找到它的 n 个逼近零点，这里

$$s = \lceil 5\pi M^2 + 28\pi n(1+0.75n)^2 \lceil \log_2(\sqrt{2}(1+0.75n)/\varepsilon)\rceil\rceil,$$

其中

$$M = \max\{3\sqrt{2}(2+\pi)n/4\pi,\ 1 + nR/(n-1)\} + \sqrt{2};$$
$$\varepsilon = \sigma(1-M)^2/13[1-(n+1)M^n + nM^{n+1}].$$

证明 若 $\sigma R \leqslant \rho_f$，并且 $z \in c$，使得对 f 的某个零点 ξ 满足 $|z - \xi| < \varepsilon$，那么

$$f(z) = |f(z) - f(\xi)|$$

$$= \left|\sum_{j=0}^{n} a_{n-j}(z^j - \xi^j)\right|$$

$$\leqslant |z-\xi| \sum_{j=1}^{n} |a_{n-j}(z^{j-1} + z^{j-2}\xi + \cdots + \xi^{j-1})|$$

$$\leqslant \varepsilon R \sum_{j=1}^{n} jM^{j-1} = \varepsilon R \left(\sum_{j=1}^{n} x^j\right)'_M = \varepsilon R \left(\frac{x - x^{n+1}}{1-x}\right)'_M$$

$$= \varepsilon R \frac{1-(n+1)M^n + nM^{n+1}}{(1-M)^2} \leqslant \sigma R/13 \leqslant \rho_f/13$$

$$\leqslant \rho_f/(3K+1).$$

所以 z 是 f 的一个逼近零点.

按照第二章定理 2.2.4,对于所有使得 $\rho_f \geqslant \sigma R$ 的多项式 $f \in P(R)$, 我们可以在 s 步内给它找到 n 个逼近零点. 但 $U_{\sigma R}(W_0) = \{f \in \mathscr{P}_n | \rho_f < \sigma R\}$, 故 $f \notin U_{\sigma R}(W_0) \Longleftrightarrow \rho_f \geqslant \sigma R$. 这就完成了定理的证明. □

结合空间的概率估计, 有

定理 3.2 给定正整数 n 和 $0 < \mu < 1$, 那么, 对任一多项式 $\in P(R)$, 用 Kuhn 算法在 s 步内求出它的 n 个逼近零点的概率至少为 $1-\mu$, 这里

$$s = \lceil 5\pi M^2 + 28\pi n(1+0.75n)^2 \lceil \log_2(\sqrt{2}(1+0.75n)/\varepsilon) \rceil \rceil,$$

其中

$$M = \max\{3\sqrt{2}(2+\pi)n/4\pi, 1 + 5nR/4(n-1)\} + \sqrt{2},$$

$$\varepsilon = \mu^{1/2}(1-M)^2/13n^{1/2}[1-(n+1)M^n + nM^{n+1}].$$

证明 在定理 3.1 中, 令 $\sigma = (\mu/n)^{1/2}$, 则对任一多项式 $f \in P(R)$, $f \notin U_{\sigma R}(W_0)$, 用 Kuhn 算法顶多在 s 步内可给它找到 n 个逼近零点. 这时相应地,

$$\varepsilon = \sigma(1-M)^2/13[1-(n+1)M^n + nM^{n+1}]$$
$$= \mu^{1/2}(1-M)^2/13n^{1/2}[1-(n+1)M^n + nM^{n+1}].$$

另据定理 2.5,

$$\mathrm{vol}[U_{\sigma R}(W_0) \cap P(R)]/\mathrm{vol}P(R) = (n-1)\sigma^2 R^2/R^2$$
$$= (n-1)\mu/n < \mu.$$

所以对任一多项式 $f \in P(R)$, 用 Kuhn 算法在 s 步内可给它找到

n 个逼近零点的概率至少为 $1-\mu$。 $\square$

记得 S. Smale 得到的结果是：给定正整数 n 和 $0<\mu<1$，则对任一多项式 $f\in P(1)$，适当选取参数 h 的 Newton 迭代可在 $s=\lceil[100(n+2)]^9/\mu^7\rceil$ 步内找到 f 的一个逼近零点的概率至少为 $1-\mu$。而我们得到的结果是：给定正整数 n 和 $0<\mu<1$，对任一多项式 $f\in P(1)$，用 Kuhn 算法在 $s=\lceil 5\pi M^2+28\pi n(1+0.75n)^2\lceil\log_2(\sqrt{2}(1+0.75n)/\varepsilon)\rceil\rceil$ 步内给它找到 n 个逼近零点的概率至少为 $1-\mu$，其中 $M=\max\left\{3\sqrt{2}(2+\pi)n/4\pi,\frac{9}{4}+\frac{5}{4(n-1)}\right\}+\sqrt{2}$，$\varepsilon=\mu^{1/2}(1-M)^2/13n^{1/2}[1-(n+1)M^n+nM^{n+1}]$。简单的方次运算表明，我们关于 Kuhn 算法所建立的结果，比 S. Smale 对 Newton 方法所得到的结果好得多．事实上，注意概率地说来找到一个逼近零点的成本是找到 n 个逼近零点的成本的 $1/n$，经过细心的换算，我们可以得到：给定正整数 n 和 $0<\mu<1$，对任一多项式 $f\in P(1)$，用 Kuhn 算法在 $s=\lceil 140(n+2)^3\log_2(n/\mu)\rceil$ 步内给它找到一个逼近零点的概率至少为 $1-\mu$。这就是本章开始时说的 $n^3\ln(n/\mu)$ 和 n^9/μ^7 的对比。

第五章　增量算法 $I_{h,f}$ 和成本理论

在第三章我们已经熟悉了增量 Newton 算法 $z'=z-hf(z)/f'(z)$。本章介绍一般增量算法 $I_{h,f}$，特别是 Euler 算法 $E_{k(h,f)}$ 和一般 Euler 算法 $G_{k(h,f)}$ 以及 Taylor 算法 $T_{k(h,f)}$。

§1 在介绍和初步讨论各种增量算法的基础上，提出"增量算法具有效率 k"的概念。定理 2.7 证明了 $E_{k(h,f)}$ 具有效率 k. §3就一般的增量算法，重新定义逼近零点的概念。定理 4.10 和定理 5.10 分别给出了应用 $E_{k(h,f)}$ 求 f 的逼近零点所需要的迭代次数和成本估计。定理 2.11 说明，从 f 的逼近零点 z 出发，$z_l=E^l_{k(1,f)}(z)$ 迅速趋于 f 的零点。定理 6.4 所述的内容适用于任何效率为 k 的增量算法 $I_{h,f}$，它是定理 4.8 和定理 4.9 的自然推广。

§1. 增 量 算 法

本节首先叙述增量算法的概念。定义 1.1 可以说是比较抽象的，或者说是相当广泛的。我们将紧接着介绍一批例子来加深对增量算法的概念的理解。这些例子中的具体算法，就是本章讨论的对象。

定义 1.1　设 $f:\boldsymbol{C}\to\boldsymbol{C}$ 是复多项式函数，S^2 表示复的Riemann球面(即 $S^2=\boldsymbol{C}\cup\{\infty\}$)。增量算法是以 $h(0<h\leqslant 1)$ 为参数的一族映射(或一批算法)：

$$I_{h,f}:S^2\to S^2,\quad z'=I_{h,f}(z)=I(z),$$

$$I_{0,f}(z)=z.$$

为了应用增量算法 $I_{h,f}$ 解代数方程 $f(z)=0$，我们从某个复数 z_0 开始，适当选取 h，使得迭代序列 $z_m=I_{h,f}(z_{m-1})=I^m_{h,f}(z_0)$，$m=1,2,\cdots$，收敛到 $f(z)=0$ 的解 z_*。

增量算法的概念起源于解非线性方程组或常微分方程组的某些标准迭代过程. 先看下面两个例子.

例 1.2 (增量 Newton 算法) (参看第三章)

$$N_{h,f}(z) = z - h\frac{f(z)}{f'(z)},\ f'(z) \neq 0.$$

$h = 1$ 的特殊情形 $N(z) = N_{1,f}(z) = z - \dfrac{f(z)}{f'(z)}$ 就是原型的 Newton 算法.

例 1.3(增量 Euler 算法) 给定多项式函数 f 和点 z. 如果 $f'(z) \neq 0$,令

$$r = r(f,z) = \min_{\theta, f'(\theta)=0} |f(z) - f(\theta)| = |f(z) - f(\theta_*)|,$$

其中 $f'(\theta_*) = 0$.

如果 $f'(z) = 0$, 令 $r(f,z) = 0$.

当 $f(z) \neq 0$ 时, 我们定义

$$h_1 = h_1(f, z) = \frac{r(f,z)}{|f(z)|} = \min_{\theta, f(\theta)=0} \frac{|f(z) - f(\theta)|}{|f(z)|}$$

$$= \frac{|f(z) - f(\theta_*)|}{|f(z)|},$$

这里 $\theta_* = \theta_*(f,z)$是 f 的一个临界点,即 $f'(\theta_*) = 0$.

如果 $r = r(f,z) > 0$,由第三章引理 3.2.3 可知, f 的反函数 f_z^{-1} 的收敛半径至少为 $r(f,z)$. 此外,解析函数

$$f_z^{-1}: D_r(f(z)) \to \boldsymbol{C}$$

将 $f(z)$映成 z. 其中 $D_r(f(z)) = \{w \mid |w - f(z)| < r\}$ 是以 $f(z)$ 为中心的半径为 r 的开圆.

如果 $h < h_1(f, z)$, 则 $|hf(z)| < h_1(f, z) \cdot |f(z)| = \min\limits_{\theta, f'(\theta)=0} |f(z) - f(\theta)| = r$. 于是通过解方程

$$\frac{f(z')}{f(z)} = 1 - h,$$

得到增量 Euler 算法:

$$z' = E_\infty(z) = E_{\infty(h,f)}(z) = f_z^{-1}(f(z')) = f_z^{-1}((1-h)f(z))$$

$$= f_z^{-1}(f(z) - hf(z)) = f_z^{-1}(f(z)) + \sum_{l=1}^{\infty} \frac{(f_z^{-1})_{f(z)}^{(l)}}{l!}(-hf(z))^l = z + \sum_{l=1}^{\infty} \frac{(f_z^{-1})_{f(z)}^{(l)}}{l!} \times (-hf(z))^l,$$

显然，$E_{\infty(0,f)}(z) = z$。

上述迭代在实际计算中是办不到的，因此，这里需要截去后面的一个幂级数．为此，设 T_k 为截去第 $k+1$ 项后各项组成的幂级数的截尾算子，即

$$T_k\left(\sum_{l=0}^{\infty} a_l h^l\right) = \sum_{l=0}^{k} a_l h^l.$$

T_k 作用到上述增量 Euler 算法上，就得到第 k 个增量 Euler 算法：

$$\begin{aligned} E_k(z) &= E_{k(h,f)}(z) = T_k f_z^{-1}((1-h)f(z)) \\ &= z + \sum_{l=1}^{k} \frac{(f_z^{-1})_{f(z)}^{(l)}}{l!}(-hf(z))^l \\ &= z - \frac{f(z)}{f'(z)}\left[\sum_{l=1}^{k} \frac{(f_z^{-1})_{f(z)}^{(l)}(-1)^{l-1}}{l!} f^{l-1}(z) \cdot f'(z) h^l\right], \end{aligned}$$

显然，$E_{k(0,f)}(z) = z, k = 1,2,\cdots$。

容易看出，$E_1(z) = z - hf(z)/f'(z)$ 就是增量 Newton 算法，它是增量 Euler 算法的特殊情形．

对于前面几个增量 Euler 算法，有

定理 1.4 设

$$\sigma_i = (-1)^{i-1} \frac{f^{(i)}(z) \cdot f^{i-1}(z)}{i!(f'(z))^i},$$

则

$$E_1(z) = z - h\frac{f(z)}{f'(z)};$$

$$E_2(z) = z - \frac{f(z)}{f'(z)}(h - \sigma_2 h^2);$$

$$E_3(z) = z - \frac{f(z)}{f'(z)}[h - \sigma_2 h^2 + (2\sigma_2^2 - \sigma_3)h^3];$$

$$E_4(z) = z - \frac{f(z)}{f'(z)}[h - \sigma_2 h^2 + (2\sigma_2^2 - \sigma_3)h^3$$
$$- (5\sigma_2^3 - 5\sigma_2\sigma_3 + \sigma_4)h^4].$$

证明 设 $w = f(z)$，$z = f^{-1}(w)$，则

$$(f^{-1})'(w) = \frac{1}{f'(z)},$$

$$(f^{-1})'' = -\frac{f'' \cdot (f^{-1})'}{(f')^2} = -\frac{f''}{(f')^3},$$

$$(f^{-1})''' = \frac{-f'''(f')^3 + 3(f')^2 \cdot (f'')^2}{(f')^6} \cdot \frac{1}{f'}$$
$$= -\frac{f'''}{(f')^4} + \frac{3(f'')^2}{(f')^5}.$$

另一方面，

$$\sigma_2 \frac{f}{f'} = (-1)^{2-1}\frac{f'' \cdot f^{2-1}}{2(f')^2} \cdot \frac{f}{f'} = -\frac{f'' \cdot (-f)^2}{2!(f')^3}$$
$$= \frac{1}{2!}(f^{-1})''(-f)^2,\ -(2\sigma_2^2 - \sigma_3)\frac{f}{f'}$$
$$= -\frac{f}{f'}\left\{2\left[\frac{f'' \cdot f}{2!(f')^2}\right]^2 - \frac{f''' \cdot f^2}{3!(f')^3}\right\}$$
$$= \frac{1}{3!}\frac{-f'''(f')^3 + 3(f')^2(f'')^2}{(f')^7}(-f)^3$$
$$= \frac{1}{3!}(f^{-1})'''(-f)^3,$$

$$(5\sigma_2^3 - 5\sigma_2\sigma_3 + \sigma_4)\frac{f}{f'} = \frac{f}{f'}\left[-5\left(\frac{f'' \cdot f}{2!(f')^2}\right)^3\right.$$
$$\left. + 5\left(\frac{f'' \cdot f}{2(f')^2}\right)\left(\frac{f''' \cdot f^2}{3!(f')^3}\right) - \frac{f^{(4)} \cdot f^3}{4!(f')^4}\right]$$
$$= -\frac{f^{(4)} \cdot f^4}{4!(f')^5} + 4 \cdot \frac{f''' \cdot f^4 \cdot f''}{4!(f')^6} + 6 \cdot \frac{f'' \cdot f''' \cdot f^4}{4!(f')^6} - 15 \cdot \frac{(f'')^3 \cdot f^4}{4!(f')^7}$$
$$= \frac{f^4}{4!} \cdot \frac{1}{f'}\left[\frac{-f^{(4)} \cdot (f')^4 + 4f''' \cdot (f')^3 \cdot f''}{(f')^8}\right.$$
$$\left. + \frac{6f'' \cdot f''' \cdot (f')^5 - 15(f'')^2 \cdot (f')^4 \cdot f''}{(f')^{10}}\right]$$

$$= \frac{1}{4!}(f^{-1})^{(4)}(-f)^4.$$

由上面各式可得出

$$E_4(z) = z + \sum_{l=1}^{4} \frac{1}{l!}(f^{-1})^{(l)}(-hf)^l$$

$$= z - \frac{f}{f'}[h - \sigma_2 h^2 + (2\sigma_2^2 - \sigma_3)h^3$$

$$- (5\sigma_2^3 - 5\sigma_2\sigma_3 + \sigma_4)h^4]. \square$$

例 1.5 (一般增量 Euler 算法)

设 $c_1 > 0, c_2, \cdots, c_k$ 为实参数. 令

$$P(h) = c_1 h + c_2 h^2 + \cdots + c_k h^k.$$

如果 h 充分小使得 $|P(h)| < h_1$, 则 $|P(h) \cdot f(z)| < h_1 |f(z)| = \min\limits_{\theta, f'(\theta)=0} |f(z) - f(\theta)| = r$. 于是可以通过解方程

$$\frac{f(z')}{f(z)} = 1 - P(h),$$

得到一般增量 Euler 算法:

$$z' = G_\infty(z) = G_{\infty(h,f)}(z) = f_z^{-1}((1 - P(h))f(z))$$

$$= f_z^{-1}(f(z) - P(h)f(z)) = z + \sum_{l=1}^{\infty} \frac{(f_z^{-1})_{f(z)}^{(l)}}{l!}(-P(h)f(z))^l,$$

显然, $G_{\infty(0,f)}(z) = z$.

类似于 E_k, 将第 k 个一般增量 Euler 算法定义为

$$G_k(z) = G_{k(h,f)}(z) = T_k f_z^{-1}((1 - P(h))f(z))$$

$$= z + T_k \sum_{l=1}^{\infty} \frac{(f_z^{-1})_{f(z)}^{(l)}}{l!}(-P(h)f(z))^l$$

$$= z + \sum_{l=1}^{k} \frac{(f_z^{-1})_{f(z)}^{l}}{l!}(-1)^l f^l(z) \cdot T_k\left(\sum_{i=1}^{k} c_i h^i\right)^l$$

$$= z + \sum_{i=0}^{k-1}\left[\sum_{l=1}^{k} \frac{(f_z^{-1})_{f(z)}^{l}}{l!}(-1)^l f^l(z) \sum_{\substack{t_1+\cdots+t_l=i+1 \\ 1\le t_s\le k}} c_{t_1}\cdots c_{t_l}\right] h^{i+1}$$

$$= z - \frac{f(z)}{f'(z)} \sum_{i=0}^{k-1}\left[\sum_{l=1}^{k} \sum_{\substack{t_1+\cdots+t_l=i+1 \\ 1\le t_s\le k}} c_{t_1}\cdots c_{t_l}(-1)^{l-1}\right.$$

$$\times\frac{(f_z^{-1})^{l}_{f(z)}}{l!}f^{l-1}(z)f^{1}(z)\Big]h^{j+1}=z-\frac{f(z)}{f'(z)}\sum_{j=0}^{k-1}P_jh^{j+1}.$$

显然 $G_{k(0,f)}(z)=z$。

类似于定理 1.4，对于前面几个一般增量 Euler 算法，我们有

定理 1.6 设

$$P_j=\sum_{l=1}^{k}\sum_{\substack{t_1+\cdots+t_l=j+1\\1\leqslant t_i\leqslant k}}c_{t_1}\cdots c_{t_l}(-1)^{l-1}\frac{(f_z^{-1})^{(l)}}{l!}f^{l-1}(z)\cdot f'(z).$$

则

$$P_0=c_1,$$

$$P_1=c_2-\sigma_2c_1^2,$$

$$P_2=c_3-2\sigma_2c_1c_2-(\sigma_3-2\sigma_2^2)c_1^3.$$

证明 $P_0=c_1(-1)^0\dfrac{(f_z^{-1})}{1!}f^0(z)\cdot f'(z)=c_1,$

$$P_1=c_2(-1)^0\frac{(f_z^{-1})'}{1!}f^0(z)\cdot f'(z)+c_1^2(-1)^{-1}$$

$$\times\frac{(f_z^{-1})''}{2!}f(z)\cdot f'(z)=c_2-\sigma_2c_1^2,$$

$$P_2=c_3(-1)^0\frac{(f_z^{-1})'}{1!}f^0(z)\cdot f'(z)+2\cdot c_1\cdot c_2(-1)^1$$

$$\times\frac{(f_z^{-1})'}{2!}f(z)\cdot f'(z)+c_1^3(-1)^2\frac{(f_z^{-1})'''}{3!}f^2(z)\cdot f^1(z)$$

$$=c_3-2\sigma_2c_1c_2+(2\sigma_2^2-\sigma_3)c_1^3.\ \Box$$

注 1.7 取 $c_1=1,\ c_2=\cdots=c_k=0$，可知增量 Euler 算法 E_k 是一般增量 Euler 算法 G_k 的特殊情形.

设 $\sigma(w)=\sum\limits_{i=1}^{n}\sigma_iw^i$，其中 $\sigma_i=(-1)^{i-1}\dfrac{f^{(i)}(z)f^{i-1}(z)}{i!(f'(z))^i}$，$n$ 为 f 的阶数. 注意，$\sigma(0)=0$，$\sigma'(0)=\sigma_1=1$. 如果我们将增量公式 $z=I_{h,f}(z)$ 写为 $z=I_{h,f}(z)=z+F(z)R(h,f,z)$，$F(z)=-f(z)/f'(z)$，则有

定理 1.8 σ,F,R 如上述，则

$$\frac{f(z')}{f(z)}=1-\sigma(R),\quad 其中\ R=\frac{I_{h,f}(z),-z}{F}.$$

证明 由 Taylor 公式，

$$\begin{aligned}f(z')&=f(z)+\sum_{i=1}^{n}\frac{f^{(i)}(z)}{i!}(z'-z)^i\\&=f(z)+\sum_{i=1}^{n}\frac{f^{(i)}(z)}{i!}F^iR^i\\&=f(z)+\sum_{i=1}^{n}\frac{f^{(i)}(z)}{i!}\left(-\frac{f(z)}{f'(z)}\right)^iR^i\\&=f(z)-f(z)\sum_{i=1}^{n}\sigma_iR^i\\&=f(z)[1-\sigma(R)].\end{aligned}$$

这就证明了

$$\frac{f(z')}{f(z)}=1-\sigma(R).\ \square$$

然后，我们把增量 Euler 算法和一般增量 Euler 算法表达成下述方便的形式.

定理 1.9 $G_k(z)=z+FT_k\sum_{l=1}^{\infty}\frac{(\sigma^{-1})^{(l)}(0)}{l!}(P(h))^l.$

$$E_k(z)=z+F\sum_{l=1}^{k}\frac{(\sigma^{-1})^{(l)}(0)}{l!}h^l.$$

证明 在定理 1.8 中，令 $I_{h,f}=E_{\infty(h,f)}$，则

$$\frac{f(z')}{f(z)}=1-h=1-\sigma(R).$$

于是，$h=\sigma(R)$. 因为 $\sigma(0)=0$ 和 $\sigma'(0)=1$，所以 σ 在某个开圆上是可逆的，且 $\sigma^{-1}(0)=0$ 和 $(\sigma^{-1})'(0)=1$. 应用例 1.3 中的公式，可以推出

$$\begin{aligned}\sigma^{-1}(h)=R&=\frac{I_{h,f}(z)-z}{F}\\&=\frac{1}{F}\sum_{l=1}^{\infty}\frac{(f_z^{-1})^{(l)}_{f(z)}}{l!}(-f(z))^lh^l.\end{aligned}$$

另一方面，在 0 处展开 σ^{-1}得到（注意 $|hf(z)| < r = h_1|f(z)|$, $|h| < h_1$）

$$\sigma^{-1}(h) = \sum_{l=1}^{\infty} \frac{(\sigma^{-1})^{(l)}(0)}{l!} h^l.$$

由此可见，

$$(\sigma^{-1})^{(l)}(0) = \frac{1}{F} (f_z^{-1})_{f(z)}^{(l)}(-f(z))^l,$$

并且

$$G_k(z) = z + T_k \sum_{l=1}^{\infty} \frac{(f_z^{-1})_{f(z)}^{(l)}}{l!} (-f(z))^l (P(h))^l$$

$$= z + FT_k \sum_{l=1}^{\infty} \frac{(\sigma^{-1})^{(l)}(0)}{l!} (P(h))^l.$$

当 $P(h) = h$ 时，

$$E_k(z) = z + FT_k \sum_{l=1}^{\infty} \frac{(\sigma^{-1})^{(l)}(0)}{l!} h^l$$

$$= z + F \sum_{l=1}^{k} \frac{(\sigma^{-1})^{(l)}(0)}{l!} h^l. \quad \square$$

最后，我们再看

例 1.10（增量 Taylor 算法）

设 $T_k(z) = T_{k(h,f)}(z) = z + \sum_{i=1}^{k} \frac{1}{i!} \left.\frac{d^i \phi_t(z)}{dt^i}\right|_{t=0} h^i$，

其中 $\phi_t(z)$是微分方程

$$\begin{cases} \dfrac{du}{dt} = -\dfrac{f(u)}{f'(u)} = F(u) \\ u|_{t=0} = z \end{cases}$$

的解，即

$$\begin{cases} \dfrac{d\phi_t(z)}{dt} = -\dfrac{f(\phi_t(z))}{f'(\phi_t(z))} = F(\phi_t(z)) \\ \phi_0(z) = z. \end{cases}$$

通过简单的计算，得到

$$\left.\frac{d\phi_t}{dt}\right|_{t=0}=-\left.\frac{f(\phi_t(z))}{f'(\phi_t(z))}\right|_{t=0}=-\frac{f(z)}{f'(z)}=F(z),$$

$$\left.\frac{d^2\phi_t}{dt^2}\right|_{t=0}=F'(\phi_t(z))\left.\frac{d\phi_t(z)}{dt}\right|_{t=0}$$

$$=F(\phi_t(z))F'(\phi_t(z))|_{t=0}=F(z)F'(z),$$

$$\left.\frac{d^3\phi_t}{dt^3}\right|_{t=0}=\frac{d}{dt}[F(\phi_t(z))F'(\phi_t(z))]|_{t=0}$$

$$=[F'^2(z)+F(z)F''(z)]F(z).$$

于是，

$$T_1(z)=z-h\frac{f(z)}{f'(z)}=z+Fh=E_1(z),$$

$$T_2(z)=z+Fh+\frac{1}{2}FF'h^2,$$

$$T_3(z)=z+Fh+\frac{1}{2}FF'h^2+\frac{1}{6}(F'^2+FF'')Fh^3.$$

由上述微分方程，容易推出

$$\frac{f'(\phi_t(z))}{f(\phi_t(z))}\frac{d\phi_t(z)}{dt}=-1,$$

$$\ln f(\phi_t(z))=-t+\ln c(z),$$

$$f(\phi_t(z))=c(z)e^{-t},$$

再由 $\phi_0(z)=z$，得到

$$f(\phi_t(z))=f(\phi_0(z))e^{-t}=e^{-t}f(z).$$

因此，根据上式，有

$$z+\sum_{i=1}^{\infty}\frac{1}{i!}\left.\frac{d^i\phi_t(z)}{dt^i}\right|_{t=0}h^i=\phi_h(z)=f_z^{-1}(e^{-h}f(z))$$

$$=f_z^{-1}\left(f(z)\left(1-\sum_{j=1}^{\infty}\frac{(-1)^{j-1}h^j}{j!}\right)\right)=z+\sum_{l=1}^{\infty}\frac{(f_z^{-1})^{l}_{f(z)}}{l!}$$

$$\cdot\left[-\sum_{j=1}^{\infty}\frac{(-1)^{j-1}h^j}{j!}f(z)\right]^l$$

和

$$T_k(z) = z + \sum_{i=1}^{k} \frac{1}{i!} \left.\frac{d^i\phi_t(z)}{dt^i}\right|_{t=0} h^i = z + T_k$$

$$\sum_{l=1}^{\infty} \frac{(f_z^{-1})_{f(z)}^{(l)}}{l!}\left[-\sum_{j=1}^{\infty} \frac{(-1)^{j-1}h^j}{j!} f(z)\right]^l$$

$$= z + T^k \sum_{l=1}^{\infty} \frac{(f_z^{-1})_{f(z)}^{(l)}}{l!}\left[-\sum_{j=1}^{k} \frac{(-1)^{j-1}h^j}{j!} f(z)\right]^l.$$

如果令 $c_j = \frac{(-1)^{j-1}}{j!}, j = 1, \cdots, k$, 则$T_k(z) = G_k(z)$.

为了转入算法效率的讨论，需要建立以下的重要概念.

定义 1.11 如果存在与 h, f 和 z 无关的实常数 $\delta > 0$, $K > 0, c_1 > 0, c_2, \cdots, c_k$, 使得

$$\frac{f(z')}{f(z)} = \frac{f(I_{h,f}(z))}{f(z)} = 1 - (c_1h + \cdots + c_kh^k) + S_{k+1}(h),$$

并且对于 $0<h \leqslant \delta \cdot \min\{1, h_1\}$(此时 $h_1 > 0$)有

$$|S_{k+1}(h)| \leqslant Kh^{k+1}\max\left\{1, \frac{1}{h_1^k}\right\},$$

则称增量算法 $I_{h,f}$ 具有**效率** k.

注 1.12 按照定义易知,若增量算法 $I_{h,f}$ 具有效率 k, 则它当然具有效率 k', $1 \leqslant k' \leqslant k$. 关于上面的例子, 显然 E_∞ 具有效率 $k = 1, 2, \cdots$; 例 1.5 中的 G_∞ 有效率 k. 在 §2 中,将证明 E_k 也有效率 k.

§2. Euler 算法具有效率 k

这一节我们要证明 Euler 算法 E_k 具有效率 k. 为此, 先要作若干准备.

定义 2.1 设 $D_r = \{z \mid |z| < r\}$, $f: D_1 \to \mathbf{C}$ 是解析函数, $f(z) = \sum_{i=1}^{\infty} a_iz^i$ 在 D_1 中收敛. 如果 $a_1 = 1$ 且 f 是一对一的, 则称它为**单叶函数**.

对于单叶函数,有以下重要定理.

Bieberbach-De Branges 定理 设 f 为单叶函数，则 $|a_m| \leqslant m, m=2,3,\cdots$.

证明见 [De Branges, 1985].

这个命题，原是人们熟知的 Bieberbach 猜想，自 1916 年提出以来的七十年时间里，吸引了许多学者的注意，，开展了很多研究，形成了复变函数论中几何函数论这一领域.不久以前，L. De Branges 在最广泛的形式下证明了 Bieberbach 猜想，(这里的 Bieberbach-De Branges 定理是更一般的 De Branges 定理的推论) 是数学史上的一件大事.

Bieberbach-Koebe 定理 设 f 为单叶函数，则 f 的象 Image$(f) \supset D_{\frac{1}{4}}$.

证明见 [Hille, 1962].

Loewner 定理 如果 $g(w)=w+b_2w^2+b_3w^3+\cdots$ 是单叶函数 $f(z)=\sum\limits_{i=1}^{\infty} a_i z^i$ 的反函数，则

$$|b_m| \leqslant 2^m \frac{1\cdot 3\cdot \cdots\cdot (2m-1)}{1\cdot 2\cdot \cdots\cdot (m+1)} \leqslant 4^{m-1},$$

$$m=1,2,\cdots.$$

记得我们在第三章已经接触过这个定理，亦可参看 [Hayman 1958]. 注意在 $g(w)$ 的表达式中已有 $b_1=1$.

Koebe-Gronwall 变形定理 如果 f 是单叶函数，则对 $|z| \leqslant r$ 有

$$\frac{r}{(1+r)^2} \leqslant |f(z)| \leqslant \frac{r}{(1-r)^2}$$

和

$$\frac{1-r}{(1+r)^3} \leqslant |f'(z)| \leqslant \frac{1+r}{(1-r)^3}.$$

证明参看 [Hille, 1962] 和 [Hayman, 1958].

现在建立一个简单的技术引理.

引理 2.2 $\sum\limits_{l=l_0}^{\infty} l x^{l-l_0} \leqslant \frac{l_0}{(1-x)^2}$, $0 \leqslant x \leqslant 1$.

证明 $\sum_{l=l_0}^{\infty} l x^{l-l_0} = x^{1-l_0}\sum_{l=l_0}^{\infty} l x^{l-1} = x^{1-l_0}\left(\sum_{l=l_0}^{\infty} x^l\right)'$

$$= x^{1-l_0}\left(x^{l_0}\sum_{i=0}^{\infty}x^i\right)' = x^{1-l_0}\left(\frac{x^{l_0}}{1-x}\right)' = x^{1-l_0}\frac{l_0x^{l_0-1}(1-x)+x^{l_0}}{(1-x)^2}$$

$$= \frac{l_0-(l_0-1)x}{(1-x)^2} \leqslant \frac{l_0}{(1-x)^2}. \square$$

下面的引理 2.3 和引理 2.4 讨论关于收敛的幂级数的一些关系.

引理 2.3 设 $g(x)=\sum_{j=1}^{\infty} b_j x^j$ 是收敛的幂级数, $b_1=1$, $a \geqslant \max\{\max_{l\geqslant 2}|b_l|^{1/(l-1)}, 1\}$. 则

$$\left|\frac{g^{(l)}(x)}{l!}\right| \leqslant a^{l-1}\left(\frac{1}{1-a|x|}\right)^{l+1}, \quad |x|<\frac{1}{a}.$$

证明 设 $y=a|x|<1$, 则

$$\left|\frac{g^{(l)}(x)}{l!}\right| \leqslant \frac{1}{l!}\left|\sum_{j=l}^{\infty} j(j-1)\cdots(j-l+1)b_j x^{j-l}\right|$$

$$\leqslant \frac{1}{l!}\sum_{j=l}^{\infty} j(j-1)\cdots(j-l+1)a^{j-1}|x|^{j-l}$$

$$\leqslant \frac{a^{l-1}}{l!}\sum_{j=l}^{\infty} j(j-1)\cdots(j-l+1)y^{j-l}$$

$$= \frac{a^{l-1}}{l!}\frac{d^l}{dy^l}\left(\sum_{j=0}^{\infty} y^j\right) = \frac{a^{l-1}}{l!}\frac{d^l}{dy^l}\left(\frac{1}{1-y}\right)$$

$$= \frac{a^{l-1}}{(1-y)^{l+1}} = a^{l-1}\left(\frac{1}{1-a|x|}\right)^{l+1}. \square$$

引理 2.4 设 $g(w)=\sum_{i=1}^{\infty} b_i w^i$ 是收敛的幂级数, $b_1=1$, $a \geqslant \max\{\max_{l>2}|b_l|^{1/(l-1)}, 1\}$. 如果 $x, w\in \mathbf{C}$, $b>0$, $c>0$ 且 $(1+c)ab<1$, $|x|\leqslant b$, $|w-x|\leqslant bc$, 则

$$|g(w)-g(x)| \leqslant \frac{bc}{(1-ab)(1-(1+c)ab)}.$$

证明 根据 Taylor 公式和引理 2.3，有

$$
\begin{aligned}
|g(w)-g(x)| &= \left|\sum_{l=1}^{\infty}\frac{g^{(l)}(x)}{l!}(w-x)^l\right| \\
&\leqslant \sum_{l=1}^{\infty} a^{l-1}\left(\frac{1}{1-a|x|}\right)^{l+1}|w-x|^l \\
&\leqslant \sum_{l=1}^{\infty} a^{l-1}\left(\frac{1}{1-a|x|}\right)^{l+1}(bc)^l = \left(\frac{1}{1-a|x|}\right)^2 bc \\
&\quad \times \sum_{l=1}^{\infty}\left(\frac{abc}{1-a|x|}\right)^{l-1} = bc\left(\frac{1}{1-a|x|}\right)^2\frac{1}{1-\dfrac{abc}{1-a|x|}} \\
&= \frac{bc}{1-a|x|}\cdot\frac{1}{1-a|x|-abc} \\
&\leqslant \frac{bc}{(1-ab)(1-(1+c)ab)}. \quad \Box
\end{aligned}
$$

下面两个定理对于证明本节的主要结果是重要的.

定理 2.5 设 f 是单叶函数，g 是它的反函数. 则

$$
\begin{aligned}
&|g(f(z))-g(T_kf(z))| \\
&\leqslant \frac{r^{k+1}(1-r)^2(k+1)}{((1-r)^2-4r)((1-r)^2-4r(1+r^k(k+1)))},
\end{aligned}
$$

其中 $r=|z|$ 小于方程 $((1-u)^2-4u)((1-u)^2-4u(1+u^k(k+1)))=0$ 的第一个正根.

证明 取 $a=4$. 并令 $b=\dfrac{r}{(1-r)^2}$, $c=r^k(k+1)$.

设 $f(z)=\sum_{i=1}^{\infty}a_iz^i$, $a_1=1$. 由 Koebe-Gronwall 变形定理得到

$$
|f(z)|\leqslant\frac{r}{(1-r)^2}, r=|z|.
$$

记 $w=f(z)$, $x=T_kf(z)$，由引理 2.2 可知

$$
|w-x|=|f(z)-T_kf(z)|=\left|\sum_{i=k+1}^{\infty}a_iz^i\right|
$$

$$\leqslant \sum_{j=k+1}^{\infty} |a_j| r^j \leqslant \sum_{j=k+1}^{\infty} j r^j \leqslant \frac{(k+1) r^{k+1}}{(1-r)^2} = bc.$$

此外，$(1+c)ab = (1 + r^k(k+1))\dfrac{4r}{(1-r)^2}$

$$= 1 - \frac{(1-r)^2 - 4r(1 + r^k(k+1))}{(1-r)^2} < 1$$

再应用引理 2.4 得到

$$|g(w) - g(x)| = |g(f(z)) - g(T_k f(z))|$$

$$\leqslant \frac{bc}{(1-ab)(1-(1+c)ab)}$$

$$= \frac{r^{k+1}(k+1)}{(1-r)^2} \Big/ \left(1 - \frac{4r}{(1-r)^2}\right)\left(1 - (1 + r^k(k+1)) \cdot \frac{4r}{(1-r)^2}\right)$$

$$= \frac{r^{k+1}(1-r)^2(k+1)}{((1-r)^2 - 4r)((1-r)^2 - 4r(1 + r^k(k+1)))}. \quad \square$$

进一步，可以将定理 2.5 推广到 $|z| < R$ 的情形.

定理 2.6 设 $f(z) = \sum_{j=1}^{\infty} a_j z^j$ 是 $|z| < R$ 上的一对一的解析函数，$a_1 = 1$，而 g 是它的反函数. 则

$$|g(f(z)) - g(T_k f(z))|$$

$$\leqslant \frac{R r^{k+1}(1-r)^2(k+1)}{((1-r)^2 - 4r)((1-r)^2 - 4r(1 + r^k(k+1)))},$$

其中 $r = \dfrac{|z|}{R}$ 小于方程 $((1-u)^2 - 4u)((1-u)^2 - 4u(1 + Bu^k \cdot (k+1))) = 0$ 的第一个正根

证明 设 $w = f(z), z = g(w), z = R\tilde{z}, w = R\tilde{w}$. 则 $\tilde{w} = \tilde{f}(\tilde{z}) = \dfrac{1}{R} f(R\tilde{z})$ 是单叶函数，它的反函数是 $\tilde{z} = \tilde{g}(\tilde{w}) = \dfrac{1}{R} g(R\tilde{w})$

应用定理 2.5 得到

$$\left|\frac{1}{R} g(f(z)) - \frac{1}{R} g(T_k f(z))\right| = \left|\tilde{g}\left(\frac{1}{R} f(R\tilde{z})\right) - \tilde{g}\left(T_k \frac{1}{R}\right.\right.$$

$$f(R\tilde{z})\Big)\Big| = |\tilde{g}(\tilde{f}(\tilde{z})) - \tilde{g}(T_k\tilde{f}(z))|$$

$$\leqslant \frac{r^{k+1}(1-r)^2(k+1)}{((1-r)^2-4r)((1-r)^2-4r(1+r^k(k+1)))},$$

即:

$$|gf(z) - g(T_kf(z))|$$

$$\leqslant \frac{Rr^{k+1}(1-r)^2(k+1)}{((1-r)^2-4r)((1-r)^2-4r(1+r^k(k+1)))}. \quad \square$$

现在证明本节的主要结果.

定理 2.7 对于任何多项式 f 和满足 $f'(z) \neq 0, f(z) \neq 0, r(f, z) > 0$ 的复数 z，记 $z' = E_k(z) = E_{k(h,f)}(z)$, $k = 1,2,\cdots$,则有

$$\frac{f(z')}{f(z)} = 1 - h + Q(h,f,z)\frac{h^{k+1}}{h_1^k}, \quad |Q| \leqslant \beta_k(r),$$

其中

$$\beta_k(r) = \frac{(k+1)(1-r)^2}{((1-r)^2-4r)((1-r)^2-4r(1+r^k(k+1)))},$$

$r = \dfrac{h}{h_1}, h_1 = h_1(f,z), 0 < r < r_k$(此时 $0<h<r_kh_1$), 而 r_k 为方程 $((1-u)^2-4u)((1-u)^2-4u(1+u^k(k+1))) = 0$ 的第一个正根.

更进一步,E_k 有效率 k (注意 E_∞ 有效率 $k = 1,2,\cdots$),并且当 h 充分小时,$|f(z')| \leqslant |f(z)|$.

证明 在§1 中,多项式 $\sigma(w) = \sum_{i=1}^{n} \sigma_i w^i$ 由 f 和 z 确定. 根据定理 1.8,

$$\frac{f(z')}{f(z)} = 1 - \sigma(R),$$

$$R = \frac{E_{k(h,f)}(z) - z}{F}$$

$$= \sum_{l=1}^{k} \frac{(\sigma^{-1})^{(l)}(0)}{l!} h^l = T_k \sum_{l=1}^{\infty} \frac{(\sigma^{-1})^{(l)}(0)}{l!} h^l = T_k\sigma^{-1}(h).$$

因为 σ^{-1} 是开圆 $D_{h_1}=\{u\in c \mid |u|<h_1\}$ 上的一对一的解析函数，再根据定理 2.6，得到

$$|\sigma(\sigma^{-1}h)-\sigma(T_k(\sigma^{-1}h))|$$

$$\leqslant \frac{h_1 r^{k+1}(1-r)^2(k+1)}{((1-r)^2-4r)((1-r)^2-4r(1+r^k(k+1)))}$$

$$=\frac{h^{k+1}}{h_1^k}\beta_k(r).$$

所以，

$$\frac{f(z')}{f(z)}=1-\sigma(R)=1-\sigma(T_k(\sigma^{-1}h))$$

$$=1-h+(\sigma(\sigma^{-1}h)-\sigma(T_k(\sigma^{-1}h)))$$

$$=1-h+Q(h,f,z)\frac{h^{k+1}}{h_1^k},$$

$$|Q|\leqslant\beta_k(r).$$

现在，我们证明 E_k 具有效率 k. 为此，令 $0<\delta<r_k$(δ与h, f, z 无关!) 和 $K=\beta_k(\delta)$. 当 $0<h\leqslant\delta\cdot\min\{1, h_1\}\leqslant\delta h_1$ 时，$r=\frac{h}{h_1}\leqslant\delta<r_k$. 于是，

$$|S_{k+1}(h)|=\left|Q(h,f,z)\frac{h^{k+1}}{h_1^k}\right|\leqslant\frac{\beta_k(r)}{h_1^k}h^{k+1}\leqslant\beta_k(\delta)h^{k+1}$$

$$\cdot\max\left\{1,\frac{1}{h_1^k}\right\}\leqslant Kh^{k+1}\max\left\{1,\frac{1}{h_1^k}\right\},$$

这里用到的 $\beta_k(r)\leqslant\beta_k(\delta)$ 由下面的引理 2.8 给出. □

以下是关于 α_k, β_k 和 γ_k 的三个引理.

引理 2.8 当 $0<r<r_k$ 时，$\beta_k'(r)>0$，因而 $\beta_k(r)$ 是 r 的严格增函数.

证明 应用商的求导法则，有

$$\beta_k'(r)=2(k+1)(1-r)[(2+2r)((1-r)^2-4r(1+r^k(k+1)))+(1-r)((1-r)^2-4r)((1-r)+2(1+r^k(k+1)))+2rk(k+1)r^{k-1}]/[\cdots]^2,$$

这里记号 $[\cdots]=((1-r)^2-4r)((1-r)^2-4r(1+r^k(k+$

1))). 显然，当 $0<r<r_k<1$ 时，上式中的每一项都是正的，故 $\beta_k'(r)>0$。□

引理 2.9 r_k 是 k 的增函数，且 $\lim_{k\to\infty} r_k = 3-\sqrt{8} = 0.17157\cdots$，其中 $3-\sqrt{8}$ 是 $(1-r)^2-4r=0$ 的较小的一个正根.

证明 当 $0<r<3-\sqrt{8}$ 时，$r^k(k+1)<r^{k-1}k$.

由此可推出

$$(1-r)^2-4r(1+r^{k-1}k)<(1-r)^2-4r(1+r^k(k+1))<(1-r)^2-4r.$$

设 $F_k(r)=(1-r)^2-4r(1+r^k(k+1))$，$k=1,2,\cdots$；

$F(r)=(1-r)^2-4r$.

从上述过程可以看出

$$F_k(r)<F_{k+1}(r)<F(r),\ F_k'(r)<0 \text{ 和 } F'(r)<0,$$

这时，由图 5.1 可知 r_k 是 k 的增函数. 记 $r_*=\lim_{k\to\infty} r_k$，则

$$0=\lim_{k\to\infty} F_k(r_k)=\lim_{k\to\infty}[(1-r_k)^2-4r_k(1+r_k^k(k+1))]$$
$$=(1-r_*)^2-4r_*,$$

所以，

$$r_*=3-\sqrt{8}.$$ □

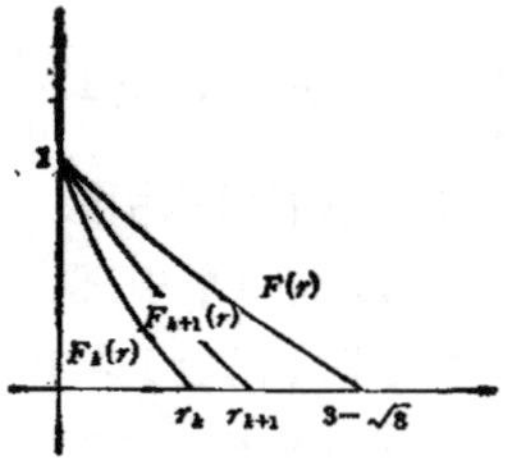

图 5.1

引理 2.10 设 $\alpha_k(r)=\beta_k(r)r^k$，$0<r<r_k$. 则 $\alpha_k'(r)>0$，因而 $\alpha_k(r)$ 是 r 的严格增函数，且存在 $\alpha_k(r)=1$ 的唯一解 $\bar{r}_k$，它是 k 的增函数，且 $\lim_{k\to\infty}\bar{r}_k=3-\sqrt{8}$.

证明 显然 $\beta_k(r)>0$,再根据引理 2.8，$\beta_k'(r)>0$。于是有

$$\alpha_k'(r)=\beta_k'(r)r^k+kr^{k-1}\beta_k(r)>0.$$

因为 $\lim\limits_{r\to 0}\alpha_k(r)=0$, $\lim\limits_{r\to r_k}\alpha_k(r)=+\infty$,并且 $\alpha_k(r)$是 r 的严格增函数，所以存在唯一的 $\bar r_k$ 满足 $\alpha_k(\bar r_k)=1$。显然，$0<\bar r_k<r_k<3-\sqrt{8}$。

从

$$\begin{aligned}1&=\alpha_k(\bar r_k)\\&=\frac{(k+1)(1-\bar r_k)^2\bar r_k^k}{((1-\bar r_k)^2-4r_k)((1-\bar r_k)^2-4\bar r_k(1+r_k^k(k+1)))}\end{aligned}$$

可以得到

$$\begin{aligned}0=\lim_{k\to\infty}(k+1)(1-\bar r_k)^2\bar r_k^k&=\lim_{k\to\infty}((1-\bar r_k)^2-4r_k)((1\\&\quad-\bar r_k)^2-4\bar r_k(1+\bar r_k^k(k+1)))=\lim_{k\to\infty}[(1-\bar r_*)^2\\&\quad-4\bar r_*]^2,\end{aligned}$$

这里$\bar r_*=\lim\limits_{k\to\infty}\bar r_k=3-\sqrt{8}$。剩下的只须证明$\lim\limits_{k\to\infty}\bar r_k$ 存在并且有限,为此只须证明 $\bar r_k$ 关于 k 是严格增加的(注意 $\bar r_k<3-\sqrt{8}$)。类似于引理2.9中 r_k 关于 k 严格增加的证明,从 $\frac{k}{k+1}\geqslant\frac{1}{2}>3-\sqrt{8}>r>0$ 可以推出 $kr^{k-1}>(k+1)r^k$，所以 $\alpha_k(r)>\alpha_{k+1}(r)$。再由上述已证的 $\alpha_k'(r)>0$ 及图 5.2 可知 $\bar r_k<\bar r_{k+1}<3-\sqrt{8}$。□

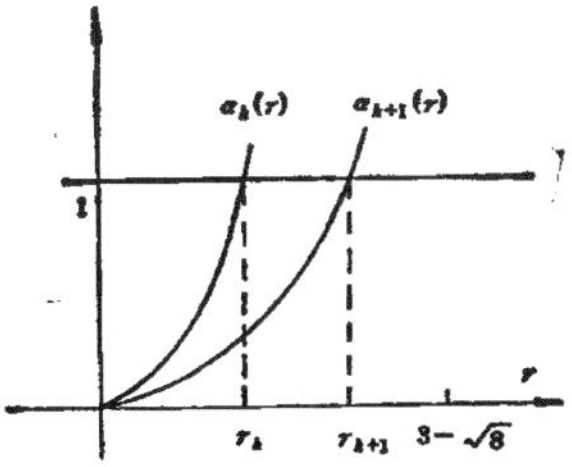

图 5.2

最后，我们建立对于计算复杂性理论的实际讨论十分重要的

定理 2.11. 根据这个定理，在下一节，将就一般增量算法重新定义逼近零点的概念.

定理 2.11 设 $\rho_f = \min_{\theta, f'(\theta)=0} |f(\theta)| > 0$，如果对多项式 f 和复数 z，存在正数 $b < 1$ 使得

$$|f(z)| = b\left(\frac{\bar{r}_k}{1+\bar{r}_k}\right)\rho_f,$$

则取 $h = 1$，迭代 $(E_k)^l(z) = z_l$ 对所有的 l 是确定的，且 $\lim_{l\to\infty} z_l = z_*$，$f(z_*) = 0$。

此外，对所有的 $l > 0$，

$|f(z_l)| \leqslant M|f(z_{l-1})|^{k+1}$（"$k+1$ 阶收敛"），

其中 $M = \left(\dfrac{b}{|f(z)|}\right)^k$.

最后，对所有的 $l > 0$ 有

$$|f(z_l)| \leqslant b^{((k+1)^l)} \frac{\bar{r}_k}{1+\bar{r}_k}\rho_f.$$

证明 设 $r = \dfrac{|f(z)|}{|f(z) - f(\theta_*)|} = \dfrac{1}{h_1}$，其中 $f'(\theta_*) = 0$. 由于

$$|f(z) - f(\theta_*)| \geqslant |f(\theta_*)| - |f(z)| \geqslant \rho_f - b\left(\frac{\bar{r}_k}{1+\bar{r}_k}\right)\rho_f \geqslant \left(1 - \frac{\bar{r}_k}{1+\bar{r}_k}\right)\rho_f = \frac{\rho_f}{1+\bar{r}_k} > 0,$$

我们得到

$$r = \frac{h}{h_1} = \frac{1}{h_1} = \frac{|f(z)|}{|f(z) - f(\theta_*)|} < \left(\frac{b\bar{r}_k}{1+\bar{r}_k}\rho_f\right)\Big/\frac{\rho_f}{1+\bar{r}_k} = b\bar{r}_k < \bar{r}_k < r_k.$$

于是取 $h = 1$，并应用定理 2.7 和引理 2.8，得到

$$\left|\frac{f(z')}{f(z)}\right| = \left|1 - 1 + Q\frac{1}{h_1^k}\right| = \left|Q\frac{1}{h_1^k}\right| \leqslant \beta_k(r)r^k < \beta_k(\bar{r}_k)\bar{r}_k^k = 1$$

和

$$\left|\frac{f(z')}{f(z)}\right| \leqslant \beta_k(r)r^k \leqslant \beta_k(\bar{r}_k)r^k = \beta_k(\bar{r}_k)\frac{|f(z)|^k}{|f(z) - f(\theta_*)|^k}$$

$$\leqslant \beta_k(\bar{r}_k)\left(\frac{1+\bar{r}_k}{\rho_f}\right)^k |f(z)|^k = M|f(z)|^k,$$

这里

$$M = \beta_k(\bar{r}_k)\left(\frac{1+\bar{r}_k}{\rho_f}\right)^k = \frac{1}{\bar{r}_k^k}\left(\frac{1+\bar{r}_k}{\rho_f}\right)^k = \left(\frac{1+\bar{r}_k}{\bar{r}_k\rho_f}\right)^k$$

$$= \left(\frac{b}{|f(z)|}\right)^k.$$

这就蕴涵着

$$|f(z')| \leqslant M|f(z)|^{k+1}.$$

下面，利用归纳法得到定理中的各结论.

设 $y_0 = b\bar{r}_k, y_l = (y_{l-1})^{k+1}\beta_k(\bar{r}_k); z_0 = z$,

$$s_0 = \frac{|f(z)|}{\min\limits_{\theta, f'(\theta)=0} |f(z) - f(\theta)|} = \frac{1}{h_1}.$$

考虑

$$(1_l) \quad |f(z_l)| \leqslant y_l \frac{\rho_f}{1+\bar{r}_k}, \quad l = 0, 1, 2, \cdots;$$

$$(2_l) \quad s_l \leqslant y_l, \quad l = 0, 1, 2, \cdots,$$

其中

$$s_l = \frac{|f(z_l)|}{\min\limits_{\theta, f'(\theta)=0} |f(z_l) - f(\theta)|}.$$

由题设可知(1_0)成立，由上述证得的 $r < b\bar{r}_k$ 可知(2_0)成立. 我们应用归纳法证明(1_l)蕴涵着(2_l); (1_{l-1})和(2_{l-1})蕴涵着(1_l).

事实上，由(1_l)得到(2_l):

$$s_l = \frac{|f(z_l)|}{\min\limits_{\theta, f'(\theta)=0} |f(z_l) - f(\theta)|} \leqslant \left(y_l \frac{\rho_f}{1+\bar{r}_k}\right)$$

$$\cdot \frac{1}{\min\limits_{\theta, f'(\theta)=0} |f(z_l) - f(\theta)|} \leqslant \left(y_l \frac{\rho_f}{1+\bar{r}_k}\right)\frac{1+\bar{r}_k}{\rho_f} = y_l.$$

由(1_{l-1})和(2_{l-1})得到(1_l):

$$|f(z_l)| \leqslant \beta_k(\bar{r}_k)s_{l-1}^k|f(z_{l-1})| \leqslant \beta_k(\bar{r}_k)s_{l-1}^k y_{l-1} \frac{\rho_f}{1+\bar{r}_k}$$

$$\leqslant \beta_k(\bar{r}_k)y_{l-1}^k y_{l-1} \frac{\rho_f}{1+\bar{r}_k} = y_l \frac{\rho_f}{1+\bar{r}_k}.$$

此外，用归纳法我们还可以得到：$y_0 = b^{(k+1)^0}\bar{r}_k = b\bar{r}_k$，$y_{l-1} = b^{(k+1)^{l-1}}\bar{r}_k$，

$$y_l = (y_{l-1})^{k+1}\beta_k(\bar{r}_k) = (b^{(k+1)^{l-1}}\bar{r}_k)^{k+1}\beta_k(\bar{r}_k)$$
$$= b^{(k+1)^l}\beta_k(\bar{r}_k)\bar{r}_k^{k+1} = b^{(k+1)^l}\bar{r}_k < \bar{r}_k < 3-\sqrt{8},$$

这就证明了

$$|f(z)| \leqslant y_l \frac{\rho_f}{1+\bar{r}_k} = b^{(k+1)^l}\frac{\bar{r}_k}{1+\bar{r}_k}\rho_f.$$

对于 z_l，相应于题设中的 b 为 $b_l \leqslant b^{(k+1)^l} \leqslant b < 1$. 由此可见，迭代 $(E_k)^l(z) = z_l$ 对所有的 $l > 0$ 是确定的.

根据上面已证的 $|f(z')| \leqslant M|f(z)|^{k+1}$ 得到 $|f(z_l)| \leqslant M|f(z_{l-1})|^{k+1}$.

最后，$|f(z_l)| \leqslant b^{(k+1)^l}\dfrac{\bar{r}_k}{1+\bar{r}_k}\rho_f < \rho_f$ 蕴涵 $f'(z_l) \neq 0$. 所以，对所有 $l > 0$，$(E_k)^l(z) = z_l$ 有意义，且不难证明(类似于第三章定理 3.3.4 的证明)$\lim\limits_{l\to\infty} z_l = z_*$，其中 $f(z_*) = \lim\limits_{l\to\infty} f(z_l) = 0$. □

§3. 广义逼近零点

在上节讨论的基础上，现在可以建立广义逼近零点的概念.

定义 3.1 设 f 为多项式，如果 $|f(z)| < \dfrac{\bar{r}_k}{1+\bar{r}_k}\rho_f$，则称 z 为 f 关于参数 k 的逼近零点. 如果对任何 $k > 0$，z 是 f 关于 k 的逼近零点，则称 z 为 f 的逼近零点.

请读者注意这里所定义的逼近零点与第三章(定义3.1.2)所定义的逼近零点在概念上的联系和差异.

因为 $\bar{r}_k$ 是 k 的增函数，故 $\dfrac{\bar{r}_k}{1+\bar{r}_k} = 1 - \dfrac{1}{1+\bar{r}_k}$ 也是 k 的增函数，并且 $\lim\limits_{k\to\infty}\dfrac{\bar{r}_k}{1+\bar{r}_k} = \dfrac{3-\sqrt{8}}{1+3-\sqrt{8}} = \dfrac{3-\sqrt{8}}{4-\sqrt{8}} = 0.146446$ $\cdots$. 通过计算得到

$$\frac{1}{12} < 0.085815 \leqslant \frac{\bar{r}_1}{1+\bar{r}_1} \leqslant \frac{\bar{r}_k}{1+\bar{r}_k} < \frac{1}{6},$$

$$\frac{1}{7} < 0.14329 \leqslant \frac{\bar{r}_5}{1+\bar{r}_5} \leqslant \frac{\bar{r}_k}{1+\bar{r}_k} < \frac{1}{6}, k \geqslant 5.$$

所以，当 $|f(z)| < \rho_f/12$ 时，z 为 f 的逼近零点.

定义 3.2 设 $\rho_f = \min\limits_{\theta, f'(\theta)=0} |f(\theta)| > 0$，$\xi$ 为 f 的任意零点. 由 $\rho_f > 0$，显然 $f'(\xi) \neq 0$. 此外，f_ξ^{-1} 沿 0 出发的任意射线可以解析延拓，只要这射线的逆象中无 f 的临界点. 因此，f_ξ^{-1} 可以解析延拓到 $\boldsymbol{C} - \bigcup\limits_{i=1}^{k} (f(\theta_i), \infty)$，其中 $\theta_1, \cdots, \theta_k$ 为 f 的全部相异的临界点，而 $(f(\theta_i), \infty)$ 表示从 $f(\theta_i)$ 到 ∞ 的射线.

记 $S_{\xi,f} = \boldsymbol{C} - \bigcup\limits_{i=1}^{k} (f(\theta_i), \infty)$.

如果多项式 f 的阶数 $n > 1$，上述的 k 符合 $1 \leqslant k \leqslant n-1$. 我们仍用 $f_\xi^{-1}: S_{\xi,f} \to \boldsymbol{C}$ 表示这解析延拓. 明显地，$f_{\xi_i}^{-1}$ 的象是彼此不相交的. 因为一条射线在 $f_{\xi_i}^{-1}$ 下的象是 Newton 微分方程 $\frac{dz}{dt} = -\frac{f(z)}{f'(z)}$ 在 $\boldsymbol{C} = \boldsymbol{R}^2$ 中的以 ξ_i 为终点的解曲线 $z(t)$，$f(z(t)) = f(z(t_0))e^{-(t-t_0)}$.

现在考虑一般的 $z \in \boldsymbol{C}$. 如果 f_z^{-1} 可以沿着从 $f(z)$ 到 0 的射线解析延拓，则存在 f 的某个零点 ξ，使得在这射线的一个邻域中 $f_z^{-1} = f_\xi^{-1}$，令 $S_{z,f} = S_{\xi,f}$，我们解析延拓为 $f_z^{-1}: S_{z,f} \to \boldsymbol{C}$，其中 $f_z^{-1} = f_\xi^{-1}$.

设 $\rho_{f,z}$ 为 f_z^{-1}: $S_{z,f} \to \boldsymbol{C}$ 在 0 处的收敛半径. 容易看出 $\rho_f = \min \rho_{f,z}$. 此外，如果 $z' \in \text{Image}(f_z^{-1})$，则 $S_{z',f} = S_{z,f}$ 和 $f_{z'}^{-1} = f_z^{-1}$.

如果 $|f(z)| < \frac{\bar{r}_k}{1+\bar{r}_k} \rho_{f,z}$，则称 z 为 f 关于参数 k 的**广义逼近零点**. 如果对任何 $k > 0$，z 是 f 关于 k 的广义逼近零点，则称 z 为 f 的**广义逼近零点**.

为了进一步讨论逼近零点和广义逼近零点，先将 Bieberbach

Koebe 定理推广如下:

定理 3.3 (推广的 Bieberbach-Koebe 定理) 设 f 为定义在 $\{z \mid |z| < r\}$ 上的一对一的解析函数,则 f 的象 $\text{Image}(f) \supset \left\{w \,\middle|\, |w - f(0)| < \frac{|f'(0)|r}{4}\right\}$.

证明 令 $g(\tilde{z}) = [f(r\tilde{z}) - f(0)]/f'(0)r$, $|\tilde{z}| < 1$. 显然, $g(0) = 0, g'(0) = 1/f'(0)r \cdot rf'(r\tilde{z})|_{\tilde{z}=0} = 1$. 因此, g 是单叶函数. 根据 § 2 中的 Bieberbach-Koebe 定理得到 $\text{Image}(g) \supset \left\{\tilde{w} \,\middle|\, |\tilde{w}| < \frac{1}{4}\right\}$, 于是 $\text{Image}(f) \supset \left\{w \,\middle|\, |w - f(0)| < \frac{|f'(0)|r}{4}\right\}$. □

由定理 3.3,可以得到

定理 3.4 设 $\xi_1, \cdots, \xi_k$ 为 $f(z) = z^n + a_{n-1}z^{n-1} + \cdots + a_0$ 的相异的单零点,则 $\left\{z \,\middle|\, |z - \xi_i| < \frac{1}{4} \frac{\bar{r}_k}{1 + \bar{r}_k} \frac{\rho_{f,\xi_i}}{|f'(\xi_i)|}\right\}$ $i = 1, \cdots, k$, 是彼此不相交的,并且由广义逼近零点组成.

证明 由定理 3.3, $f_{\xi_i}^{-1}$ 在 $\left\{w \,\middle|\, |w| < \frac{\bar{r}_k}{1 + \bar{r}_k} \rho_{f,\xi_i}\right\}$ 上的象 $\text{Image}(f_{\xi_i}^{-1}) \supset \left\{z \,\middle|\, |z - f_{\xi_i}^{-1}(0)| < \frac{1}{4} \frac{\bar{r}_k}{1 + \bar{r}_k} \rho_{f,\xi_i} |(f_{\xi_i}^{-1})'(0)|\right\} = \left\{z \,\middle|\, |z - \xi_i| < \frac{1}{4} \frac{\bar{r}_k}{1 + \bar{r}_k} \frac{\rho_{f,\xi_i}}{|f'(\xi_i)|}\right\} = D_i$.

因为 $z \in D_i$ 蕴涵 $|f(z)| < \frac{\bar{r}_k}{1 + \bar{r}_k} \rho_{f,\xi_i}$, 所以 D_i 由广义逼近零点组成.

定理的第一部分结论由 $f_{\xi_i}: S_{\xi_i,f} \to \boldsymbol{C}$ 的象彼此不相交推出. □

更建立一个技术性引理.

引理 3.5 设 $p \in D_1 \subset R^2$, $0 < r < 1$, 则 $D_r(p) \cap D_1$ 的面积

$$\text{Area}(D_r(p) \cap D_1) > \frac{r^2}{2}\sqrt{4 - r^2},$$

其中 $D_r(p) = \{z \mid |z - p| < r\}$.

证明 我们先求两圆

$$\begin{cases} x^2+y^2=1 \\ x^2+(y-\theta)^2=r^2 \end{cases}$$

的交点的纵坐标 $y(\theta)=\dfrac{1+\theta^2-r^2}{2\theta}=\dfrac{1}{2}\left(\theta+\dfrac{1-r^2}{\theta}\right)$，得 $y(1)=\dfrac{2-r^2}{2}$

因为当 $\sqrt{1-r^2}<\theta\leqslant 1$ 时，$y'(\theta)=\dfrac{1}{2}\left(1-\dfrac{1-r^2}{\theta^2}\right)>0$，故 $y(\theta)$ 是 θ 的增函数．此外，由于 $1-\sqrt{1-r^2}<r$，不难看出，对 $\sqrt{1-r^2}<\theta_1<\theta_2\leqslant 1$，有 $D_r(p(\theta_1))\cap D_1\supset D_r(p(\theta_2))\cap D_1$。所以，当 $0\leqslant\theta\leqslant\sqrt{1-r^2}$ 时，

$$\mathrm{Area}(D_r(p)\cap D_1)\geqslant\frac{\pi}{2}r^2,$$

而当 $\sqrt{1-r^2}<\theta\leqslant 1$ 时，

$$\begin{aligned}\mathrm{Area}(D_r(p)\cap D_1)&\geqslant\mathrm{Area}(D_r(p(1))\cap D_1)\\&>2\cdot\frac{1}{2}r\cdot\sqrt{1-\left(\frac{2-r^2}{2}\right)^2}\\&=\frac{r^2\sqrt{4-r^2}}{2},\end{aligned}$$

这就完成了引理的证明．□

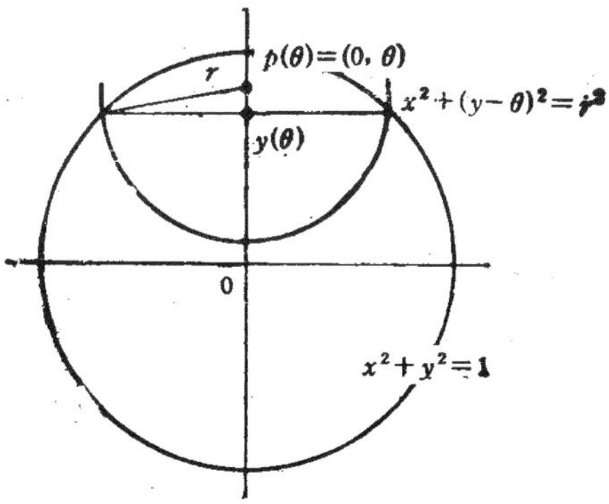

图 5.3

利用定理 3.4 和引理 3.5 可以得到关于逼近零点范围的一个估计.

定理 3.6 记 $P_n(R)=\{g\in\mathscr{P}_n|g(z)=z^n+b_{n-1}z^{n-1}+\cdots+b_1z+b_0,\ |b_j|<R,\ j=0,1,\cdots n-1\}$(参看第四章). 如果 $f\in P_n(1)$ 和 $\rho_f>0$, 则

$$\operatorname{Area}\left\{z\in\mathbf{C}\,\Big|\,|z|<1,|f(z)|<\frac{\bar{r}_k}{1+\bar{r}_k}\rho_f\right\}$$

$$>0.00173\left[\frac{\rho_f}{n(n+1)}\right]^2,$$

其中 n 为 f 的阶数.

证明 设 $f(z)=z^n+a_{n-1}z^{n-1}+\cdots+a_1z+a_0,|a_j|<1$, $j=0,1,\cdots,n-1$,而 $\xi_1,\cdots,\xi_n$ 为 f 的所有的零点. 显然 $|\xi_1\cdots\xi_n|=|a_0|<1$, 则必有 f 的一个零点 ξ 使得 $|\xi|<1$. 于是, 有

$$|f'(\xi)|=|n\xi^{n-1}+(n-1)a_{n-1}\xi^{n-2}+\cdots+a_1|$$

$$<n+(n-1)+\cdots+1=\frac{n(n+1)}{2}$$

所以,

$$\left|\frac{1}{f'(\xi)}\right|>\frac{2}{n(n+1)}.$$

现在应用定理 3.4 得到: 开圆

$$D_\alpha(\xi)\supset D_\beta(\xi)$$

由 f 的逼近零点组成, 其中 $\alpha=\frac{1}{4}\frac{\bar{r}_k}{1+\bar{r}_k}\frac{\rho_f}{|f'(\xi)|},\beta=\frac{1}{2}\frac{\bar{r}_k}{1+\bar{r}_k}$ $\cdot\frac{\rho_f}{n(n+1)}$,

再结合引理 3.5,有

$$\operatorname{Area}\left\{z\in\mathbf{C}\,\Big|\,|z|<1,|f(z)|<\frac{\bar{r}_k}{1+\bar{r}_k}\rho_f\right\}$$

$$\geqslant\operatorname{Area}(D_\alpha(\xi)\cap D_1)\geqslant\operatorname{Area}(D_\beta(\xi)\cap D_1)>\frac{\beta^2}{2}\sqrt{4-\beta^2}.$$

设 $\theta_1,\cdots,\theta_{n-1}$ 为 $f'(z)=nz^{n-1}+(n-1)a_{n-1}z^{n-2}+\cdots+$

a_1 的所有零点。由 $|\theta_1\cdots\theta_{n-1}| = \frac{|a_1|}{n} < \frac{1}{n} \leqslant 1$ 可知，必有 f 的临界点 θ_* 使得 $|\theta_*| < 1$。于是

$$|f(\theta_*)| = |\theta_*^n + a_{n-1}\theta_*^{n-1} + \cdots + a_0| < \underbrace{1 + \cdots + 1}_{n+1}$$
$$= n + 1$$

所以，

$$\rho_f = \min_{\theta, f'(\theta)=0} |f(\theta)| < n + 1.$$

注意到 $\frac{1}{12} < \frac{\bar{r}_k}{1+\bar{r}_k} < \frac{1}{6}$，立即可以推出定理中所述的结论

$$\frac{\beta^2}{2}\sqrt{4-\beta^2}$$

$$= \frac{1}{2}\frac{\left(\frac{\bar{r}_k}{1+\bar{r}_k}\rho_f\right)^2}{(2n(n+1))^2}\sqrt{4-\left(\frac{\bar{r}_k}{1+\bar{r}_k}\rho_f\right)^2\Big/(2n(n+1))^2}$$

$$\geqslant \frac{1}{2}\frac{\left(\frac{1}{12}\right)^2\rho_f^2}{4(n(n+1))^2}\sqrt{4-\left(\frac{1}{6}(n+1)\right)^2\Big/4n^2(n+1)^2}$$

$$\geqslant \frac{1}{1152}\sqrt{4-\frac{1}{144}}\left(\frac{\rho_f}{n(n+1)}\right)^2 > 0.00173\left(\frac{\rho_f}{n(n+1)}\right)^2. \square$$

为了讨论 Euler 迭代，下面证明两个有关的引理。

引理 3.7 设 $f(z) = z + a_2z^2 + a_3z^3 + \cdots$ 是定义在 D_{h_*} 上的一对一的解析函数。对于 $|z| < h_*$，令 $r = |z|/h_*$，则

(1) $|f(z)| \leqslant \frac{|z|}{(1-r)^2}$；

(2) 对于 $0<r<r_k$，有

$$|f(z) - T_kf(z)| \leqslant \frac{h_*(k+1)r^{k+1}}{(1-r)^2}.$$

证明 设 $\tilde{f}(\tilde{z}) = \frac{1}{h_*}f(h_*\tilde{z})$，显然，$\tilde{f}(0) = 0$，$\tilde{f}'(0) = 1$，所以 $\tilde{f}$ 是单叶函数。

(1) 由 Koebe-Gronwall 变形定理，有

$$|\tilde{f}(\tilde{z})| \leqslant \frac{|\tilde{z}|}{(1-|\tilde{z}|)^2}.$$

记 $z = h_* \tilde{z}$，则

$$|f(z)| = |f(h_* \tilde{z})| = h_* |\tilde{f}(\tilde{z})| \leqslant h_* \frac{\left|\frac{z}{h_*}\right|}{(1-r)^2}$$

$$= \frac{|z|}{(1-r)^2}.$$

(2) 根据定理 2.5 的证明，有

$$|\tilde{f}(\tilde{z}) - T_k \tilde{f}(z)| \leqslant \frac{(k+1)|\tilde{z}|^{k+1}}{(1-|\tilde{z}|)^2}.$$

将 $z = h_* \tilde{z}$，$|\tilde{z}| = r$ 代入上式，得到

$$|f(z) - T_k f(z)| = h_* |\tilde{f}(\tilde{z}) - T_k \tilde{f}(\tilde{z})|$$

$$\leqslant \frac{h_*(k+1)r^{k+1}}{(1-r)^2}. \quad \square$$

引理 3.8 设 $0 < h_* < h_1(f, z)$ 和 $h = rh_*$，其中 $0 < r < r_k$. 则

$$T_k \sigma^{-1}(h) \in \sigma^{-1}(D_{h_*}).$$

证明 将引理 3.7 应用到定义在 D_{h_*} 上的 σ^{-1}，我们得到

$$|\sigma^{-1}(h)| \leqslant \frac{h}{(1-r)^2}$$

和

$$|\sigma^{-1}(h) - T_k \sigma^{-1}(h)| \leqslant \frac{h_*(k+1)r^{k+1}}{(1-r)^2}.$$

因此，

$$|T_k \sigma^{-1}(h)| \leqslant |\sigma^{-1}(h)| + |T_k \sigma^{-1}(h) - \sigma^{-1}(h)|$$

$$\leqslant \frac{h}{(1-r)^2} + \frac{h_*(k+1)r^{k+1}}{(1-r)^2} < \frac{h_*}{4}.$$

上面最后一个不等式等价于

$$(1-r)^2 - 4r(1 + r^k(k+1)) > 0,$$

而后者是显然成立的，因为 r_k 是使不等式左边为 0 的第一个正

根，而$0<\theta<r<r_k$。

再由定理 3.3，$\sigma^{-1}(D_{h_*})\supset D_{|(\sigma^{-1})'(0)|h_*/4}=D_{h_*/4}$，所以 $T_k\sigma^{-1}(h)\in\sigma^{-1}(D_{h_*})$。□

在以上准备的基础上，得到下述关于一次 Euler 迭代的结果。

定理 3.9 设$0<h_*\leqslant h_1(f,z)$和$h=rh_*$，其中$0<r<r_k$，则对于迭代

$$z'=E_{k(h,f)}(z),$$

存在复数h'，$|h'|<h_*$，使得

$$z'=f_z^{-1}((1-h')f(z)),$$

证明 由定理 1.9，

$$z'=z+FT_k(\sigma^{-1}(h)).$$

再根据引理 3.8，$T_k(\sigma^{-1}(h))\in\sigma^{-1}(D_{h_*})$，故存在$h'$，$|h'|<h_*$，使得$T_k(\sigma^{-1}(h))=\sigma^{-1}(h')$。因此，

$$z'=z+F\sigma^{-1}(h')=f_z^{-1}((1-h')f(z))。□$$

进一步，有

定理 3.10 设$z_*=f_z^{-1}(0)$，其中$f_z^{-1}:S_{z,f}\to \boldsymbol{C}$。如果用$\rho_{f,z}$代替$\rho_f$，则定理 2.11 的结论仍然是正确的。

证明 由定理 3.9，$z'=E_{k(h,f)}(z)=f_z^{-1}((1-h')f(z))$，并且$z_l=(E_k)^l(z)$仍在$f_z^{-1}(S_{z,f})$中。然后，完全类似于定理 2.11 的证明可以得到所需要的结论。□

§4. 楔形区域上的E_k迭代

这一节讨论楔形区域上的E_k迭代。

定义 4.1 设$f_z^{-1}:S_{z,f}\to\boldsymbol{C}$ 为§3中所述，$f'(z)\neq 0$。对$0<\alpha\leqslant\dfrac{\pi}{2}$和$f(z)\neq 0$，定义

$$w_{f,z,\alpha}=\left\{w\in\boldsymbol{C}\,\middle|\,|w|\leqslant 2|f(z)|,\ \left|\arg\frac{w}{f(z)}\right|<\alpha\right\}.$$

记$\alpha_*=\sup\left\{\alpha\,\middle|\,f_z^{-1}\text{ 在 }w_{f,z,\alpha}\text{ 上解析，}0<\alpha\leqslant\dfrac{\pi}{2}\right\}$。显然，$f_z^{-1}$

在楔形 w_{f,z,α_*} 上解析．此外，如果 f_z^{-1} 在 $w_{f,z,\alpha}$ 上解析，则 $w_{f,z,\alpha}\subset w_{f,z,\alpha_*}$．我们写 $w_{f,z}=w_{f,z,\alpha_*}$，$\theta_{f,z}=\alpha_*$(参看图 5.4)．

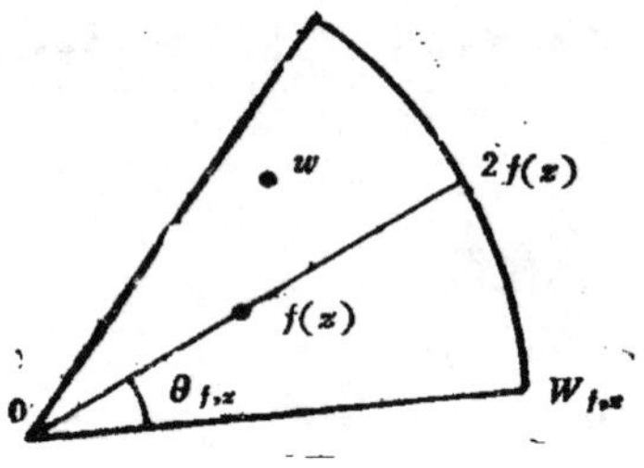

图 5.4

容易看出，$\theta_{f,z}>0\Leftrightarrow$ 不存在 $0\leqslant\lambda\leqslant2$ 使得 $f'(\theta)=0$ 和 $f(\theta)=\lambda f(z)$。

退化的情形是存在 $0\leqslant\lambda\leqslant2$，使得 $f'(\theta)=0$ 和 $f(\theta)=\lambda f(z)$，为方便起见，不妨用 $\theta_{f,z}=0$ 来表示此情形．

为了便于讨论，引进下述定义．

定义 4.2 设

$$K(k)=\frac{(k+1)^{\frac{k+1}{k}}}{k\bar{r}_k(1-\bar{r}_k)^{\frac{1}{k}}}$$

显然，

$$\lim_{k\to\infty}K(k)=\lim_{k\to\infty}\frac{k+1}{k}\cdot\frac{1}{\bar{r}_k}\cdot\frac{(k+1)^{\frac{1}{k}}}{(1-\bar{r}_k)^{\frac{1}{k}}}=\frac{1}{3-\sqrt{8}}$$
$$=5.828\cdots.$$

先作一些准备．

引理 4.3 对任何 $c>0$，$0<a<1$ 和 $\alpha_k(r)=\beta_k(r)r^k$，存在

$$(k+1)c+1=\frac{1-h}{\alpha_k\left(\dfrac{h}{a}\right)}$$

的唯一解 $h=h_0$，$0<h_0<a\bar{r}_k$，这里 h_0 满足：

$$h_0 \geqslant \frac{a(k+1)}{kK(k)(c+1)^{1/k}}.$$

更进一步，对 $0 < h \leqslant h_0$，有

$$\frac{1}{1-\alpha_k\left(\frac{h}{a}\right)} \leqslant 1 + \frac{1}{c(k+1)}.$$

证明 因为 $\alpha_k(r) = \beta_k(r)r^k$，$\alpha_k(0) = 0$，$\alpha_k(\bar{r}_k) = \beta_k(\bar{r}_k)\bar{r}_k^k = 1$，所以有

$$\lim_{h\to 0^+} \frac{1-h}{\alpha_k\left(\frac{h}{a}\right)} = +\infty$$

和

$$\lim_{h\to a\bar{r}_k} \frac{1-h}{\alpha_k\left(\frac{h}{a}\right)} = \frac{1-a\bar{r}_k}{\alpha_k(\bar{r}_k)} = 1 - a\bar{r}_k < 1.$$

此外，由于 $1-h$ 和 $\alpha_k\left(\frac{h}{a}\right)$分别是 h 的严格单调减和严格单调增函数，故 $\frac{1-h}{\alpha_k\left(\frac{h}{a}\right)}$ 也是严格单调减的. 再从 $(k+1)c+1>1$，得到唯一解 h_0，$0 < h_0 < a\bar{r}_k$，满足：

$$(k+1)c+1 = \frac{1-h}{\alpha_k\left(\frac{h}{a}\right)}$$

对于 $0 < h \leqslant h_0$，$\alpha_k\left(\frac{h}{a}\right) \leqslant \alpha_k\left(\frac{h_0}{a}\right)$. 利用 h_0的定义，有

$$\frac{1}{1-\alpha_k\left(\frac{h}{a}\right)} \leqslant \frac{1}{1-\alpha_k\left(\frac{h_0}{a}\right)} = \frac{1}{1-\frac{1-h_0}{(k+1)c+1}}$$

$$\leqslant \frac{1}{1-\frac{1}{(k+1)c+1}} = \frac{(k+1)c+1}{(k+1)c}$$

$$= 1 + \frac{1}{c(k+1)}.$$

现在我们来证明引理中的第一个结论． 注意到 $h_0 \leqslant a\bar{r}_k < \bar{r}_k$ $(0 < a < 1)$，并利用 h_0 的定义，得到

$$\left(\frac{h_0}{a}\right)^k \beta_k\left(\frac{h_0}{a}\right) = \alpha_k\left(\frac{h_0}{a}\right) = \frac{1-h_0}{c(k+1)+1} \geqslant \frac{1-\bar{r}_k}{c(k+1)+1}.$$

于是，

$$\left(\frac{h_0}{a}\right)^k \geqslant \frac{1-\bar{r}_k}{c(k+1)+1} \cdot \frac{1}{\beta_k\left(\frac{h_0}{a}\right)} \geqslant \frac{1-\bar{r}_k}{c(k+1)+1}$$

$$\cdot \frac{1}{\beta_k(\bar{r}_k)} = \frac{1-\bar{r}_k}{c(k+1)+1} \cdot \frac{\bar{r}_k^k}{\beta_k(\bar{r}_k)\bar{r}_k^k} = \frac{1-\bar{r}_k}{c(k+1)+1}\bar{r}_k^k.$$

这就蕴涵着

$$h_0 \geqslant a\frac{\bar{r}_k(1-\bar{r}_k)^{\frac{1}{k}}}{(c(k+1)+1)^{\frac{1}{k}}} \geqslant \frac{a\bar{r}_k(1-\bar{r}_k)^{\frac{1}{k}}}{(k+1)^{\frac{1}{k}}(c+1)^{\frac{1}{k}}}$$

$$= \frac{a(k+1)}{kK(k)(c+1)^{\frac{1}{k}}}. \quad \square$$

引理 4.4 $h_1(f,z) \geqslant \sin\theta_{f,z}$.

证明 如果 $\theta_{f,z} = \frac{\pi}{2}$，则楔形 $w_{f,z}$ 是半径为 $2|f(z)|$ 的半圆，而 $w_{f,z} \supset D_{|f(z)|}(f(z))$．所以(参看图 5.5)

$$h_1(f,z) \geqslant \frac{|f(z)|}{|f(z)|} = 1 = \sin\frac{\pi}{2}.$$

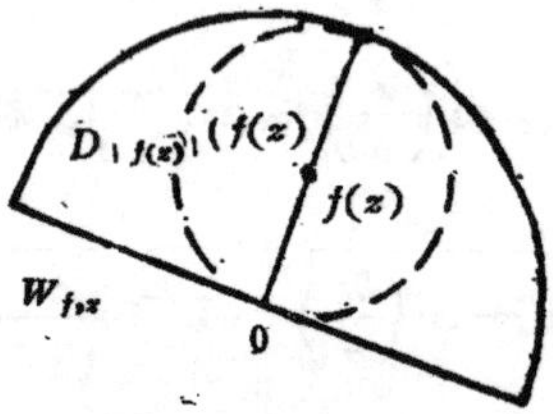

图 5.5

如果 $\theta_{f,z} < \frac{\pi}{2}$，则 f 的任何临界点 θ 必在楔形 $w_{f,z}$ 的边界上或外部，由图 5.6 可知

$$h_1(f,z) = \min_{\theta, f'(\theta)=0} \frac{|f(z) - f(\theta)|}{|f(z)|} \geqslant \min_{\theta, f'(\theta)=0} \frac{t}{|f(z)|} = \sin\theta_{f,z}. \square$$

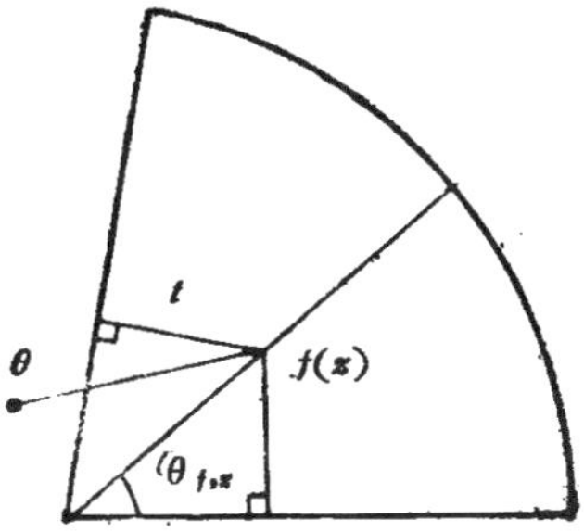

图 5.6

利用数学分析的知识容易证明下面的引理。

引理 4.5 设 $0 \leqslant x \leqslant \frac{\pi}{2}$，$0 \leqslant \alpha \leqslant 1$，则

(1) $0 \leqslant \operatorname{arctg} x \leqslant x$;

(2) $\sin \alpha x \geqslant \alpha \sin x$。

关于一次 Euler 迭代的效果，有

引理 4.6 设 $r = \frac{h}{h_1}$，$0 < r < \bar{r}_k$，$z' = E_{k(h,f)}(z)$，则

(1) $\left|\frac{f(z')}{f(z)}\right| \leqslant 1 - (1 - \alpha_k(r))h$;

(2) $\left|\arg \frac{f(z')}{f(z)}\right| < \frac{\alpha_k(r)h}{1 - (1 + \alpha_k(r))h}$.

证明 (1) 根据定理 2.6，并注意到 $|Q(h,f,z)| \leqslant \beta_k(r)$ 和 $\alpha_k(r) = \beta_k(r)r^k$，得到

$$\left|\frac{f(z')}{f(z)}\right| = |1 - h + Q(h,f,z)r^k h| \leqslant 1 - h + \alpha_k(r)h$$

$$= 1 - (1 - \alpha_k(r))h.$$

(2) 由定理 2.7，借助于图 5.7，并利用定理 4.5(1)，得到

$$\left|\arg\frac{f(z')}{f(z)}\right| = \arctan\frac{\left|\operatorname{Im}Q(h,f,z)\dfrac{h^{k+1}}{h_1^k}\right|}{\left|1-h+\operatorname{Re}Q(h,f,z)\dfrac{h^{k+1}}{h_1^k}\right|}$$

$$\leqslant\left|\frac{\operatorname{Im}\ Q(h,f,z)r^kh}{1-h+\operatorname{Re}Q(h,f,z)r^kh}\right|<\frac{\beta_k(r)r^kh}{1-h-\beta_k(r)r^kh}$$

$$=\frac{\alpha_k(r)h}{1-h-\alpha_k(r)h}=\frac{\alpha_k(r)h}{1-(1+\alpha_k(r))h}.\ \square$$

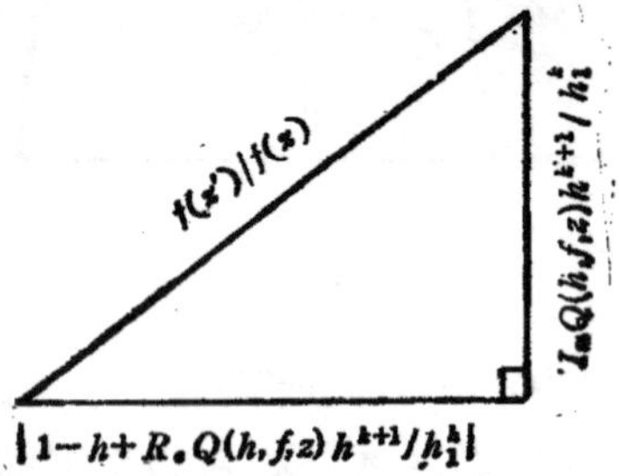

图 5.7

至此，可以建立关于连续 Euler 迭代的引理。

引理 4.7 设 $h_*=\dfrac{k}{k+1}\sin\theta_{f,z_0}>0$（因而 $f(z_0)\neq 0$），$\delta=\dfrac{h}{h_*}$，$0<\delta<\bar{r}_k$（即 $0<h<h_*\bar{r}_k$），以及 $z_l=E^l_{k(h,f)}(z_0)$，则对于 $0\leqslant l\leqslant\dfrac{1-(1+\alpha_k(\delta)h)}{(k+1)\alpha_k(\delta)h}\theta_{f,z_0}$，

有

$$\theta_{f,z_l}\geqslant\frac{k}{k+1}\theta_{f,z_0}$$

和

$$|f(z_{l+1})|<(1-(1-\alpha_k(\delta))h)^{l+1}|f(z_0)|.$$

证明 现在应用归纳法来证明上述结论．当 $l=0$，显然 $\theta_{f,z^0}\geqslant\dfrac{k}{k+1}\theta_{f,z_0}$。此外，由引理 4.4 和 4.5(2)得到

$$h_1(f,z_0) \geqslant \sin\theta_{f,z_0} \geqslant \sin\frac{k}{k+1}\theta_{f,z_0} > \frac{k}{k+1}\sin\theta_{f,z_0}$$

和

$$r = r(f,z_0) = \frac{h}{h_1(f,z_0)} < \frac{h}{\frac{k}{k+1}\sin\theta_{f,z_0}} = \frac{h}{h_*}$$

$$= \delta < \bar{r}_k.$$

再根据引理 4.6(1)，有

$$\left|\frac{f(z_1)}{f(z_0)}\right| \leqslant 1-(1-\alpha_k(r))h < 1-(1-\alpha_k(\delta))h,$$

即

$$|f(z_1)| < (1-(1-\alpha_*(\delta))h)|f(z_0)|.$$

设命题对 $l-1$ 成立．即当

$$0 \leqslant l-1 \leqslant \frac{1-(1+\alpha_k(\delta)h)}{(k+1)\alpha_k(\delta)h}\theta_{f,z_0}$$

时，有

$$\theta_{f,z_{l-1}} \geqslant \frac{k}{k+1}\theta_{f,z_0}$$

和

$$|f(z_{l-1})| < (1-(1-\alpha_k(\delta))h)^{l-1}|f(z_0)|.$$

仿前，应用引理 4.4 和引理 4.5(2)得到

$$h_1(f,z_{l-1}) \geqslant \sin\theta_{f,z_{l-1}} \geqslant \sin\frac{k}{k+1}\theta_{f,z_0} > \frac{k}{k+1}\sin\theta_{f,z_0}.$$

所以，

$$r = r(f,\ z_{l-1}) = \frac{h}{h_1(f,\ z_{l-1})} < \frac{h}{\frac{k}{k+1}\sin\theta_{f,z_0}}$$

$$= \frac{h}{h_*} = \delta < \bar{r}_k,$$

$$\left|\arg\frac{f(z_l)}{f(z_{l-1})}\right| < \frac{\alpha_k(r)h}{1-(1+\alpha_k(r))h} < \frac{\alpha_k(\delta)h}{1-(1+\alpha_k(\delta))h},$$

并且,

$$\left|\frac{f(z_l)}{f(z_{l-1})}\right| \leqslant 1-(1-\alpha_k(r))h < 1-(1-\alpha_k(\delta))h,$$

$$|f(z_l)| \leqslant (1-(1-\alpha_k(\delta))h)|f(z_{l-1})|$$
$$\leqslant (1-(1-\alpha_k(\delta))h)^l |f(z_0)|.$$

我们知道, $h_* = \frac{k}{k+1}\sin\theta_{f,z_0}, 0 < h_* < h_1(f, z_{l-1}), h = \delta h_*, 0 < \delta < \bar{r}_k$. 根据定理 3.9,存在复数 $h'|h'| < h_*$,使得 $z_l = f^{-1}_{z_{l-1}}((1-h')f(z_{l-1}))$. 因为(参看图 5.8)

$$|(1-h')f(z_{l-1}) - f(z_{l-1})| = |h'f(z_{l-1})| \leqslant h_*|f(z_{l-1})|$$
$$= \frac{k}{k+1}\sin\theta_{f,z_0}\cdot|f(z_{l-1})| < \sin\theta_{f,z_{l-1}}\cdot|f(z_{l-1})|,$$

所以,

$$(1-h')f(z_{l-1}) \in w_{f,z_{l-1}} \text{ 和 } z_l \in \text{Image } (f^{-1}_{z_{l-1}}),$$

其中 $f^{-1}_{z_{l-1}}: S_{z_{l-1},f} \to \boldsymbol{C}$. 容易看出, $S_{z_l,f} = S_{z_{l-1},f}$.

题设中的条件

$$0 \leqslant l \leqslant \frac{1-(1+\alpha_k(\delta)h)}{(k+1)\alpha_k(\delta)h}\,\theta_{f,z_0}$$

等价于

$$\frac{l\alpha_k(\delta)h}{1-(1+\alpha_k(\delta)h)} \leqslant \frac{1}{k+1}\,\theta_{f,z_0}.$$

在上述条件下,有

$$\theta_{f,z_l} \geqslant \theta_{f,z_{l-1}} - \left|\arg\frac{f(z_l)}{f(z_{l-1})}\right| \geqslant \theta_{f,z_{l-1}} -$$
$$- \frac{\alpha_k(\delta)h}{1-(1+\alpha_k(\delta))h} \geqslant \cdots \geqslant \theta_{f,z_0}$$
$$- \frac{l\alpha_k(\delta)h}{1-(1+\alpha_k(\delta))h} \geqslant \theta_{f,z_0} - \frac{1}{k+1}\,\theta_{f,z_0}$$
$$= \frac{k}{k+1}\,\theta_{f,z_0}.$$

最后,由 $\theta_{f,z_l} \geqslant \frac{k}{k+1}\,\theta_{f,z_0}$ 和类似上面的证法可以推出

$$|f(z_{l+1})| \leqslant (1-(1-\alpha_k(\delta))h)^{l+1}|f(z_0)|.$$

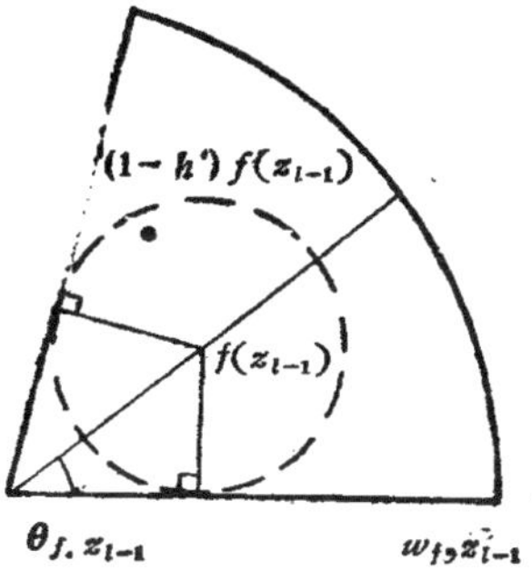

图 5.8

总结以上讨论，提出下述定理，它是这一节的主要结果.

定理 4.8 设已给多项式 f 和复数 z_0，使得 $|f(z_0)| > L > 0$ 和 $\theta_{f,z_0} > 0$。记 $c = \dfrac{1}{\theta_{f,z_0}} \ln \dfrac{|f(z_0)|}{L}$. 则存在

$$h_0 \geqslant \frac{\sin\theta_{f,z_0}}{K(k)(c+1)^{1/k}}$$

具有性质：对任何 h，$0 < h \leqslant h_0$，取

$$l = \left[\frac{1}{h} \cdot \frac{1}{1-\alpha_k\left(\dfrac{h}{a}\right)} \ln \frac{|f(z_0)|}{L}\right], \quad a = \frac{k}{k+1}\sin\theta_{f,z_0},$$

则有 $|f(z_l)| < L$，其中 $z_l = E^l_{k(h,f)}(z_0)$.

证明 在引理 4.3 中，令 $a = \dfrac{k}{k+1}\sin\theta_{f,z_0}$ 和 $c = \dfrac{1}{\theta_{f,z_0}} \ln \dfrac{|f(z_0)|}{L}$，则存在

$$(k+1)c + 1 = \frac{1-h}{\alpha_k\left(\dfrac{h}{a}\right)}$$

的唯一解 $h = h_0$，这里 h_0 满足：

$$h_0 \geqslant \frac{a(k+1)}{kK(k)(c+1)^{\frac{1}{k}}}$$

$$= \frac{\left(\frac{k}{k+1}\sin\theta_{f,z_0}\right)(k+1)}{kK(k)(c+1)^{\frac{1}{k}}} = \frac{\sin\theta_{f,z_0}}{K(k)(c+1)^{\frac{1}{k}}}.$$

现在,我们证明,对 $0 < h \leqslant h_0$ 和

$$l = \left[\frac{1}{h}\cdot\frac{1}{1-\alpha_k\left(\frac{h}{a}\right)}\ln\frac{|f(z_0)|}{L}\right],$$

有 $|f(z_l)| < L$。

事实上,当 $0 \leqslant h \leqslant h_0$ 时,

$$\frac{1-h}{\alpha_k(\delta)} = \frac{1-h}{\alpha_k\left(\frac{h}{a}\right)} \geqslant \frac{1-h_0}{\alpha_k\left(\frac{h_0}{a}\right)} = (k+1)c+1,$$

即

$$\frac{1-h}{\alpha_k(\delta)} - 1 \geqslant (k+1)c.$$

这就蕴涵着

$$\frac{(1-\alpha_k(\delta))(1-(1+\alpha_k(\delta))h)}{\alpha_k(\delta)}$$

$$= \frac{1-h-\alpha_k(\delta)h-\alpha_k(\delta)+\alpha_k(\delta)h+\alpha_k(\delta)^2h}{\alpha_k(\delta)}$$

$$\geqslant (k+1)c,$$

$$\frac{1-(1+\alpha_k(\delta))h}{(k+1)\alpha_k(\delta)} \geqslant \frac{c}{1-\alpha_k(\delta)} = \frac{\ln\frac{|f(z_0)|}{L}}{\theta_{f,z_0}(1-\alpha_k(\delta))},$$

所以,

$$\frac{(1-(1+\alpha_k(\delta)h)\theta_{f,z_0}}{(k+1)\alpha_k(\delta)h} \geqslant \frac{\ln\frac{|f(z_0)|}{L}}{(1-\alpha_k(\delta))h}.$$

于是必有自然数 l 满足:

$$\left\{\frac{(1-(1+\alpha_k(\delta))h)\theta_{f,z_0}}{(k+1)\alpha_k(\delta)h} \geqslant l-1,\right.$$

$$(*)\begin{cases} \\ l \geqslant \dfrac{\ln\dfrac{|f(z_0)|}{L}}{(1-\alpha_k(\delta))h}. \end{cases}$$

特别地，可选取 $l=\left[\dfrac{1}{h}\dfrac{1}{1-\alpha_k\left(\dfrac{h}{a}\right)}\ln\dfrac{|f(z_0)|}{L}\right]$.

由(*)中第二式和 $|\ln(1-u)|\geqslant u, 0\leqslant u<1$ 得到

$$l\geqslant \frac{\ln\dfrac{|f(z_0)|}{L}}{(1-\alpha_k(\delta))h}\geqslant\frac{\ln\dfrac{|f(z_0)|}{L}}{|\ln(1-(1-\alpha_k(\delta))h)|},$$

$$l\ln(1-(1-\alpha_k(\delta))h)\leqslant\ln\left|\frac{L}{f(z_0)}\right|,$$

$$(1-(1-\alpha_k(\delta))h)^l|f(z_0)|\leqslant L.$$

再注意到 l 满足的(*)中的第一式恰好是引理 4.7 中 $l-1$ 适合的上界条件，故

$$|f(z_l)|<(1-(1-\alpha_k(\delta))h)^l|f(z_0)|\leqslant L. \quad \square$$

定理 4.9 在定理 4.8 的条件下，对任何 $h, 0<h\leqslant h_0$，存在某个

$$l\leqslant\frac{1}{h}\left[\ln\frac{|f(z_0)|}{L}+\frac{\theta_{f,z_0}}{k+1}\right]$$

使得

$$|f(z_l)|<L,$$

这里 $z_l=E^l_{k(h,f)}(z_0)$.

证明 由引理 4.3，得到

$$\frac{1}{h}\cdot\frac{1}{1-\alpha_k\left(\dfrac{h}{a}\right)}\ln\frac{|f(z_0)|}{L}\leqslant\frac{1}{h}\left(1+\frac{1}{c(k+1)}\right)$$

$$\times\ln\frac{|f(z_0)|}{L}=\frac{1}{h}\left(1+\frac{\theta_{f,z_0}}{(k+1)\ln\dfrac{|f(z_0)|}{L}}\right)\ln\frac{|f(z_0)|}{L}$$

$$=\frac{1}{h}\left[\ln\frac{|f(z_0)|}{L}+\frac{\theta_{f,z_0}}{k+1}\right].$$

根据定理 4.8，对于

$$l=\left[\frac{1}{h}\left(\frac{1}{1-\alpha_k\left(\frac{h}{a}\right)}\ln\frac{|f(z_0)|}{L}\right]\leqslant\frac{1}{h}\left[\ln\frac{|f(z_0)|}{L}\right.$$

$$\left.+\frac{\theta_{f,z_0}}{k+1}\right]$$

有 $|f(z_l)|<L$. □

具体到寻找逼近零点的问题，立即有

定理 4.10 在定理 4.8 中，设 $0<L\leqslant\frac{\bar{r}_k}{1+\bar{r}_k}\rho_f$，则对任何 h，$0<h\leqslant h_0$ 和某个

$$l\leqslant\frac{1}{h}\left[\ln\frac{|f(z_0)|}{L}+\frac{\theta_{f,z_0}}{k+1}\right],$$

有 $|f(z_l)|<L\leqslant\frac{\bar{r}_k}{1+\bar{r}_k}\rho_f$，即 z_l 为 f 的逼近零点. □

注 4.11 在定理 4.10 中，如果已找到了 f 的逼近零点 z_l，则可按定理 2.11 进行第二阶段的迭代:

$$z_{l+m}=E^m_{k(1,f)}(z_l),\ m=1,2,\cdots.$$

并且序列 $\{z_{l+m}\}$ 收敛到 f 的某个零点 z_*.

§5. Euler 算法 E_k 的成本理论

上一节已经给出了达到逼近零点的条件. 这样，我们可以进行成本理论的讨论.

引理 5.1 设 $S^1_R=\{z\in\mathbf{C}\mid |z|=R\}$，$f(z)=z^n+a_{n-1}z^{n-1}+\cdots+a_0$ 为复系数多项式. 如果在 S^1_R 的内部包含 f 的所有的零点. 则对于任何 $z\in S^1_R$，有

$$\mathrm{Re}\left(-\bar{z}\frac{f(z)}{f'(z)}\right)<0.$$

此外，Newton 微分方程 $\frac{dz}{dt}=-\frac{f(z)}{f'(z)}$ 的解横截 S^1_R，并指

向它的内部。

证明 设 $\xi_1,\cdots,\xi_n$ 为 f 的全部零点. 则

$$\operatorname{Re}(\bar{z}\xi_i)=\operatorname{Re}((x-iy)(u_i+iv_i))=xu_i+yv_i$$
$$\leqslant\sqrt{(x^2+y^2)(u_i^2+v_i^2)}<x^2+y^2=\bar{z}z,$$

其中 $z\in S_R^1$. 上式表明 ξ_i 在 z 点的关于圆 S_R^1 的切空间所确定的指向圆心 0 的半平面内(参看图 5.9).

由上式还可推出

$$\operatorname{Re}(\bar{z}(z-\xi_i))>0,$$

$$\operatorname{Re}\left(\frac{z}{z-\xi_i}\right)=\operatorname{Re}\frac{\bar{z}z}{\bar{z}(z-\xi_i)}>0,$$

$$\sum_{i=1}^{n}\operatorname{Re}\left(\frac{z}{z-\xi_i}\right)>0,$$

$$\operatorname{Re}\left(z\frac{f'(z)}{f(z)}\right)=$$

$$\operatorname{Re}\left(z\frac{\sum\limits_{i=1}^{n}(z-\xi_1)\cdots(z-\hat{\xi}_i)\cdots(z-\xi_n)}{\prod\limits_{i=1}^{n}(z-\xi_i)}\right)$$

$$=\operatorname{Re}\left(\sum_{i=1}^{n}\frac{z}{z-\xi_i}\right)=\sum_{i=1}^{n}\operatorname{Re}\left(\frac{z}{z-\xi_i}\right)>0.$$

这时可知 $f'(z)\neq 0$, 且

$$\operatorname{Re}\left(\bar{z}\frac{f(z)}{f'(z)}\right)=\operatorname{Re}\left(z\frac{\overline{f'(z)}}{f(z)}\right)\frac{1}{\frac{f'(z)}{f(z)}\left(\overline{\frac{f'(z)}{f(z)}}\right)}$$

$$=\frac{1}{\frac{f'(z)}{f(z)}\left(\overline{\frac{f'(z)}{f(z)}}\right)}\operatorname{Re}\left(z\frac{f'(z)}{f(z)}\right)>0.$$

于是内积

$$\left\langle z,-\frac{f(z)}{f'(z)}\right\rangle=\operatorname{Re}\left(-\bar{z}\frac{f(z)}{f'(z)}\right)<0.$$

这个不等式说明,由 Newton 微分方程 $\frac{dz}{dt}=-\frac{f(z)}{f'(z)}$ 所确定的

积分曲线横截 S_R^1，并指向它的内部. □

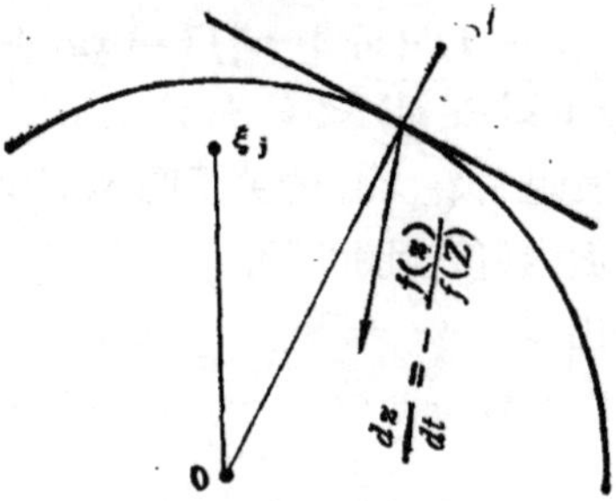

图 5.9

引理 5.1 讨论了多项式 f 在 $z\in S_R^1$ 上的性质. 下面的引理 5.2 具体给出 S_R^1 上任两点 z_1 和 z_2 的多项式值 $f(z_1)$ 和 $f(z_2)$ 之间的关系.

引理 5.2 设 $f\in P_n(1)$，$R\geqslant 2$，$z_1,z_2\in S_R^1$，以及 $\left|\arg\frac{z_1}{z_2}\right|\leqslant\beta<\frac{\pi}{n}$. 则

$$n\beta-2\ \arcsin\frac{1}{R-1}\leqslant\left|\arg\frac{f(z_1)}{f(z_2)}\right|$$

$$\leqslant n\beta+2\ \arcsin\frac{1}{R-1},$$

即 $$\left|d\beta-\left|\arg\frac{f(z_1)}{f(z_2)}\right|\right|\leqslant 2\arcsin\frac{1}{R-1}.$$

证明 因为

$$\left|\frac{f(z)}{z^n}-1\right|=\left|\frac{a_{n-1}z^{n-1}+\cdots+a_0}{z^n}\right|$$

$$\leqslant\frac{\sum\limits_{j=0}^{n-1}R^j}{R^n}=\frac{\frac{R^n-1}{R-1}}{R^n}$$

$$=\left(1-\frac{1}{R^n}\right)\frac{1}{R-1}<\frac{1}{R-1},$$

所以

$$\frac{f(z)}{z^n} \in D_{\frac{1}{R-1}}(1).$$

这就蕴涵着 $\left|\arg\frac{f(z)}{z^n}\right| < \arcsin\frac{1}{R-1}$. 再结合

$$\frac{f(z_1)}{f(z_2)} = \left(\frac{z_1}{z_2}\right)^n \frac{\frac{f(z_1)}{z_1^n}}{\frac{f(z_2)}{z_2^n}},$$

得到

$$n\beta - 2\arcsin\frac{1}{R-1} \leqslant \left|\arg\frac{f(z_1)}{f(z_2)}\right|$$

$$\leqslant n\beta + 2\ \arcsin\frac{1}{R-1}. \quad \square$$

现在转入测度的或概率的讨论.

引理 5.3 设 θ 为 f 的临界点, Θ_θ是包含 θ 的 $f^{-1}(\lambda f(\theta))$的分支, 而 $\Theta = \bigcup_{\theta, f'(\theta)=0} \Theta_\theta$. 如果 $R \geqslant 2$, $f \in P_n(1)$, 则 $\Theta \cap S_R^1$ 至多是 $2(n-1)$个点的集合.

证明 回忆微分方程$\frac{dz}{dt} = -\frac{f(z)}{f'(z)}$的解 $\phi_t(z)$, $\phi_0(z) = z$, 它满足 $f(\phi_t(z)) = e^{-t}f(z)$. 由引理 5.1 可见, 对任何固定的 θ_j, $\Theta_{\theta_j} \cap S_R^1$ 至多有 $k_j + 1$ 个点,其中 θ_j, $j = 1, \cdots, k-1$ 为 f 的全部相异临界点,而 k_j 是 θ_j 作为 f' 的零点的重数. 因此, $\sum_{j=1}^{k} k_j = n-1$. 这就证明了 $\Theta \cap S_R^1$ 至多有$\sum_{j=1}^{k}(k_j+1) = \sum_{j=1}^{k} k_j + (n-1) = 2(n-1)$个点. $\square$

注 5.4 由 $R \geqslant 2 > \max|a_j| + 1$,不难看出 f 的零点全在 S_R^1 的内部.

引理 5.5 设 ξ 为 f 的零点, f_ξ^{-1}: $S_{\xi,f} \to \boldsymbol{C}$ 如 § 3 所述, 其中

$S_{\xi,i}=\boldsymbol{C}-\bigcup\limits_{i=1}(f(\theta_i),\infty)$. 给定 $\alpha>0$,记

$$U_{\xi,\alpha}=\{\omega\in S_{\xi,f}\mid 存在某个\ q\in\bigcup_{j=1}^{k}(f(\theta_j),\infty),\ 使得\left|\arg\frac{\omega}{q}\right|<\alpha\}.$$

如果 $\alpha<\frac{\pi}{2}$,并且对 f 的任何零点 ξ,有 $z\in f_\xi^{-1}(U_{\xi,\alpha})$,则 $\theta_{f,z}\geqslant\alpha$.

更进一步,如果 $\alpha<\frac{\pi}{2}$, $R\geqslant 1+\sqrt{2}$,记

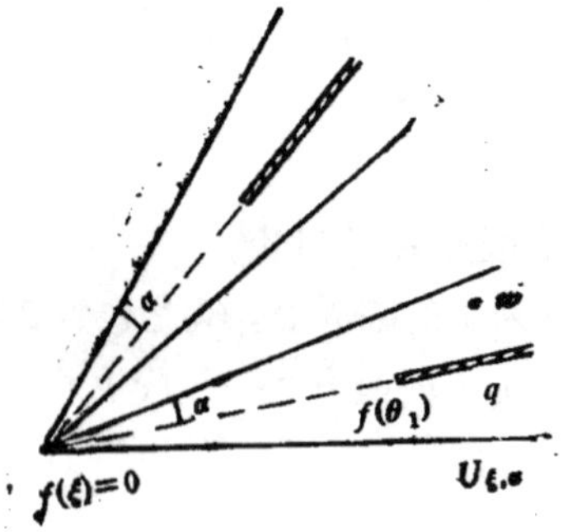

图 5.10

$$N(\alpha)=S_R^1\cap\bigcup_{\xi,f(\xi)=0}f_\xi^{-1}(U_{\xi,\alpha}),$$

则 $N(\alpha)$的测度

$$\operatorname{vol}\ N(\alpha)<\frac{2(n-1)}{\pi n}\left(\alpha+2\arcsin\frac{1}{R-1}\right),$$

其中 vol 是 S_R^1 中的规范化的 Lebesgue 测度(即 S_R^1 的测度视作1).

证明 我们先用反证法证明第一部分. 如果 $\theta_{f,z}<\alpha$,则在楔形 $w_{f,z,\theta_{f,z}}$ 的一条半径上有 $f(\theta)$,使得 $f'(\theta)=0$. 在 $f(\theta)$处相应的 f_ξ^{-1} 不解析. 于是,$f(z)\in U_{\xi,\alpha}$ 和 $z\in f_\xi^{-1}(U_{\xi,\alpha})$,这与题设相矛盾.

再证第二部分. 我们已经知道 f_ξ^{-1} 有不相交的象. 利用引理 5.3 可知, $N(\alpha)$ 包含在至多 $2(n-1)$ 段以 z_0 为中心, 张角为 $\frac{1}{n}\left(\alpha+2\arcsin\frac{1}{R-1}\right)$ 的圆弧里, 其中 $z_0\in\Theta\cap S_R^1$ (至多 $2(n-1)$ 个点).

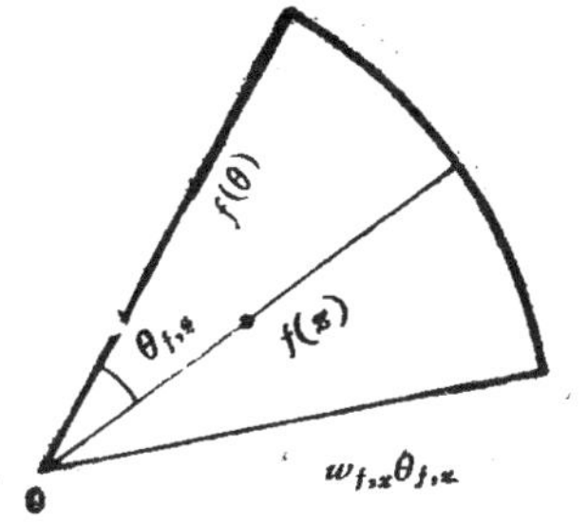

图 5.11

设 $N(\alpha, z_0)=\left\{z \,\middle|\, z\in S_R^1, \left|\arg\frac{f(z)}{f(z_0)}\right|<\alpha\right\}$. 由公式

$$\frac{f(z)}{f(z_0)}=\left(\frac{z}{z_0}\right)^n\frac{\dfrac{f(z)}{z^n}}{\dfrac{f(z_0)}{z_0^n}}$$

和

$$\left(\frac{z}{z_0}\right)^n=\frac{f(z)}{f(z_0)}\frac{\dfrac{f(z_0)}{z_0^n}}{\dfrac{f(z)}{z^n}}$$

得到 $\left|\arg\frac{z}{z_0}\right|<\frac{\pi}{n}$. 事实上, 若 $\left|\arg\frac{z}{z_0}\right|\geqslant\frac{\pi}{n}$, 则必存在 $z_1\in N(\alpha,z_0)$, 使得 $\left|\arg\frac{z_1}{z_0}\right|=\frac{\pi}{n}$. 于是,

$$\pi=\left|\arg\frac{z_1^n}{z_0^n}\right|\leqslant\left|\arg\frac{f(z_1)}{f(z_0)}\right|+\left|\arg\frac{f(z_0)}{z_0^n}\right|$$

$$+\left|\arg\frac{f(z_1)}{z_1^n}\right|<\alpha+2\arcsin\frac{1}{R-1}<\frac{\pi}{2}$$

$$+\frac{\pi}{2}=\pi,$$

矛盾.

根据引理 5.2 得到

$$n\left|\arg\frac{z}{z_0}\right|\leqslant\left|\arg\frac{f(z)}{f(z_0)}\right|+2\arcsin\frac{1}{R-1}$$

$$<\alpha+2\arcsin\frac{1}{R-1},$$

$$\left|\arg\frac{z}{z_0}\right|<\frac{1}{n}\left(\alpha+2\arcsin\frac{1}{R-1}\right).$$

由此可推出(注意规范化测度 vol $S_R^1=1$, 故下式用 2π 除)

$$\mathrm{vol}\ N(\alpha)\leqslant\sum_{z_0\in\Sigma\cap S_R^1}\mathrm{vol}\ N(\alpha,z_0)<\frac{4(n-1)}{2\pi}$$

$$\times\frac{1}{n}\left(\alpha+2\arcsin\frac{1}{R-1}\right)=\frac{2(n-1)}{\pi n}$$

$$\times\left(\alpha+2\arcsin\frac{1}{R-1}\right).\ \square$$

定理 5.6 (Smale) $\mathrm{vol}\{f\in P_n(1)\,|\,\rho_f<\sigma\}\leqslant(n-1)\sigma^2$,其中 vol 是 $P_n(1)$的规范化测度.

这是第四章定理 4.3.3 当 $R=1$ 并取规范化测度时的特殊情形.

定理 5.7 对于 $0<\alpha<\frac{\pi}{2}$, $R\geqslant1+\sqrt{2}$, $f\in P_n(1)$,

$$\mathrm{vol}\,\{z\in S_R^1\,|\,\theta_{f,z}<\alpha\}\leqslant\frac{2(n-1)}{\pi n}\left(\alpha+2\arcsin\frac{1}{R-1}\right).$$

证明 从引理 5.5 的证明可看出, $\theta_{f,z}<\alpha$ 蕴涵着 $z\in f_\xi^{-1}(U_{\xi,\alpha})$. 由题设 $z\in S_R^1$,故

$$z\in S_R^1\cap\bigcup_{\xi,f(\xi)=0}f_\xi^{-1}(U_{\xi,\alpha})=N(\alpha),$$

即

$$\{z \in S_R^1 | \theta_{f,z} < \alpha\} \subset N(\alpha).$$

因此，

$$\text{vol}\ \{z \in S_R^1 | \theta_{f,z} < \alpha\} \leqslant \text{vol}\ N(\alpha)$$

$$\leqslant \frac{2(n-1)}{\pi n}\left(\alpha + 2\ \arcsin \frac{1}{R-1}\right). \quad \square$$

定理 5.8 设 $Y_{\sigma,\alpha,R} = \{(z,f) \in S_R^1 \times P_n(1) | \rho_f < \sigma$ 或 $\theta_{f,z} < \alpha\}$。对于 $0 < \alpha < \frac{\pi}{2}$ 和 $R \geqslant 1 + \sqrt{2}$，有

$$\text{vol}\ Y_{\sigma,\alpha,R} \leqslant (n-1)\sigma^2 + \frac{2(n-1)}{\pi n}$$

$$\times\left(\alpha + 2\ \arcsin \frac{1}{R-1}\right).$$

证明 由定理 5.6 和定理 5.7，得到

$$\text{vol}\ Y_{\sigma,\alpha,R} \leqslant \text{vol}\ \{(z,f) \in S_R^1 \times P_n(1) |_{\rho_f<\sigma}\}$$

$$+ \text{vol}\ \{(z,f) \in S_R^1 \times P_n(1) | \theta_{f,z} < \alpha\} \leqslant (n-1)\sigma^2$$

$$+ \frac{2(n-1)}{\pi n}\left(\alpha + 2\ \arcsin \frac{1}{R-1}\right). \quad \square$$

最后，将成本估计的概率结果叙述如下：

定理 5.9 给定 $k > 0$, $n > 1$, $0 < \mu < 1$。则存在 R, h 和正的常数 M, N 满足：如果 $(z_0, f) \in S_R^1 \times P_n(1)$，则有某个

$$l \leqslant M\left[\frac{h(|\ln \mu| + N)}{\mu}\right]^{\frac{k+1}{k}},$$

使得

$$z_l = E_{k(h,f)}^l(z_0)$$

是 f 的逼近零点的概率至少为 $1 - \mu$（关于 $S_R^1 \times P_n(1)$ 的规范化测定）。

证明 设 k, n, μ 为已知数，由方程组：

$$\begin{cases} (n-1)\sigma^2 = \dfrac{\mu}{10} \\ \dfrac{4(n-1)}{\pi n} \arcsin \dfrac{1}{R-1} = \dfrac{\mu}{10} \\ \dfrac{2(n-1)}{\pi n}\alpha = \dfrac{4\mu}{5} \end{cases}$$

容易解得

$$\begin{cases}\sigma = \left(\dfrac{\mu}{10(n-1)}\right)^{\frac{1}{2}} \\ R = 1 + \left(\sin \dfrac{\mu\pi}{40}\left(\dfrac{n}{n-1}\right)\right)^{-1} \\ \alpha = \dfrac{2\pi\mu}{5}\left(\dfrac{n}{n-1}\right).\end{cases}$$

根据定理 5.8,我们有

$$\mathrm{vol} Y_{\sigma,\alpha,R} \leqslant \frac{\mu}{10} + \frac{4\mu}{5} + \frac{\mu}{10} = \mu$$

和

$$\mathrm{vol}\ (S_R^1 \times P_n(1) - Y_{\sigma,\alpha,R}) \geqslant 1 - \mu.$$

从 $Y_{\sigma,\alpha,R}$ 的定义可知,$(z_0,f) \in S_R^1 \times P_n(1) - Y_{\sigma,\alpha,R}$ 蕴涵着 $\rho_f \geqslant \sigma$ 和 $\theta_{f,z_0} \geqslant \alpha$. 此外,显然有

$$|f(z_0)| = \left|\sum_{j=0}^{n} a_j z_0^j\right| \leqslant \sum_{j=0}^{n} R^j = \frac{R^{n+1}-1}{R-1}.$$

因此,我们可以应用定理 4.10,此时用 σ 代替 ρ_f, α 代替 θ_{f,z_0}, $\dfrac{R^{n+1}-1}{R-1}$代替$|f(z_0)|$以及 $L = \dfrac{\bar{r}_k}{1+\bar{r}_k}\sigma$, 于是得到

$$c = \frac{1}{\theta_{f,z_0}} \ln \frac{|f(z_0)|}{L} \leqslant \frac{1}{\alpha} \ln \frac{\dfrac{R^{n+1}-1}{R-1}}{\dfrac{\bar{r}_k}{1+\bar{r}_k}\sigma},$$

$$h_0 \geqslant \frac{\sin \theta_{f,z_0}}{K(k)(c+1)^{\frac{1}{k}}} \geqslant \frac{\sin \alpha}{K(k)\left[1 + \dfrac{1}{\alpha} \ln \dfrac{\dfrac{R^{n+1}-1}{R-1}}{\dfrac{\bar{r}_k}{1+\bar{r}_k}\sigma}\right]^{\frac{1}{k}}}$$

$$= h > 0,$$

$$l \leqslant \frac{1}{h}\left[\ln \frac{|f(z_0)|}{L} + \frac{\theta_{f,z_0}}{k+1}\right]$$

$$\leqslant \frac{K(k)\left[1+\frac{1}{\alpha}\ln\left(\frac{R^{n+1}-1}{R-1}\Big/\frac{\bar{r}_k}{1+\bar{r}_k}\sigma\right)\right]^{\frac{1}{k}}}{\sin\alpha}$$

$$\times\left[\ln\left(\frac{R^{n+1}-1}{R-1}\Big/\frac{\bar{r}_k}{1+\bar{r}_k}\sigma\right)+\frac{\frac{\pi}{2}}{k+1}\right]$$

$$=\frac{K(k)\left[1+\frac{1}{\alpha}\ln R^n+\frac{1}{\alpha}\ln\frac{R-\frac{1}{R^n}}{R-1}-\frac{1}{\alpha}\ln\frac{\bar{r}_k}{1+\bar{r}_k}\sigma\right]^{\frac{1}{k}}}{\alpha\cdot\frac{\sin\alpha}{\alpha}}$$

$$\times\left[\ln R^n+\ln\frac{R-\frac{1}{R^n}}{R-1}-\ln\frac{\bar{r}_k}{1+\bar{r}_k}\sigma+\frac{\frac{\pi}{2}}{k+1}\right]$$

$$=A\left(\frac{1}{\alpha}\ln R^n\right)^{\frac{k+1}{k}}=A\left[\frac{n}{\frac{2\pi\mu}{5}\left(\frac{n}{n-1}\right)}\right.$$

$$\left.\times\ln\frac{1+\sin\frac{\mu\pi}{40}(n/n-1)}{\frac{\mu\cdot\sin\frac{\mu\pi}{40}(n/n-1)}{\mu}}\right]^{\frac{k+1}{k}}$$

$$\leqslant M\left[\frac{n(|\ln\mu|+N)}{\mu}\right]^{\frac{k+1}{k}},$$

其中M和N是与k,n,μ无关的常数. □

下面的$e=2.718\cdots$.

推论 5.10 给定$n>1,0<\mu<1$. 则存在R,h和正的常数M,N满足: 如果$(z_0,f)\in S_R^1\times P_n(1)$, 则有某个$l$满足:

$$l\leqslant eMn\left[\frac{|\ln\mu|+N}{\mu}\right]^{1+\frac{1}{[\ln n]}},$$

使得

$$z_l = E^l_{\lceil \ln n\rceil(h,f)}(z_0)$$
是 f 的逼近零点的概率至少为 $1-\mu$.

证明 在定理 5.9 中，取 $k=\lceil \ln n\rceil$，就有

$$l \leqslant M\left[\frac{n(|\ln\mu|+N)}{\mu}\right]^{1+\frac{1}{\lceil \ln n\rceil}}$$

$$= Mh^{1+\frac{1}{\lceil \ln n\rceil}}\left[\frac{|\ln\mu|+N}{\mu}\right]^{1+\frac{1}{\lceil \ln n\rceil}}$$

$$= e^{\frac{1}{\lceil \ln n\rceil}\ln n}\cdot M\cdot n\left(\frac{|\ln\mu|+N}{\mu}\right)^{1+\frac{1}{\lceil \ln n\rceil}}$$

$$\leqslant eMn\left(\frac{|\ln\mu|+N}{\mu}\right)^{1+\frac{1}{\lceil \ln n\rceil}}.\ \square$$

§6. 效率为 k 的增量算法 $I_{h,f}$

在这一节中，类似于定理 4.8 的证明方法，可以将定理 4.8 和定理 4.9 推广到任何效率为 k 的增量算法 $I_{h,f}$.

引理 6.1 设 $I_{h,f}$ 为效率 k 的增量算法，即存在与 h, f 和 z 无关的实常数 $\delta>0$, $K>0$, $c_1>0$，以及 $c_2,\cdots,c_k$ 满足:

$$\frac{f(z')}{f(z)}=\frac{f(I_{h,f}(z))}{f(z)}=1-\sum_{i=1}^{k}c_ih^i+S_{k+1}(h),$$

其中，$|S_{k+1}(h)|\leqslant Kh^{k+1}\max\left\{1,\frac{1}{h_1^k}\right\}$, $0<h<\delta\cdot\min\{1,h_1\}$.

那么存在仅依赖于 $I_{h,f}$ 的常数 a, $0<a\leqslant 1$，使得：如果 $0<h<a\cdot\min\{1,h_1\}$（当然 $\leqslant ah_1$ 和 $\leqslant a\leqslant 1$），则有

$$\left|\frac{f(z')}{f(z)}\right|<1-\frac{c_1h}{2}$$

和

$$\left|\arg\frac{f(z')}{f(z)}\right|<2Kh^{k+1}\max\left\{1,\frac{1}{h_1^k}\right\}.$$

证明 设

$$a = \min\left\{1, \delta, \frac{1}{3c_1}, \frac{c_1}{4\sum_{j=2}^{k}|c_j|}, \left(\frac{c_1}{4K}\right)^{\frac{1}{k}}\right\},$$

注意，如果 $\sum_{j=2}^{k}|c_j| = 0$，我们将 $c_1/4\sum_{j=2}^{k}|c_j|$ 理解为 $+\infty$。

那么 $0 < h < a \cdot \min\{1, h_1\} \leqslant \delta \cdot \min\{1, h_1\}$,

$$\frac{f(z')}{f(z)} = 1 - c_1 h - \sum_{j=2}^{k} c_j h^j + S_{k+1}(h) = 1 - c_1 h + \alpha,$$

$$\left|\sum_{j=2}^{k} c_j h^j\right| \leqslant h^2 \sum_{j=2}^{k}|c_j| < ha \sum_{j=2}^{k}|c_j| \leqslant \frac{c_1 h}{4}$$

$$|S_{k+1}(h)| \leqslant hK \max\left\{h^k, \left(\frac{h}{h_1}\right)^k\right\} \leqslant hKa^k < \frac{c_1 h}{4},$$

$$|\alpha| \leqslant \left|\sum_{j=2}^{k} c_j h^j\right| + |S_{k+1}(h)| < \frac{hc_1}{4} + \frac{hc_1}{4} = \frac{c_1 h}{2},$$

$$\left|\mathrm{Im}\,\frac{f(z')}{f(z)}\right| = |\mathrm{Im}\,\alpha| = |\mathrm{Im}\,S_{k+1}(h)| \leqslant |S_{k+1}(h)|,$$

$$\left|\frac{f(z')}{f(z)}\right| \leqslant (1 - c_1 h) + |\alpha| < (1 - c_1 h) + \frac{c_1 h}{2}$$

$$= 1 - \frac{c_1 h}{2}.$$

此外，因为 $\frac{3}{2}c_1 h < \frac{3}{2}c_1 a \leqslant \frac{1}{2}$，$0 < 1 - \frac{3}{2}c_1 h < 1 - c_1 h - |\alpha| < \mathrm{Re}\,\frac{f(z')}{f(z)}$，可以推出(参看图 5.12)

$$\left|\arg\frac{f(z')}{f(z)}\right| = \mathrm{arc\,tg}\frac{\left|\mathrm{Im}\,\frac{f(z')}{f(z)}\right|}{\left|\mathrm{Re}\,\frac{f(z')}{f(z)}\right|} \leqslant \frac{\left|\mathrm{Im}\,\frac{f(z')}{f(z)}\right|}{\left|\mathrm{Re}\,\frac{f(z')}{f(z)}\right|}$$

$$\leqslant \frac{|S_{k+1}(h)|}{\left|\mathrm{Re}\,\frac{f(z')}{f(z)}\right|} \leqslant \frac{Kh^{k+1}\max\left\{1, \frac{1}{h_1^k}\right\}}{1 - \frac{3}{2}c_1 h} \leqslant \frac{Kh^{k+1}\max\left\{1, \frac{1}{h_1^k}\right\}}{1 - \frac{1}{2}}$$

$= 2Kh^{k+1}\max\left\{1, \frac{1}{h_1^k}\right\}$. □

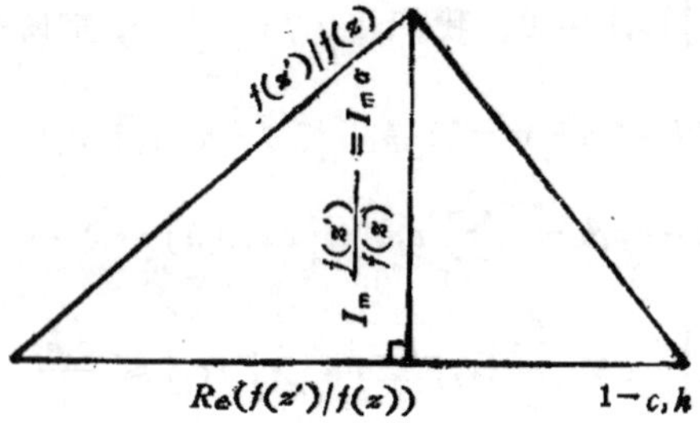

图 5.12

引理 6.2 对于 $0<\theta\leqslant\frac{\pi}{2}$, $1<\frac{\theta}{\sin\theta}\leqslant\frac{\pi}{2}$.

证明 设 $\varphi(\theta)=\frac{\theta}{\sin\theta}$, $0<\theta\leqslant\frac{\pi}{2}$. 则

$$\lim_{\theta\to 0^+}\varphi(\theta)=1, \varphi\left(\frac{\pi}{2}\right)=\frac{\pi}{2}$$

此外，

$$\varphi'(\theta)=\left(\frac{\theta}{\sin\theta}\right)'=\frac{\sin\theta-\theta\cos\theta}{\sin^2\theta}=\frac{1}{\sin\theta}\left(1-\frac{\theta}{\operatorname{tg}\theta}\right)$$
$$>0,$$

即 $\varphi(\theta)$ 是严格增函数. 因此，$1<\frac{\theta}{\sin\theta}\leqslant\frac{\pi}{2}$. □

定义 6.3 设 $f(z_0)\neq 0$, 我们定义

$$\Lambda_{f,z_0}=\min_{\substack{\theta, f'(\theta)=0\\ |f(\theta)|\leqslant 2|f(z_0)|}}\left\{\frac{\pi}{2}, \left|\arg\frac{f(\theta)}{f(z_0)}\right|\right\}.$$

显然，$\Lambda_{f,z_0}>0$ 蕴涵着 $f'(z_0)\neq 0$. 不难看出 $\Lambda_{f,z_0}\leqslant\theta_{f,z_0}$.

引理 6.4 设 $\Lambda_{f,z_0}>0$, a, $I_{h,f}$ 如引理 6.1 所述, $h^*=\frac{a}{2}\sin\Lambda_{f,z_0}$, $0<h<h^*$, $z_l=I_{h,f}^l(z_0)$. 则对所有满足 $0\leqslant l-1\leqslant\frac{\Lambda_{f,z_0}}{2}$ ·

$\frac{1}{2K}\cdot\frac{h^{*k}}{h^{k+1}}$ 和 $f(z_{l-1})\neq 0$ 的 l，有

$$\Lambda_{f,z_{l-1}}\geqslant\frac{\Lambda_{f,z_0}}{2}$$

和

$$\left|\frac{f(z_l)}{f(z_0)}\right|<\left(1-\frac{c_1h}{2}\right)^l.$$

证明 我们用归纳法证明此引理.

当 $l=1$，$\Lambda_{f,z_0}>\frac{\Lambda_{f,z_0}}{2}$. 再由引理 4.4 和 4.5 得到

$$\frac{1}{2}\sin\Lambda_{f,z_0}<\sin\frac{1}{2}\Lambda_{f,z_0}<\sin\Lambda_{f,z_0}\leqslant\sin\theta_{f,z_0}$$
$$\leqslant h_1(f,z_0).$$

因此，$h^*=\frac{a}{2}\sin\Lambda_{f,z_0}<a\cdot\min\{1,h_1(f,z_0)\}$. 应用引理 6.1 就得到

$$\left|\frac{f(z_1)}{f(z_0)}\right|<1-\frac{c_1h}{2}.$$

假设引理对 $l=s-1$ 成立，即有

$$\Lambda_{f,z_{s-2}}\geqslant\frac{\Lambda_{f,z_0}}{2}$$

和

$$\left|\frac{f(z_{s-1})}{f(z_0)}\right|<\left(1-\frac{c_1h}{2}\right)^{s-1}.$$

下面就来证明，只要 $0\leqslant s-1\leqslant\frac{\Lambda_{f,z_0}}{2}\frac{1}{2K}\frac{h^{*k}}{h^{k+1}}$，即

$$\Lambda_{f,z_0}-(s-1)\frac{2Kh^{k+1}}{h^{*k}}\geqslant\frac{\Lambda_{f,z_0}}{2},$$

引理对 $l=s$ 也成立. 事实上，类似上面证明，有

$$\frac{1}{2}\sin\Lambda_{f,z_0}<\sin\frac{1}{2}\Lambda_{f,z_0}\leqslant\sin\Lambda_{f,z_{s-2}}\leqslant\sin\theta_{f,z_{s-2}}$$
$$\leqslant h_1(f,z_{s-2})$$

和

$$h^* = \frac{a}{2}\sin\Lambda_{f,z_0} < a\cdot\min\{1, h_1(f, z_{s-2})\}.$$

再一次应用引理 6.1 得到

$$\left|\arg\frac{f(z_{s-1})}{f(z_{s-2})}\right| < 2Kh^{k+1}\max\left\{1, \frac{1}{h^{*k}}\right\} = 2K\frac{h^{k+1}}{h^{*k}}.$$

于是,

$$\Lambda_{f,z_{s-1}} = \min_{\substack{\theta, f'(\theta)=0 \\ |f(\theta)|\le 2|f(z_0)|}}\left\{\frac{\pi}{2}, \left|\arg\frac{f(\theta)}{f(z_{s-1})}\right|\right\}$$

$$= \min_{\substack{\theta, f'(\theta)=0 \\ |f(\theta)|\le 2|f(z_0)|}}\left\{\frac{\pi}{2}, \left|\arg\frac{f(\theta)}{f(z_0)}\cdot\frac{f(z_0)}{f(z_1)}\cdots\frac{f(z_{s-2})}{f(z_{s-1})}\right|\right\}$$

$$\ge \min\left\{\frac{\pi}{2}, \Lambda_{f,z_0} - (s-1)\frac{2Kh^{k+1}}{h^{*k}}\right\} \ge \frac{\Lambda_{f,z_0}}{2},$$

$$\left|\frac{f(z_s)}{f(z_0)}\right| = \left|\frac{f(z_s)}{f(z_{s-1})}\right|\cdot\left|\frac{f(z_{s-1})}{f(z_0)}\right| < \left(1 - \frac{c_1 h}{2}\right)\left(1 - \frac{c_1 h}{2}\right)^{s-1}$$

$$= \left(1 - \frac{c_1 h}{2}\right)^s. \quad \square$$

定理 6.5 设 $I_{h,f}$ 为效率 k 的增量算法. 如果 $\Lambda_{f,z_0} > 0$ 和 $|f(z_0)| > L > 0$,则对于

$$0 < h = \min\left\{\frac{a}{2}\sin\Lambda_{f,z_0}, \left(\frac{c_1}{8K}\right)^{\frac{1}{k}}\frac{a}{\pi}\left(\frac{\Lambda_{f,z_0}^{k+1}}{\ln\frac{|f(z_0)|}{L}}\right)^{\frac{1}{k}}\right\}$$

和

$$l = \frac{\ln\frac{|f(z_0)|}{L}}{\frac{c_1 h}{2}}$$

$$= \max\left\{\frac{4}{c_1 a\sin\Lambda_{f,z_0}}\ln\frac{|f(z_0)|}{L},\right.$$

$$\left.\left(\frac{8K}{c_1}\right)^{\frac{1}{k}}\frac{2\pi}{ac_1}\left(\frac{\ln\frac{|f(z_0)|}{L}}{\Lambda_{f,z_0}}\right)^{\frac{k+1}{k}}\right\}$$

有

$$|f(z_l)| < L,$$

其中 $z_l = I_{h,f}^l(z_0)$。

证明 显然，$h^* = \frac{a}{2}\sin\Lambda_{f,z_0} \geqslant \frac{a}{2}\frac{2}{\pi}\Lambda_{f,z_0} = \frac{a}{\pi}\Lambda_{f,z_0}$。

设 $0 < h < h^*$，则据引理 6.4，对所有满足

$$l - 1 \leqslant \frac{1}{4K}\left(\frac{a}{\pi}\right)^k \frac{\Lambda_{f,z_0}^{k+1}}{h^{k+1}} \leqslant \frac{\Lambda_{f,z_0}}{2}\cdot\frac{1}{2K}\frac{h^{*k+1}}{h^{k+1}}$$

的 l，有

$$\left|\frac{f(z_l)}{f(z_0)}\right| < \left(1 - \frac{c_1 h}{2}\right)^l.$$

另外，容易看出，

$$0 < h \leqslant \left(\frac{c_1}{8K}\right)^{\frac{1}{k}} \frac{a}{\pi}\left(\frac{\Lambda_{f,z_0}^{k+1}}{\ln\frac{|f(z_0)|}{L}}\right)^{\frac{1}{k}}$$

等价于

$$0 < h^k \leqslant \frac{\left(\frac{c_1}{8K}\right)\left(\frac{a}{\pi}\right)^k \Lambda_{f,z_0}^{k+1}}{\ln\frac{|f(z_0)|}{L}}$$

等价于

$$\frac{1}{4K}\left(\frac{a}{\pi}\right)^k \frac{\Lambda_{f,z_0}^{k+1}}{h^{k+1}} \geqslant \frac{\ln\frac{|f(z_0)|}{L}}{\frac{c_1 h}{2}}.$$

因此，如果取

$$h = \min\left\{h^*, \left(\frac{c_1}{8K}\right)^{\frac{1}{k}} \frac{a}{\pi}\left(\frac{\Lambda_{f,z_0}^{k+1}}{\ln\frac{|f(z_0)|}{L}}\right)^{\frac{1}{k}}\right\}$$

$$= \min\left\{\frac{a}{2}\sin\Lambda_{f,z_0}, \left(\frac{c_1}{8K}\right)^{\frac{1}{k}} \frac{a}{\pi}\left(\frac{\Lambda_{f,z_0}^{k+1}}{\ln\frac{|f(z_0)|}{L}}\right)^{\frac{1}{k}}\right\},$$

则存在 l 满足：

$$l - 1 \leqslant \frac{1}{4K}\left(\frac{a}{\pi}\right)^k \frac{\Lambda_{f,z_0}^{k+1}}{h^{k+1}}$$

$$l \geqslant \frac{\ln \frac{|f(z_0)|}{L}}{c_1 h/2} \geqslant \frac{\ln \frac{|f(z_0)|}{L}}{-\ln\left(1-\frac{c_1 h}{2}\right)}.$$

例如，取

$$l = \frac{\ln \frac{|f(z_0)|}{L}}{\frac{c_1 h}{2}}$$

$$= \max\left\{\frac{4}{c_1 a \sin \Lambda_{f,z_0}} \ln \frac{|f(z_0)|}{L},\right.$$

$$\left.\left(\frac{8K}{c_1}\right)^{\frac{1}{k}} \frac{2\pi}{a c_1}\left(\frac{\ln \frac{|f(z_0)|}{L}}{\Lambda_{f,z_0}}\right)^{\frac{k+1}{k}}\right\},$$

有

$$l \ln(1 - c_1 h/2) \leqslant \ln \frac{L}{|f(z_0)|},$$

即

$$\left(1 - \frac{c_1 h}{2}\right)^l \leqslant \frac{L}{|f(z_0)|}$$

所以

$$|f(z_l)| < \left(1 - \frac{c_1 h}{2}\right)^l |f(z_0)| < L. \quad \square$$

由于定理 6.5 和定理 4.10，对任何效率为 k 的增量算法，解决了寻求逼近零点的问题。

以上主要讨论了 Euler 算法 $E_{k(h,f)}$ 和一般 Euler 算法 $G_{k(h,f)}$ 以及效率为 k 的增量算法 $I_{n,f}$。有关增量算法更进一步的讨论可参阅 [Shub & Smale, 1985]。在 [Shub & Smale, 1986] 中，M. Shub 和 S. Smale 给出了 Newton-Euler 迭代和修正一般 Euler 迭代（GEM_k）算法的许多有趣而又重要的结果，也可参看[徐森林，1984]。

第六章 同 伦 算 法

设 $C^n=\{z=(z_1,\cdots,z_n)|z_j\in C, j=1,\cdots,n\}$ 为 n 维复空间，$P:C^n\to C^n$ 为多项式映射，即 $P(z)=(P_1(z),\cdots,P_n(z))$ 且其分量 P_j 为 $z_1,\cdots,z_n$ 的 q_j 阶复多项式函数．为了求代数方程组 $P(z)=0$ 的解，可以从某个平凡的代数方程组 $Q(z)=0$ 的已知解出发，通过同伦形变 $H(z,t)=tP(z)+(1-t)Q(z)$ 得到 $P(z)=0$ 的未知解．在一定条件下，$H^{-1}(0)=\{(z,t)\in C^n\times[0,1]|H(z,t)=0\}$ 作为 $R^{2n}\times[0,1]$ 的子集由若干可微的道路组成．从 $Q(z)$ 的每个零点开始，沿 $H^{-1}(0)$ 中对应的道路走，就能到达所需求的 $P(z)$ 的零点．这就是所谓的同伦算法的主要思想．

§1 介绍了同伦概念和证明重要的指数定理．§2 引进映射的度数的定义并给出度数同伦不变性定理、度数的连续性定理以及连续方程组解的存在性定理．§3 主要讨论多项式映射的 Jacobi 矩阵的性质．§4 提出解的有界性条件 (A) 和 (B)，并证明解的有界性定理．

§1. 同伦和指数定理

为了讨论同伦算法，我们先从同伦的概念入手．

定义 1.1 设 $D\subset R^m$，$F:D\to R^m$，$G:D\to R^m$ 和 $H:D\times[0,1]\to R^m$ 都是连续映射，$H(x,0)=G(x)$，$H(x,1)=F(x)$，$x\in D$，则称 H 为连结 G 和 F 的同伦，t 称为同伦参数．

特别简单的是线性同伦：

$$H(x,t)=tF(x)+(1-t)G(x),\quad t\in[0,1].$$

考虑同伦方程组 $H(x,t)=0$，记

$H_t^{-1}(0) = \{x \in D | H(x, t) = 0\}$,

$H^{-1}(0) = \{(x, t) \in D \times [0, 1] | H(x, t) = 0\}$.

定义 1.2 设 $D \subset \boldsymbol{R}^m$ 是开集，H 是连续可微的. H' 表示 H 关于变量 $(x_1, \cdots, x_m, t) = (x, t)$ 的 $m \times (m+1)$ 阶 Jacobi 阵，H'_x 表示 H 关于变量 x 的 $m \times m$ 阶 Jacobi 阵.

如果同伦 H 满足:

(1) 在所有的 $(x, t) \in H^{-1}(0)$，Jacobi 矩阵 H'_x 之秩为 m;

(2) 在所有的 $x \in H_0^{-1}(0)$ 和 $x \in H_1^{-1}(0)$，Jacobi 矩阵 H'_x 之秩为 m;

则称 H 为正则的同伦.

注 1.3 从定义 1.2(2) 和反函数定理可知，如果 $x \in H_0^{-1}(0)$ (或 $H_1^{-1}(0)$)，则存在 x 的一个邻域，使得 x 是 $H_0^{-1}(0)$ (或 $H_1^{-1}(0)$) 在这邻域中的唯一的点，即 $H_0^{-1}(0)$ (或 $H_1^{-1}(0)$) 由一些孤立点组成.

设 $t = x_{m+1}$，$(x^*, x^*_{m+1}) \in H^{-1}(0)$，由定义 1.2(1) 和隐函数定理可知，存在某个 x_j，使得

$$x_k(x_j),\ k = 1, \cdots, j-1, j+1, \cdots, m+1$$

是 x_j 的连续可微的函数，且在 (x^*, x^*_{m+1}) 的一个邻域中

$(x_1(x_j), \cdots, x_{j-1}(x_j), x_{j+1}(x_j), \cdots, x_{m+1}(x_j)) \in H^{-1}(0)$，并且 $x_k^* = x_k(x_j^*)$.

换句话说，存在以 x_j 为参数的连续可微的道路，它是 $H(x, x_{m+1}) = 0$ 在这邻域中唯一的可微的解曲线.

由此可见，$H^{-1}(0)$ 由一些连续可微的道路组成，沿着每一条道路，参数变量 x_j 可以不同，它只是局部参数. 但是，我们可以选取整体参数，例如以弧长为参数.

定理 1.4 设 $D \subset \boldsymbol{R}^m$ 为有界开集，$H: \bar{D} \times [0,1] \to \boldsymbol{R}^m$ 为连续可微和正则的同伦. 则 $H^{-1}(0)$ 由有限多条连续可微的道路组成. 任一道路，或者是 $\bar{D} \times [0, 1]$ 中的圈，或者是开始于 $\bar{D} \times [0, 1]$ 中的一个边界点和终止于 $\bar{D} \times [0, 1]$ 中的另一边界点的道路.

证明 因为H是连续可微和正则的同伦，根据注1.3可知$H^{-1}(0)$由若干连续可微的道路组成. 再由$\overline{D}\times[0,1]$的紧致性推出，这些道路只有有限多条. 此外，我们熟知一维连通的可微道路或者同胚于一线段，或者同胚于一圆周(或称作圈). 于是，定理的最后的结论就十分明显了.

注意从H的正则性条件(1)看出，图6.1中的各种情形都不会出现. 从H的正则性条件(2)看出，图6.2中各情形也不会出现. 可能出现的情形可参看图6.3. □

图6.1

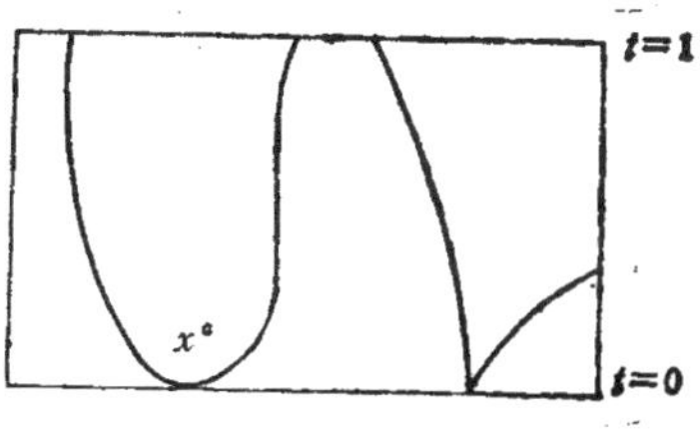

图6.2

定义1.5 设$(x^0, x^0_{m+1})\in H^{-1}(0)$，如果$x_i(\theta)$满足：

$$(*)\begin{cases}\dfrac{dx_i}{d\theta}=(-1)^{i+1}\det H'_{-i}\\ (x(0), x_{m+1}(0))=(x^0, x^0_{m+1}),\end{cases}$$

$i=1,\cdots,m, m+1$，则称$(x(\theta), x_{m+1}(\theta))$为基本微分方程$(*)$的一个解，这里

$$H'_{-i}=\left(\frac{\partial H}{\partial x_1},\cdots,\frac{\partial H}{\partial x_{i-1}},\widehat{\frac{\partial H}{\partial x_i}},\frac{\partial H}{\partial x_{i+1}},\cdots,\frac{\partial H}{\partial x_{m+1}}\right)$$

(符号"∧"表示删去此项).

定理1.6 设$D\subset \boldsymbol{R}^m$为有界开集，$H:\overline{D}\times[0,1]\to\boldsymbol{R}^m$是连续可微的同伦，且满足定义1.2中的正则性条件(1). 则基本微分方程的一个解确定了$H^{-1}(0)$中的一条道路.

证明 由正则性条件(1)，对某个i，H'_{-i}是非异的，不失一般性取$i=1$加以讨论，此时H'_{-1}是非异的. 设$(x(\theta), x_{m+1}(\theta))$

为基本微分方程的一个解,则对 $i=2,\cdots,m+1$ 有

$$\frac{dx_i}{d\theta}=(-1)^{i+1}\det H'_{-i}$$

$$=\frac{1}{\det H'_{-1}}\det\left(\frac{\partial H}{\partial x_2},\cdots,\frac{\partial H}{\partial x_{i-1}},\ -\frac{\partial H}{\partial x_1}\det H'_{-1},\right.$$

$$\left.\frac{\partial H}{\partial x_{i+1}},\cdots,\frac{\partial H}{\partial x_{m+1}}\right).$$

根据 Cramer 法则,它满足方程组:

$$H'_{-1}\begin{pmatrix}\frac{dx_2}{d\theta}\\ \vdots\\ \frac{dx_{m+1}}{d\theta}\end{pmatrix}=-\frac{\partial H}{\partial x_1}\det H'_{-1}.$$

将 $\frac{dx_1}{d\theta}=\det H'_{-1}$ 代入上述方程组,得到

$$\sum_{i=2}^{m+1}\frac{\partial H}{\partial x_i}\frac{dx_i}{d\theta}=-\frac{\partial H}{\partial x_1}\frac{dx_1}{d\theta}.$$

因此,

$$\begin{cases}\frac{dH(x(\theta),\ x_{m+1}(\theta))}{d\theta}=\sum_{i=1}^{m+1}\frac{\partial H}{\partial x_i}\frac{dx_i}{d\theta}=0\\ H(x(0),\ x_{m+1}(0))=H(x^0,\ x^0_{m+1})=0,\end{cases}$$

这就证明了 $H(x(\theta),\ x_{m+1}(\theta))\equiv 0$, 即 $(x(\theta),\ x_{m+1}(\theta))$ 为 $H^{-1}(0)$ 中的一条道路. □

注 1.7 经参数变换可看出, $H^{-1}(0)$ 中的一条道路不必是上述基本微分方程的解.

利用定理 1.6 可以证明重要的指数定理.

定理 1.8 (指数定理) 设 $D\subset \boldsymbol{R}^m$ 为有界开集, $H:\overline{D}\times[0,1]\to\boldsymbol{R}^m$ 为连续可微和正则的同伦. 考虑 $H^{-1}(0)$ 中两端都在 $H_0^{-1}(0)\cup H_1^{-1}(0)$ 上的一条道路.

如果道路连结 $H_0^{-1}(0)$ 中(或 $H_1^{-1}(0)$ 中)的两点 x^{c_1} 和 x^{c_2},

则

$$\operatorname{sgn}\det H'_{-t}(x^{c_1},0)=-\operatorname{sgn}\det H'_{-t}(x^{c_2},0).$$

如果道路连结 $x^{d_1}\in H_0^{-1}(0)$ 和 $x^{d_2}\in H_1^{-1}(0)$ 两点，则

$$\operatorname{sgn}\det H'_{-t}(x^{d_1},0)=\operatorname{sgn}\det H'_{-t}(x^{d_2},1),$$

其中 $H'_{-t}=H'_{-(m+1)}$。

证明 在基本微分方程中，

$$\frac{dt}{d\theta}=(-1)^{m+2}\det H'_{-t}.$$

另一方面，正则性条件 (2) 蕴涵着在 x^{c_1}, x^{c_2}, x^{d_1} 和 x^{d_2} 各点处 $\det H'_{-t}\neq 0$，因而相应的 $\frac{dt}{d\theta}\neq 0$。

在图 6.3 中，当点 x^{c_1} 沿道路 C 移动到点 x^{c_2} 时，假定参数 θ 是增加的，则有

$$\left.\frac{dt}{d\theta}\right|_{x^{c_1}}>0 \quad 和 \quad \left.\frac{dt}{d\theta}\right|_{x^{c_2}}<0.$$

(如果 θ 是减少的，则 $\left.\frac{dt}{d\theta}\right|_{x^{c_1}}<0$ 和 $\left.\frac{dt}{d\theta}\right|_{x^{c_2}}>0$)。从上述基本微分方程立即得到

$$\operatorname{sgn}\det H'_{-t}(x^{c_1},0)=-\operatorname{sgn}\det H'_{-t}(x^{c_2},0).$$

我们再考虑道路 D，当点 x^{d_1} 沿此道路移动到点 x^{d_2} 时，假定参数 θ 是增加的，则有

$$\left.\frac{dt}{d\theta}\right|_{x^{d_1}}>0 \quad 和 \quad \left.\frac{dt}{d\theta}\right|_{x^{d_2}}>0$$

(如果 θ 是减少的，则上述不等式都变向)。从基本微分方程得到

$$\operatorname{sgn}\det H'_{-t}(x^{d_1},0)=\operatorname{sgn}\det H'_{-t}(x^{d_2},1).\ \square$$

注 1.9 在图 6.3 中，考虑道路 A，由定理 1.8 得到

$$\operatorname{sgn}\det H'_{-t}(x^{a},0)=-\operatorname{sgn}\det H'_{-t}(x^{a},0),$$

它蕴涵着 $\det H'_{-t}(x^a,0)=0$，与正则性条件 (2) 相矛盾。这说明道路 A 和 G 是不会出现的。

推论 1.10 设 $H(x,t)=tF(x)+(1-t)G(x)$。

(1) 如果道路开始于 $x^a\in H_1^{-1}(0)$ 和终止于 $x^b\in H_1^{-1}(0)$，则

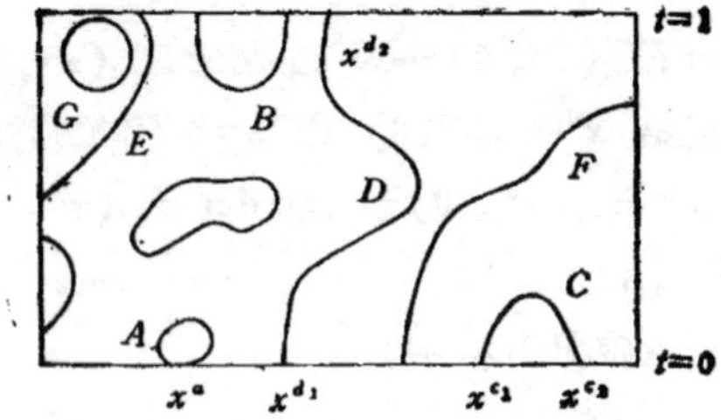

图 6.3

$$\text{sgn}\det F'(x^a) = -\text{sgn}\det F'(x^b).$$

对于 G 有类似的结论.

(2) 如果道路开始于 $x^a \in H_0^{-1}(0)$ 和终止于 $x^b \in H_1^{-1}(0)$，则

$$\text{sgn}\det G'(x^a) = \text{sgn}\det F'(x^b).$$

证明 (1) 设 $H(x, t) = tF(x) + (1-t)G(x)$，显然

$$H'_{-t}(x, 1) = F'(x) \quad \text{和} \quad H'_{-t}(x, 0) = G'(x).$$

由指数定理 1.8 得到

$$\begin{aligned}\text{sgn}\det F'(x^a) &= \text{sgn}\det H'_{-t}(x^a, 1)\\ &= -\text{sgn}\det H'_{-t}(x^b, 1)\\ &= -\text{sgn}\det F'(x^b).\end{aligned}$$

(2) 同理，我们有

$$\begin{aligned}\text{sgn}\det G'(x^a) &= \text{sgn}\det H'_{-t}(x^a, 0)\\ &= \text{sgn}\det H'_{-t}(x^b, 1)\\ &= \text{sgn}\det F'(x). \quad \square\end{aligned}$$

§2. 映射的度数和同伦不变性定理

上一节提出了指数定理,它在讨论道路性状时是十分方便的.这一节进一步建立度数的概念.

定义 2.1 设 $D \subset \boldsymbol{R}^m$ 为开集，$F: D \to \boldsymbol{R}^m$ 为连续可微的映射,对 $C \in \boldsymbol{R}^m$，记

$$F^{-1}(c) = \{x \in D \mid F(x) = c\} = \{x \in D \mid F(x) - c = 0\}.$$

如果在 $F^{-1}(c)$ 中的所有点处，F 的 Jacobi 矩阵 F' 是非异的，则称 C 为 F 的正则值.

定义 2.2 设 $D\subset \boldsymbol{R}^m$ 为有界开集，$F:\overline{D}\to \boldsymbol{R}^m$ 是连续可微的映射，C 为 F 的正则值，我们称

$$\deg(F,\overline{D},C)=\sum_{x\in F^{-1}(C)} \operatorname{sgn}\det F'(x)$$

为映射 F 关于 $\overline{D}$ 和 C 的度数.

显然，由 C 为 F 的正则值和 $\overline{D}$ 的紧致性可推出 $F^{-1}(C)$ 是有限集，因此映射 F 的度数是一个完全确定了的整数.

本节涉及到的都是线性同伦：

$$H(x,t)=tF(x)+(1-t)G(x).$$

现在先证较弱的度数同伦不变性定理.

定理 2.3 设 $D\subset \boldsymbol{R}^m$ 为有界开集，$H:\overline{D}\times[0,1]\to \boldsymbol{R}^m$ 为连续可微的映射，$c\in \boldsymbol{R}^m$，$H-c$ 为正则的同伦，$H^{-1}(c)\cap\partial D\times\times[0,1]=\phi$，其中 $H^{-1}(c)=\{(x,t)\in\overline{D}\times[0,1]\,|\,H(x,t)=c\}$，则

$$\deg(F,\overline{D},c)=\deg(G,\overline{D},c).$$

证明 因为$H-c$ 为正则的同伦，$H^{-1}(c)\cap\partial D\times[0,1]=\phi$，所以 $H^{-1}(c)$ 中的道路如图 6.4 所示，它不包含图 6.3 中如 E 和 F 那样的道路.

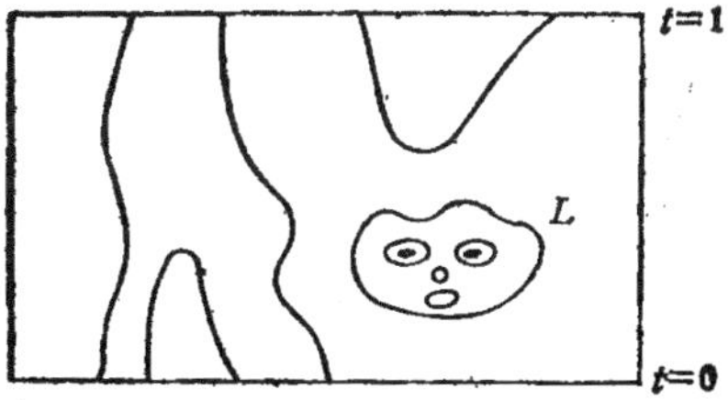

图 6.4

注意 $H(x,t)-c=t(F(x)-c)+(1-t)(G(x)-c)$，并将推论 1.10 应用到同伦 $H-c$. 如果图 6.4 中的一条道路连结

$F(x)-c$ 的零点和 $G(x)-c$ 的零点，则它们相应的行列式的符号是相同的；如果道路连结 $F(x)-c$（或 $G(x)-c$）的两个零点，则行列式的符号是相反的，它对度数定义中的和式无贡献。而如图 6.4 中 L 那样的圈与度数定义中的和式是不相干的。综合上述可知，

$$
\begin{aligned}
\deg(F, \bar{D}, c) &= \sum_{x \in F^{-1}(c)} \operatorname{sgn} \det F'(x) \\
&= \sum_{x \in (F-c)^{-1}} \operatorname{sgn} \det (F(x)-c)' \\
&= \sum_{x \in (G-c)^{-1}} \operatorname{sgn} \det (G(x)-c)' \\
&= \deg(G, \bar{D}, c). \quad \square
\end{aligned}
$$

为了排除定理 2.3 中 $H-c$ 的正则性条件，我们需要弱度数连续性定理和 Sard 定理。

定理 2.4 设 $D \subset \boldsymbol{R}^m$ 为有界开集，$F: \bar{D} \to \boldsymbol{R}^m$ 为连续可微的映射，c 为 F 的正则值，$F^{-1}(c) \cap \partial D = \phi$。则存在 $\varepsilon > 0$，当 $|e| < \varepsilon$ 并且 $c+e$ 是 F 的正则值时，有

$$\deg(F, \bar{D}, c+e) = \deg(F, \bar{D}, c).$$

更进一步，选 ε 充分小就可使得 $F^{-1}(c+e) \cap \partial D = \phi$。

证明 由 $\bar{D}$ 的紧致性和 c 为 F 的正则值可知 $F^{-1}(c)$ 是有限集。再根据 $F^{-1}(c) \cap \partial D = \phi$，对每个 $x^* \in F^{-1}(c)$，可取 x^* 的开邻域 $N(x^*)$，使得 F 局限到 $N(x^*)$ 上是一对一的映射。选择 $\varepsilon > 0$ 充分小，使得当 $|e| < \varepsilon$ 时，有 $F^{-1}(c+e) \cap [\bar{D} - \bigcup_{x^* \in F^{-1}(c)} N(x^*)] = \phi$。因此，在 $x^* \in F^{-1}(c)$ 和 $x^e \in F^{-1}(c+e) \cap N(x^*)$ 之间存在一个一一对应。

显然，c 的正则性蕴涵着 $\operatorname{sgn} \det F'(x^*) \neq 0$。因为 F 为连续可微的映射，只须 ε 充分小，当 $|e| < \varepsilon$ 时，有

$$\operatorname{sgn} \det F'(x^e) = \operatorname{sgn} \det F'(x^*).$$

最后，因为 $x^* \in D$，我们可选 $\varepsilon > 0$ 充分小，使得 $x^e \in D$，即 $F^{-1}(c+e) \cap \partial D = \phi$。

综合上述，得到

$$\deg(F, \bar{D}, c+e) = \sum_{x^e \in F_{c+e}^{-1}} \operatorname{sgn} \det F'(x^e)$$

$$= \sum_{x^* \in F^{-1}(c)} \operatorname{sgn} \det F'(x^*) = \deg(F, \bar{D}, c). \ \square$$

定义 2.5 设 $D \subset \boldsymbol{R}^p$ 为开集，$F: D \to \boldsymbol{R}^m$ 为连续可微的映射. 如果 $\operatorname{rank} F'(x) < m$，则称 x 为 F 的一个临界点；如果 $\operatorname{rank} F'(x) = m$，则称 x 为 F 的正则点.

如果存在某个临界点 x 使得 $y = F(x)$，则称 y 为 F 的临界值. 否则称为正则值. 值得注意的是，如果 $y \notin F(D)$，则 y 是一个正则值.

显然,定义 2.1 是定义 2.5 的特殊情形.

记临界值的集合为

$C_F = \{y \in \boldsymbol{R}^m |\ y$ 为 F 的临界值$\}$.

定理 2.6 (Sard 定理) 设 $D \subset \boldsymbol{R}^p$ 为开集，$F: \bar{D} \to \boldsymbol{R}^m$ 为 $\boldsymbol{C}^r$ 映射,且 $r > \max\{0, p-m\}$. 则 C_F 是 $\boldsymbol{R}^m$ 中的零测集，即 $\operatorname{vol} C_F = 0$. $\square$

Sard 定理的证明可参看 [Sternberg, 1964] 和 [Abraham & Robbin, 1977]. 这里 $\boldsymbol{C}^r$ 映射的含义是，当 $r = 0$ 表示 F 是连续映射；当 $0 < r < \infty$ 表示 F 是 r 阶连续可微的映射(具有 r 阶连续偏导数)；当 $r = \infty$ 表示 F 具有各阶连续偏导数.

有了以上的预备知识，就可以排除同伦不变性定理 2.3 中的正则性条件，得到较强的同伦不变性定理.

定理 2.7 设 $D \subset \boldsymbol{R}^m$ 为有界开集，$H: \bar{D} \times [0, 1] \to \boldsymbol{R}^m$ 为 $\boldsymbol{C}^2$ 映射，$H(x, t) = tF(x) + (1-t)G(x)$，并且当 c 为 F 和 G 的正则值时，$H^{-1}(c) \cap \partial D \times [0, 1] = \phi$，则

$$\deg(F, \bar{D}, c) = \deg(G, \bar{D}, c).$$

证明 由 Sard 定理，存在任意接近 0 的 e，使得 $c + e$ 为 H 的正则值. 又因为 H 是 $\boldsymbol{C}^2$ 映射，$H^{-1}(c) \cap \partial D \times [0, 1] = \phi$，并且 c 是 F 和 G 的正则值,我们可以选取 e 充分小,使得

$$H^{-1}(c+e)\cap\partial D\times[0,1]=\phi,$$

并且 $c+e$ 也是 F 和 G 的正则值. 根据定理 2.3, 有

$$\deg(F,\bar{D},c+e)=\deg(G,\bar{D},c+e).$$

再应用定理 2.4, 选取充分小的 e, 使

$$\deg(F,\bar{D},c+e)=\deg(F,\bar{D},c)$$

$$\deg(G,\bar{D},c+e)=\deg(G,\bar{D},c)$$

最后, 结合上述三式得到

$$\deg(F,\bar{D},c)=\deg(G,\bar{D},c).\ \square$$

有了定理 2.7, 我们可以定义连续映射的度数如下:

定义 2.8 设 $D\subset \boldsymbol{R}^m$ 为有界开集, $F:\bar{D}\to\boldsymbol{R}^m$ 为连续映射, $F^{-1}(c)\cap\partial D=\phi$. 则定义映射 F 的度数为

$$\deg(F,\bar{D},c)=\lim_{k\to\infty}\deg(F^k,\bar{D},c),$$

其中 $F^k:\bar{D}\to\boldsymbol{R}^m$ 是以 c 为正则值的 C^2 映射, 且一致收敛到 F (任给 $\varepsilon>0$, 存在正整数 K, 当 $k>K$ 时, $\sup\limits_{x\in D}|F(x)-F^k(x)|<\varepsilon$).

因为在一个紧致集合上的连续映射可以用 C^2 映射任意逼近 (事实上, 由 Weierstrass 定理 [Ortega & Rheinboldt, 1970], 可以用 n 变量的多项式逼近.) 再由 Sard 定理, 可以用以 c 为正则值的 C^2 映射任意逼近此连续映射.

下面的引理 2.9 蕴涵着定义 2.8 中右边的极限总是存在并且有限的, 它的极限值与序列 $\{F^k\}$ 的选取无关. 因此, 度数 $\deg(F,\bar{D},c)$ 的定义是合理的, 它是一个确定的整数.

此外, 定义 2.2 与定义 2.8 是一致的, 只须令 $F^k=F$ 就可看出.

引理 2.9 定义 2.8 中, 等式右边的极限总是存在并且有限的, 它的极限值与序列 $\{F^k\}$ 的选取无关.

证明 因为 $F^{-1}(c)\cap\partial D=\phi$, 则存在 $a>0$, 使得

$$|F(x)-c|>a,\ x\in\partial D.$$

由于 $\lim\limits_{k\to\infty}F^k=F$, 必有自然数 K, 当 $k>K$ 时,

$$|F^k(x) - F(x)| < \frac{a}{2}, \quad x \in \overline{D}.$$

令

$$\phi(x, t) = tF^k(x) + (1-t)F^{k+l}(x),$$

显然，有不等式:

$$\begin{aligned} \phi(x, t) - F(x)| &\leqslant t|F^k(x) - F(x)| \\ &\quad + (1-t|(F^{k+l}(x) - F(x)| \\ &< t \cdot \frac{a}{2} + (1-t)\frac{a}{2} = \frac{a}{2}. \end{aligned}$$

于是，对 $(x, t) \in \partial D \times [0, 1]$，得到

$$\begin{aligned} |\phi(x, t) - c| &\geqslant |F(x) - c| - |\phi(x, t) \\ &\quad - F(x)| > a - \frac{a}{2} = \frac{a}{2}, \end{aligned}$$

这就证明了 $\phi^{-1}(c) \cap \partial D \times [0, 1] = \phi$.

从定义 2.8 的条件可知，$H(x, t)$ 是 $\boldsymbol{C}^2$ 映射，并且 c 为 F^k 和 F^{k+l} 的正则值，再应用定理 2.7 得到

$$\deg(F^k, \overline{D}, c) = \deg(F^{k+l}, \overline{D}, c).$$

上式表明当 $k > K$ 时，$\deg(F^k, \overline{D}, c)$ 是一个常数. 这就证明了极限 $\lim\limits_{k\to\infty} \deg(F^k, \overline{D}, c)$ 是存在并且有限的.

最后，如果 $F^k \to F$，$G^k \to F$，我们构造序列

$$\tilde{F}^k = \begin{cases} F^l, & \text{当 } k = 2l-1, \\ G^l, & \text{当 } k = 2l, \end{cases}$$

于是 $\tilde{F}^k \to F$，$\lim\limits_{k\to\infty}\deg(\tilde{F}^k, \overline{D}, c)$ 存在并且有限，此外，

$$\begin{aligned} \lim_{k+\infty}\deg(F^k, \overline{D}, c) &= \lim_{k\to\infty}\deg(\tilde{F}^k, \overline{D}, c) \\ &= \lim_{k\to\infty}\deg(G^k, \overline{D}, c). \end{aligned}$$

这就证明了极限值与序列 $\{F^k\}$ 的选取无关. □

引理 2.10 设 $D \subset \boldsymbol{R}^m$ 为有界开集，F, G, F^k, G^k 都是从 $\overline{D}$ 到 $\boldsymbol{R}^m$ 的连续映射，$F^k \to F$ 和 $G^k \to G$. 定义从 $\overline{D} \times [0, 1] \to \boldsymbol{R}^m$ 的同伦 $H(x,t) = tF(x) + (1-t)G(t)$ 和 $H^k(x,t) =$

$tF^k(x)+(1-t)G^k(x)$，则 $H^k\to H$. 如果再假定

$$H^{-1}(c)\cap\partial D\times[0,1]=\phi,$$

那么存在自然数 K，当 $k>K$ 时，$(H^k)^{-1}(c)\cap\partial D\times[0,1]=\phi$.

证明 容易看出，$F^k\to F$ 和 $G^k\to G$ 蕴涵着 $H^k\to H$. 并且这些收敛都是一致的. 因为 $H^{-1}(c)\cap\partial D\times[0,1]=\phi$，所以存在 $a>0$，使得

$$|H(x,t)-c|>a,\ (x,t)\in\partial D\times[0,1].$$

从 $H^k\to H$ 可知，存在自然数 K，当 $k>K$ 时，

$$|H^k(x,t)-c|>a,\ (x,t)\in\partial D\times[0,1],$$

这就是说，$(H^k)^{-1}(c)\cap\partial D\times[0,1]=\phi$. □

利用引理 2.10 和定理 2.7，可以得到重要的度数同伦不变性定理.

定理 2.11（**度数同伦不变性定理**） 设 $D\subset\boldsymbol{R}^m$ 为有界开集，$F:\overline{D}\to\boldsymbol{R}^m$ 和 $G:\overline{D}\to\boldsymbol{R}^m$ 为连续映射，$C\in\boldsymbol{R}^m$. 如果 $H(x,t)=tF(x)+(1-t)G(x)$，$H^{-1}(c)\cap\partial D\times[0,1]=\phi$，则

$$\deg(F,\overline{D},c)=\deg(G,\overline{D},c).$$

证明 设 F^k 和 G^k 是以 c 为正则值的 $\boldsymbol{C}^2$ 映射，且 $F^k\to F$，$G^k\to G$，并定义

$$H^k(x,t)=tF^k(x)+(1-t)G^k(x).$$

因为 $H^{-1}(c)\cap\partial D\times[0,1]=\phi$，根据引理 2.10，当 k 充分大时，$(H^k)^{-1}(c)\cap\partial D\times[0,1]=\phi$.

综合上述，F^k, G^k, H^k 满足定理 2.7 的条件，所以

$$\deg(F^k,\overline{D},c)=\deg(G^k,\overline{D},c).$$

取极限和由度数的定义得到

$$\deg(F,\overline{D},c)=\lim_{k\to\infty}\deg(F^k,\overline{D},c)=\lim_{k\to\infty}\deg(G^k,\overline{D},c)$$
$$=\deg(G,\overline{D},c).\ \square$$

应用 Weierstrass 定理、Sard 定理和引理 2.9，可以得到以下结果.

定理 2.12 设 $D\subset\boldsymbol{R}^m$ 为有界开集，$F^k:\overline{D}\to\boldsymbol{R}^m$ 和 $F:\overline{D}\to$

$\boldsymbol{R}^m$ 为连续映射，$F^k \to F$。如果 $c \in \boldsymbol{R}^m$ 使得 $F^{-1}(c) \cap \partial D = \phi$，则当 k 充分大时，$(F^k)^{-1}(c) \cap \partial D = \phi$，且

$$\lim_{k\to\infty} \deg(F^k, \overline{D}, c) = \deg(F, \overline{D}, c).$$

证明 由引理 2.9 的证明，对充分大的 k，显然有

$$(F^k)^{-1}(c) \cap \partial D = \phi.$$

因为 F^k 是连续映射，根据 Weierstrass 定理，Sard 定理和引理 2.9，存在以 c 为正则值的 $\boldsymbol{C}^2$ 映射 G^k，使得 $|G^k - F^k| < \frac{1}{k}$ 和 $\deg(F^k, \overline{D}, c) = \deg(G^k, \overline{D}, c)$。容易看出 $G^k \to F$。再根据定理 2.8 得到

$$\lim_{k\to\infty} \deg(F^k, \overline{D}, c) = \lim_{k\to\infty} \deg(G^k, \overline{D}, c) = \deg(F, \overline{D}, c). \quad \square$$

下面的度数连续性定理是定理 2.12 的直接推论。

定理 2.13（度数的连续性定理） 设 $D \subset \boldsymbol{R}^m$ 为有界开集，$F: \overline{D} \to \boldsymbol{R}^m$ 为连续映射，$F^{-1}(y) \cap \partial D = \phi$，则 $\lim\limits_{u\to y} \deg(F, \overline{D}, u) = \deg(F, \overline{D}, y)$。

证明 对任何 $u^k \to y$ 的序列，由定理 2.12 得到

$$\lim_{k\to\infty} \deg(F, \overline{D}, u^k) = \lim_{k\to\infty} \deg(F - u^k, \overline{D}, 0) = \deg(F - y, \overline{D}, 0) = \deg(F, \overline{D}, y).$$

这就证明了

$$\lim_{u\to y} \deg(F, \overline{D}, u) = \deg(F, \overline{D}, y). \quad \square$$

定理 2.14（连续方程组解的存在性定理） 设 $D \subset \boldsymbol{R}^m$ 为有界开集，F: $\overline{D} \to \boldsymbol{R}^m$ 为连续映射，而 $F^{-1}(c) \cap \partial D = \phi$。如果 $\deg(F, \overline{D}, c) \neq 0$，则

$$F(x) = c$$

在 D 中必有解。

证明 设 $F^k \to F$ 是以 c 为正则值的 C^2 映射，由引理 2.9 的证明可知，当 k 充分大时，

$$\deg(F^k, \overline{D}, c) = \deg(F, \overline{D}, c) \neq 0.$$

根据度数的定义 2.2，必有 $x^k\in D$，使 $F^k(x^k)=0$. $\{x^k\}$ 在 $\overline{D}$ 上必有极限点 x^∞. 不失一般性，不妨设 $x^k\to x^\infty$（否则取子列）. 于是，

$$\begin{aligned}|F(x^\infty)-c| &= |F^k(x^k)-F(x^\infty)|\\ &\leqslant |F^k(x^k)-F(x^k)|+|F(x^k)-F(x^\infty)|\to 0,\end{aligned}$$

即知

$$F(x^\infty)=c.$$

再由 $F^{-1}(c)\cap\partial D=\phi$ 推出 $x^\infty\in D$. □

最后，我们来证明度数的积分表达式，它在代数方程组的研究中是很有用的. 为此，先证明两个引理. 如常，$\overline{A}$ 表示集合 A 的闭包.

引理 2.15 设 $\Omega\subset\boldsymbol{R}^m$ 为一个表面分别平行于坐标面的开方体，$\mu=f(y)dy_1\wedge\cdots\wedge dy_m$ 是 $\boldsymbol{R}^m$ 上的 $\boldsymbol{C}^\infty$ 的 m 形式，且满足条件 $\int_{\boldsymbol{R}^m}\mu=0$，其中支柱 $\operatorname{supp}\mu=\overline{\{x\in\boldsymbol{R}^m\mid\mu(x)\neq 0\}}\subset\Omega$. 则存在一个 $\boldsymbol{C}^\infty$ 的 $(m-1)$ 形式 ω，使得 $\operatorname{supp}\omega\subset\Omega$ 和 $\mu=d\omega$.

证明 在引理的条件下，我们对维数 m 应用归纳法证明 f 可以写作：

$$f(y)=\sum_{j=1}^{m}\frac{\partial g_j}{\partial y_j},$$

其中 g_j 是 $\boldsymbol{C}^\infty$ 的，且 $\operatorname{supp} g_j\subset\Omega$，$j=1,\cdots,m$.

当 $m=1$，$g_1(y)=\int_{-\infty}^{y}f(t)dt$，显然 $f(y)=\dfrac{\partial g_1}{\partial y}$. 因为 $\operatorname{supp} f=\operatorname{supp}\mu\subset\Omega$（区间）和 $\int_{-\infty}^{\infty}f(t)dt=\int_{\boldsymbol{R}^1}\mu=0$，所以 $\operatorname{supp}g_1\subset\Omega$.

现在假设对 m 维结论是正确的，则可以证明 $m+1$ 维结论也是正确的.

设 $y_{m+1}=t$，$(y,t)=(y_1,\cdots,y_m,t)$，

和

$$u(y)=\int_{-\infty}^{\infty}f(y,t)dt.$$

显然，$\operatorname{supp} u(y) \cup \Omega_1$（$\Omega_1$ 是 Ω 的 m 维面在坐标面内的投影），且

$$\begin{aligned}
&\int_{\mathbf{R}^m} u(y)\,dy_1\wedge\cdots\wedge dy_m \\
&\quad=\int_{\mathbf{R}^m}\left[\int_{-\infty}^{\infty} f(y,\,t)\,dt\right] dy_1\wedge\cdots\wedge dy_m \\
&\quad=\int_{\mathbf{R}^{m+1}} f(y,\,t)\,dy_1\wedge\cdots\wedge dy_m\wedge dt \\
&\quad=\int_{\mathbf{R}^{m+1}}\mu=0.
\end{aligned}$$

由归纳假设，

$$u(y)=\sum_{j=1}^{m}\frac{\partial g_j(y)}{\partial y_j},\quad \operatorname{supp} g_j\subset\Omega_1.$$

设 $\tau(t)$ 是 C^∞ 函数，$\operatorname{supp}\tau\subset\Omega_2$（$\Omega_2$ 是 Ω 的 1 维边在坐标轴上的投影），且

$$\int_{-\infty}^{\infty}\tau(t)\,dt=1.$$

因此，

$$\begin{aligned}
&\int_{-\infty}^{\infty}[f(y,\,t)-\tau(t)m(y)]\,dt \\
&\quad=\int_{-\infty}^{\infty} f(y,\,t)\,dt-\int_{-\infty}^{\infty}\tau(t)\,dt\cdot m(y) \\
&\quad=u(y)-u(y)=0.
\end{aligned}$$

令

$$g(y,\,t)=\int_{-\infty}^{t}[f(y,\,s)-\tau(s)u(y)]\,ds,$$

它满足：

$$\frac{\partial g}{\partial t}=f(y,\,t)-\tau(t)u(y)$$

和

$$\operatorname{supp} g\subset\Omega.$$

于是，

$$f(y,\,y_{m+1})=\frac{\partial g}{\partial y_m}(y,\,y_{m+1})+\sum_{j=1}^{m}\frac{\partial g_j(y)}{\partial y_j}\,\tau(y_{m+1})$$

$$-\frac{\partial g}{\partial y_{m+1}}(y, y_{m+1})+\sum_{j=1}^{m}\frac{\partial(g_j(y)\tau(y_{m+1}))}{\partial y_j},$$

这就是说，当 $m+1$ 维时，$f(y, y_{m+1})$ 也可以表达为开始所要求的形式。

上面已证

$$f(y)=\sum_{i=1}^{m}\frac{\partial g_i}{\partial y_i}(y),\quad \mathrm{supp} g_i\subset\Omega.$$

令

$$\omega=\sum_{j=1}^{m}(-1)^{j-1}g_j(y)dy_1\wedge\cdots\wedge dy_{j-1}\wedge dy_{j+1}\wedge\cdots\wedge dy_m,$$

则

$$d\omega=\sum_{j=1}^{m}\frac{\partial g_i}{\partial y_i}dy_1\wedge\cdots\wedge dy_m=f(y)dy_1\wedge\cdots\wedge dy_m=\mu,$$

并且

$$\mathrm{supp}\omega\subset\Omega.\quad\square$$

在下面的引理中,如前，$\mu\circ F$ 表示 F 和 μ 的复合映射.

引理 2.16 设 $\mu_j=f_j(y)dy_1\wedge\cdots\wedge dy_m$ 为 $\boldsymbol{R}^m$ 上的 $\boldsymbol{C}^\infty$ 的 m 形式，$\int_{\boldsymbol{R}^m}\mu_j=1$，$\mathrm{supp}\,\mu_j\subset\Omega_j$（$\Omega_j\subset\boldsymbol{R}^m$ 是表面分别平行于坐标面的开方体），$j=1, 2$，且 $\Omega_1\cap\Omega_2\neq\phi$. 如果 $D\subset\boldsymbol{R}^m$ 为有界开集，$F:\overline{D}\to\boldsymbol{R}^m$ 为 $\boldsymbol{C}^1$ 映射，$F(\partial D)\cap\Omega_j=\phi$，$j=1,2$. 则

$$\int_D\mu_1\circ F=\int_D\mu_2\circ F,$$

即

$$\int_D f_1\circ F(x)\cdot\det F'(x)dx_1\wedge\cdots\wedge dx_m$$
$$=\int_D f_2\circ F(x)\cdot\det F'(x)dx_1\wedge\cdots\wedge dx_m.$$

证明 无证 $\Omega_1=\Omega_2$ 的情形.

因为 $\int_{\boldsymbol{R}^m}(\mu_1-\mu_2)=\int_{\boldsymbol{R}^m}\mu_1-\int_{\boldsymbol{R}^m}\mu_2=1-1=0$，由引

理 2.15，存在 C^∞ 的 $(m-1)$ 形式 ω，使得

$$\mu_1-\mu_2=d\omega,\quad \operatorname{supp}\omega\subset\Omega_1=\Omega_2.$$

根据 Stokes 定理得到

$$\int_D \mu_1\circ F-\int_D \mu_2\circ F=\int_D(\mu_1-\mu_2)\circ F=\int_D d\omega\circ F$$

$$=\int_D d(\omega\circ F)=\int_{\partial D}\omega\circ F=0,$$

所以，

$$\int_D \mu_1\circ F=\int_D \mu_2\circ F.$$

再证一般情形．从 $\Omega_1\cap\Omega_2\neq\phi$，存在表面分别平行于 $\boldsymbol{R}^m$ 的坐标面的开方体 $\Omega\subset\Omega_1\cap\Omega_2$，选择 $\boldsymbol{R}^m$ 上的 C^∞ 的 m 形式 μ 使得 $\int_{\boldsymbol{R}^m}\mu=1$ 和 $\operatorname{supp}\mu\subset\Omega$. 由上面已证的特殊情况，立即可以推出

$$\int_{\Omega_1}\mu_1\circ F=\int_{\Omega_1}\mu\circ F=\int_{\Omega}\mu\circ F$$

$$=\int_{\Omega_2}\mu\circ F=\int_{\Omega_2}\mu_2\circ F.\quad\square$$

定理 2.17（度数的积分形式） 设 $D\subset\boldsymbol{R}^m$ 为有界开集，$F:\overline{D}\to\boldsymbol{R}^m$ 为 C^1 映射，c 是 F 的正则值，$c\in\Omega\subset\boldsymbol{R}^m-F(\partial D)$，$\mu$ 为 $\boldsymbol{R}^m$ 上的 C^∞ 的 m 形式，$\operatorname{supp}\mu\subset\Omega$（表面分别平行于 $\boldsymbol{R}^m$ 的坐标面的开方体），$\int_{R^m}\mu=1$. 则

$$\deg(F,\overline{D},c)=\int_D\mu\circ F.$$

证明 设 $F^{-1}(c)=\{x^1,\cdots,x^k\}$，则存在 x^j 的不相交的邻域 U_j，使得 F 在每个 U_j 上是一一映射．令

$$\tilde{\Omega}\subset\bigcap_{j=1}^{k}F(U_j)-F\Big(\overline{D}-\bigcup_{j=1}^{k}U_j\Big)$$

是含 c 的表面分别平行于 $\boldsymbol{R}^m$ 的坐标面的开方体，$\tilde{\mu}$ 是 $\boldsymbol{R}^m$ 上的 C^∞ 的 m 形式，则 $\operatorname{supp}\tilde{\mu}\subset\tilde{\Omega}$，且 $\int_{\boldsymbol{R}^m}\tilde{\mu}=1$. 再根据引理 2.16 得到

$$\deg(F, \bar{D}, c) = \sum_{j=1}^{k} \operatorname{sgn} \det F'(x^j)$$

$$= \sum_{j=1}^{k} \operatorname{sgn} \det F'(x^j) \int_{R^m} \tilde{\mu} = \sum_{j=1}^{k} \int_{U_j} \tilde{\mu} \circ F$$

$$= \int_D \tilde{\mu} \circ F = \int_D \mu \circ F. \quad \square$$

§3. 多项式映射的 Jacobi 矩阵

设 $P: C^n \to C^n$ 是复解析映射，它的分量是 n 个变量的复解析函数，$C^n = \{z = (z_1, \cdots, z_n) | z_j \in C, j = 1, \cdots, n\}$ 是 n 维复空间。显然，每个分量都是复多项式函数的多项式映射是复解析映射的特殊情形。

记 $z_j = x_j + iy_j$ 和 $u = (x_1, \cdots, x_n, y_1, \cdots, y_n)$，并将 P 的分量 P_j 分裂成实部和虚部

$P_j(z) = f_j(z) + ig_j(z)$ （或 $f_j(x, y) + ig_j(x, y)$）。因为 P 是解析映射，显然

$$\frac{\partial P_j}{\partial z_l} = \frac{\partial P_j}{\partial x_l} = \frac{\partial f_j}{\partial x_l} + i\frac{\partial g_j}{\partial x_l}$$

和

$$\frac{\partial P_j}{\partial z_l} = \frac{\partial P_j}{i\partial y_l} = \frac{\partial g_j}{\partial y_l} - i\frac{\partial f_j}{\partial y_l}.$$

于是得到 Cauchy-Riemann 方程：

$$\begin{cases} \dfrac{\partial f_j}{\partial x_l} = \dfrac{\partial g_j}{\partial y_l} \\ \dfrac{\partial f_j}{\partial y_l} = -\dfrac{\partial g_j}{\partial x_l}, \quad j = 1, \cdots, n;\ l = 1, \cdots, n. \end{cases}$$

我们自然可以将上述复映射视作 $2n$ 个变量的实映射如下：

$(z_1, \cdots, z_n) \in C^n$，$(x_1, \cdots, x_n, y_1, \cdots, y_n) \in R^{2n}$，

$P = (P_1, \cdots, P_n)$，$F = (f_1, \cdots, f_n, g_1, \cdots, g_n)$，

$$P: C^n \to C^n, \qquad F: R^{2n} \to R^{2n}.$$

分别考虑它们的复的和实的 Jacobi 矩阵，并研究它们之间的关系。为此，记 $n \times n$ 矩阵

$$A = \left(\frac{\partial f_j}{\partial x_l}\right) = \left(\frac{\partial g_j}{\partial y_l}\right)$$

和

$$B = \left(-\frac{\partial f_j}{\partial y_l}\right) = \left(\frac{\partial g_j}{\partial x_l}\right).$$

于是 P 和 F 的 Jacobi 矩阵分别为:

$$M = \left(\frac{\partial P_j}{\partial z_l}\right) = \left(\frac{\partial f_j}{\partial x_l} + i\frac{\partial g_j}{\partial x_l}\right) = A + iB$$

和

$$N = \begin{pmatrix} \dfrac{\partial f_j}{\partial x_l} & \dfrac{\partial f_j}{\partial y_s} \\ \dfrac{\partial g_k}{\partial x_l} & \dfrac{\partial g_k}{\partial y_s} \end{pmatrix} = \begin{pmatrix} A & -B \\ B & A \end{pmatrix}.$$

介绍了上述内容以后，我们马上可以建立

定理 3.1 $\det N = |\det M|^2 \geqslant 0$.

证明 设 I 为单位矩阵，则

$$\det\begin{pmatrix} A & -B \\ B & A \end{pmatrix} = \det\begin{pmatrix} I & iI \\ 0 & I \end{pmatrix}\begin{pmatrix} A & -B \\ B & A \end{pmatrix}\begin{pmatrix} I & -iI \\ 0 & I \end{pmatrix}$$

$$= \det\begin{pmatrix} A + iB & 0 \\ B & A - iB \end{pmatrix} = \det(A + iB)$$

$$\cdot \det(A - iB) = \det(A + iB)$$

$$\cdot \overline{\det(A + iB)} = |\det(A + iB)|^2. \quad \square$$

更进一步，有

定理 3.2 设复矩阵 $M = A + iB$ 和相应的实矩阵 $N = \begin{pmatrix} A & -B \\ B & A \end{pmatrix}$，则

$$\det N = |\det M|^2 \geqslant 0$$

并且

$$\operatorname{rank} N = 2\operatorname{rank} M$$

注意，这里 $\operatorname{rank} N$ 和 $\operatorname{rank} M$ 分别是实的和复的秩.

证明 记 $N=\alpha(M)$，通过简单计算可知

$$\alpha(M_1M_2)=\alpha(M_1)\cdot\alpha(M_2),$$

$$\alpha(I)=\begin{pmatrix} I & 0 \\ 0 & I \end{pmatrix},$$

$$\alpha(M^{-1})=\alpha(M)^{-1}$$

众所周知，根据线性代数的知识，任何复矩阵相似于 Jordan 典型形式的矩阵，即存在非异矩阵 U，使得

$$U^{-1}MU=\begin{pmatrix} J_1 & & \\ & \ddots & \\ & & J_k \end{pmatrix},$$

其中

$$J_j=\begin{pmatrix} \lambda_j & 1 & & & \\ & \lambda_j & 1 & & \\ & & \ddots & \ddots & \\ & & & \ddots & 1 \\ & & & & \lambda_j \end{pmatrix}, \quad j=1,\cdots,k$$

方阵 J_j 的行数是特征值 λ_j 的重数 k_j.

令 $\lambda_j=a_j+ib_j$ 和

$$L_j=\begin{pmatrix} a_j & -b_j & 1 & 0 & & & & \\ b_j & a_j & 0 & 1 & & & & \\ & & a_j & -b_j & 1 & 0 & & \\ & & b_j & a_j & 0 & 1 & & \\ & & & \ddots & & \ddots & & \\ & & & & \ddots & & 1 & 0 \\ & & & & & \ddots & 0 & 1 \\ & & & & & & a_j & -b_j \\ & & & & & & b_j & a_j \end{pmatrix},$$

$j=1,\cdots,k$.

因为 $\det L_j=(a_j^2+b_j^2)^{k_j}$，则

$$\det N=\det\alpha(U)^{-1}N\alpha(U)=\det\alpha(U^{-1}MU)$$

$$= \det\alpha\begin{pmatrix} J_1 & & \\ & \ddots & \\ & & J_k \end{pmatrix} = \det\begin{pmatrix} L_1 & & \\ & \ddots & \\ & & L_k \end{pmatrix}$$

$$= \prod_{j=1}^{k} (a_j^2 + b_j^2)^{kj} = \left| \prod_{j=1}^{k} \lambda_j^{kj} \right|^2$$

$$= |\det M|^2 \geqslant 0,$$

这也是定理 3.1 的另一证法。

最后，若取

$$U = \frac{1}{\sqrt{2}}\begin{pmatrix} I & iI \\ iI & I \end{pmatrix},$$

易知

$$UNU^{-1} = \begin{pmatrix} M & O \\ O & \bar{M} \end{pmatrix}.$$

注意 rank $\bar{M}$ = rank M，就得

$$\text{rank } N = 2\text{rank } M. \quad \square$$

§4. 代数方程组和解的有界性条件

设 P: $\boldsymbol{C}^n \to \boldsymbol{C}^n$ 和 Q: $\boldsymbol{C}^n \to \boldsymbol{C}^n$ 为解析映射．按

$$\hat{H}(z, t) = tP(z) + (1 - t)Q(z)$$

定义同伦 $\hat{H}$: $\boldsymbol{C}^n \times [0, 1] \to \boldsymbol{C}^n$, $\hat{H} = (\hat{H}_1, \cdots, \hat{H}_k)$.

记 $z_j = x_j + iy_j$, $u = (x_1, \cdots, x_n, y_1, \cdots, y_n)$, 和

$\hat{H}_j(z, t) = f_j(z, t) + ig_j(z, t)$ （或 $f_j(u, t) + ig_j(u, t)$）.

设相应于 $\hat{H}$ 的实同伦是

$$H: \boldsymbol{R}^{2n} \times [0, 1] \to \boldsymbol{R}^{2n},$$

$$H = (f_1, \cdots, f_n, g_1, \cdots g_n).$$

这时，我们可以自然地建立复同伦方程组和实同伦方程组的解之间一一对应关系如下：

(z, t),	(u, t),
$\hat{H}(z, t) = 0$,	$H(u, t) = 0$,

$$\hat{H}_t^{-1}(0)=\{z\mid\hat{H}(z,t)=0\},\quad H_t^{-1}(0)=\{u\mid H(u,t)=0\},$$

$$\hat{H}^{-1}(0)=\{(z,t)\mid\hat{H}(z,t)=0\},\quad H^{-1}(0)=\{(u,t)\mid H(u,t)=0\}.$$

引理 4.1 设 $H:\boldsymbol{R}^m\times[0,1]\to\boldsymbol{R}^m$ 是正则的 $\boldsymbol{C}^1$ 同伦．对 $H^{-1}(0)$ 的任何连通道路 $(u(\theta),t(\theta))$，或者

$$\operatorname{sgn}\dot{t}=\operatorname{sgn}\det H'_u(u(\theta),t(\theta))\qquad(\text{对所有 }\theta),$$

或者

$$\operatorname{sgn}\dot{t}=-\operatorname{sgn}\det H'_u(u(\theta),t(\theta))\qquad(\text{对所有的 }\theta).$$

其中 $\dot{t}=\dfrac{dt}{d\theta}$.

证明 先证 $\dot{t}=0$ 当且仅当 $\det H'_u=0$.
如果 $\dot{t}=0$，由 $(\dot{u},\dot{t})\neq0$ 可知 $\dot{u}\neq0$. 因为

$$H(u(\theta),t(\theta))=0$$

和

$$H'_u\dot{u}+H'_t\dot{t}=H'_u\dot{u}=0,$$

所以 $\operatorname{rank}H'_u<m$ 和 $\det H'_u=0$.

相反地，如果 $\det H'_u=0$，则 $\operatorname{rank}H'_u<m$. 由$H$的正则性，$\operatorname{rank}H'_{(u,t)}=m$，因此 $\operatorname{rank}H'_u=m-1$. 不妨设 H'_u 的前 $m-1$ 列是线性无关的，而删去 (H'_u,H'_t) 的最后第二列得到的 $m\times m$ 矩阵为 B，显然B是非异的．容易看出

$$0=\det H'_u=\det B\det B^{-1}H'_u=\det B\cdot\det\begin{pmatrix}I_{m-1} & B^{-1}h_m\\ 0 & \end{pmatrix},$$

这里 h_m 是 H'_u 的最后一列．B 的非异性保证了 $B^{-1}h_m$ 的最后一个分量 $(B^{-1}h_m)_m=0$. 于是，

$$0=B^{-1}(H'_u\dot{u}+H'_t\dot{t})=\begin{pmatrix}I_{m-1} & B^{-1}h_m\\ 0 & \end{pmatrix}\dot{u}+\begin{pmatrix}0\\ \vdots\\ 0\\ 1\end{pmatrix}\dot{t},$$

$$(B^{-1}h_m)_m\dot{u}_m+\dot{t}=0,$$

$$\dot{t}=-(B^{-1}h_m)_m\dot{u}_m=0.$$

最后，假设 $\dot{t}\neq 0$. 根据上述，$\det H'_u\neq 0$. 我们定义

$$A(\theta)=\begin{pmatrix} H'_u(u(\theta),t(\theta)) & H'_t(u(\theta),t(\theta)) \\ \dot{u}(\theta)^\tau & \dot{t}(\theta) \end{pmatrix}$$

和

$$C(\theta)=\begin{pmatrix} H'_u(u(\theta),t(\theta)) & \dot{u}(\theta) \\ 0 & \dot{t}(\theta) \end{pmatrix}$$

其中 τ 表示转置.

因为 $\operatorname{rank}(H'_u,H'_t)=m$，且非零向量 $(\dot{u},\dot{t})$ 垂直 (H'_u,H'_t)，所以 $\operatorname{rank}A(\theta)=m+1$. 这就证明了对所有的 θ，$\det A(\theta)>0$；或者对所有的 θ，$\det A(\theta)<0$.

现在，注意到 $(\dot{u},\dot{t})\neq 0$ 和 $\det H'_u\neq 0$，立即得出

$$\det A(\theta)\cdot\dot{t}(\theta)\cdot\det H'_u(u(\theta),t(\theta))=\det A(\theta)C(\theta)$$

$$=(\dot{u}(\theta)^\tau,\dot{t}(\theta))\begin{pmatrix}\dot{u}(\theta)\\ \dot{t}(\theta)\end{pmatrix}(\det H'_u(u(\theta),t(\theta)))^2>0,$$

于是，对所有的 $\dot{t}(\theta)\neq 0$，$\dot{t}(\theta)\cdot\det H'_u(u(\theta),t(\theta))>0$，或者对所有的 $\dot{t}(\theta)\neq 0$，$\dot{t}(\theta)\cdot\det H'_u(u(\theta),t(\theta))<0$.

综合上述，我们证明了

$$\operatorname{sgn}\dot{t}=\operatorname{sgn}\det H'_u(u(\theta),t(\theta))\qquad(\text{所有的}\ \theta),$$

或者

$$\operatorname{sgn}\dot{t}=-\operatorname{sgn}\det H'_u(u(\theta),t(\theta))\qquad(\text{所有的}\ \theta).\ \square$$

定理 4.2 设 $\hat{H}$: $C^n\times[0,1]\to C^n$ 是解析的同伦，相应的实同伦 H 是正则的，则

$\det H'_u(u,t)>0$ (所有的 u 和 $t\in[0,1]$) 并且对于 $H^{-1}(0)$ 中的任何连通道路 $(u(\theta),t(\theta))$，有

$$\dot{t}(\theta)>0\qquad(\text{所有的}\ \theta)$$

或

$$\dot{t}(\theta)<0\qquad(\text{所有的}\ \theta).$$

证明 因为 $\hat{H}(z,t)$ 关于 z 是解析的，由定理 3.1 得到

$$\det H'_u(u,\dot{t})\geqslant 0.$$

再由 H 的正则性可知 $\operatorname{rank}H'_{(u,t)}=2n$. 如果 $\det H'_u(u,t)=0$,

根据定理 3.2，$\operatorname{rank} H'_u \leqslant 2n-2$，因而 $\operatorname{rank} H_{(u,t)} \leqslant 2n-1$，矛盾. 这就证明了对所有的 u 和 $t \in [0, 1]$，$\det H'_u(u,t) > 0$.

根据引理 4.1，$\operatorname{sgn} \dot{t} = \operatorname{sgn} \det H'_u(u(\theta), t(\theta)) = 1$（所有的 θ）；或者 $\operatorname{sgn} \dot{t} = -\operatorname{sgn} \det H'_u(u(\theta), t(\theta)) = -1$（所有的 θ）. 这就是定理中后一部分的结论. □

注 4.3 在定理 4.2 的证明中，由 $\det H'_u(u, t) > 0$ 推出 $\dot{t}(\theta) \neq 0$（所有的 θ）. 于是 $\dot{t}(\theta) > 0$（所有的 θ）或 $\dot{t}(\theta) < 0$（所有的 θ）. 否则，如果 $\dot{t}(\theta)$ 变号的话，从单变量连续函数的零值定理，必有一点 θ_0 使 $\dot{t}(\theta_0) = 0$，这与 $\dot{t}(\theta) \neq 0$（所有 θ）相矛盾.

$\dot{t}(\theta)$ 不变号蕴涵着 t 随 θ 严格增加或严格减少. 显然，图 6.5 中的道路 A, B, C, D, E, F 不可能出现. 其中 B, C, E 不出现也可用指数定理 1.8 和 $\det H'_u(u, t) > 0$ 推出. 可能出现的道路形如 L, M, N.

定理 4.2 的证明还指出，

$$H \text{正则} \Longleftrightarrow \det H'_u(u, t) = |\det \hat{H}'_z(z, t)|^2 > 0$$
$$\Longleftrightarrow \det \hat{H}'_z(z, t) \neq 0.$$

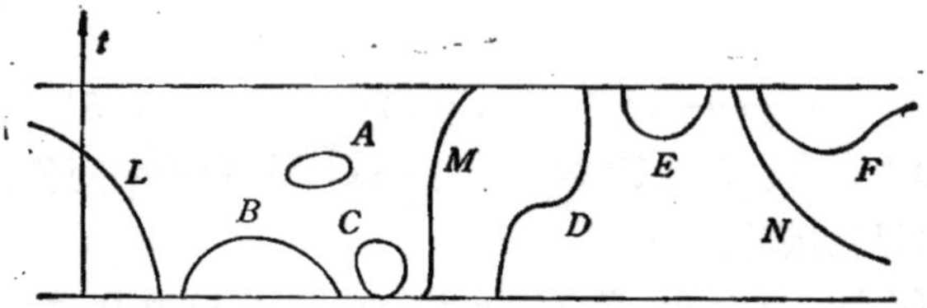

图 6.5

设 P: $\mathbf{C}^n \to \mathbf{C}^n$ 为多项式映射. 为了计算代数方程组 $P(z) = 0$ 的解(即计算多项式映射 P 的零点)，我们从某个平凡的代数方程组 $Q(z) = 0$ 的已知解出发，通过同伦形变得到 $P(z) = 0$ 的解. 从几何上看，这就是从 $Q(z)$ 的零点开始，跟踪 $H^{-1}(0)$ 中的每一条道路，到达所需求的 $P(z)$ 的零点.

通常，我们选取 $Q_j(z) = z_j^{q_j} - b_j^{q_j}$，其中 q_j 为 P_j 的阶数，

$b_i \neq 0$, $j=1,\cdots,n$. 显然，$Q(z)$ 的 $q=\prod_{j=1}^{n} q_j$ 个零点是：

$$\left(b_1 e^{i\frac{2k_1\pi}{q_1}},\cdots,b_n e^{i\frac{2k_n\pi}{q_n}}\right),\ k_j=1,\cdots,q_j;\ j=1,\cdots,n.$$

定义 4.4 设 $P(z)$ 和 $Q(z)$ 为上述的解析映射，$\hat{H}(z,t)=tP(z)+(1-t)Q(z)$ 为其同伦. 如果满足:

(1) $Q^{-1}(0)=\{z|Q(z)=0\}$ 为有界集合；

(2) 当序列 $|z|\to\infty$ 时，必存在某个 l，使得在 $Q_l(z)\neq 0$ 的一个无限子序列上有

$$\lim \frac{P_l(z)}{Q_l(z)} \not< 0,$$

则称 P（关于 Q）具有解的有界性条件（A）.

这里，符号 $\not<$ 表示左边的极限不是负实数，即它是非负实数或虚部非零的复数.

如果上述 (2) 改为：

(2′) 当序列 $|z|\to\infty$ 时，必存在某个 l，使得在 $Q_l(z)\neq 0$ 的一个无限子序列上，有

$$\lim \frac{P_l(z)}{Q_l(z)} \not< \alpha \quad (\alpha>0),$$

则称 P（关于 Q）具有解的有界性条件（B）.

仿前，符号 $\not<\alpha$ 表示左边的极限不是小于 α 的实数，即它是大于或等于 α 的实数，或者是虚部非零的复数.

因为 $\lim \frac{P_l(z)}{Q_l(z)} \geqslant \alpha$ 蕴涵着 $\lim \frac{P_l(z)}{Q_l(z)} \geqslant 0$，所以条件（B）蕴涵着条件（A）.

例 4.5 设 P 为多项式映射，$Q_j(z)=z_j^{q_j+1}-1$. 显然，对任何 $|z|\to\infty$，必存在某个 l，使得在一个无限子序列上有

$$\lim \frac{P_l(z)}{z_l^{q_l+1}-1}=0,$$

即 P 满足解的有界性条件（A）.

例 4.6 设 $P_j(z)=z_j^{q_j}+\hat{P}_j(z)$，$\hat{P}$ 为解析映射，$Q_j(z)=$

$z_i^{q_i}-b_i^{q_i}$，$b_i\neq 0$，并且对任何序列 $|z|\to\infty$，必存在某个 l，使得在一个无限子序列上有 $|z_l|\to\infty$ 和

$$\lim\frac{\hat{P}_l(z)}{z_l^{q_l}}=0.$$

则 P 满足解的有界性条件 (B)．这可以从下面的事实得出：

$$\lim\frac{P_l(z)}{Q_l(z)}=\lim\frac{z_l^{q_l}+\hat{P}_l(z)}{z_l^{q_l}-b_l^{q_l}}$$

$$=\lim\left(1+\frac{\hat{P}_l(z)}{z_l^{q_l}}\right)\left(\frac{z_l^{q_l}}{z_l^{q_l}-b_l^{q_l}}\right)=1.$$

例 4.7 在例 4.6 中，如果 $\hat{P}_i(z)$ 为阶数小于 q_i 的多项式，则当序列 $|z|\to\infty$，必存在一个固定的 l 和一个无限子序列，使得 $|z_l|=\max\{|z_1|,\cdots,|z_n|\}$．于是，

$$\lim\frac{\hat{P}_l(z)}{z_l^{q_l}}=\lim\frac{\hat{P}_l(z)}{z_l^{q_l}}\cdot\frac{1}{z_l}=0,$$

这就证明了它满足解的有界性条件 (B)．

对于上述定义和例子中的解的有界性条件 (A) 和 (B)，有以下的重要结果．

定理 4.8 (解的有界性定理) 设 $P(z)$ 和 $Q(z)$ 为解析映射，$\hat{H}(z,t)=tP(z)+(1-t)Q(z)$，

(1) 如果 P 关于 Q 具有解的有界性条件 (A)，则对任何 $0<\varepsilon\leqslant 1$，

$$\{z\,|\,\hat{H}(z,t)=tP(z)+(1-t)Q(z),\ 0\leqslant t\leqslant 1-\varepsilon\}$$

为有界集合．

(2) 如果 P 关于 Q 具有解的有界性条件 (B)，则

$$\hat{H}^{-1}(0)=\{z\,|\,\hat{H}(z,t)=tP(z)+(1-t)Q(z)=0\}$$

为有界集合．

证明 (1) 如果存在 ε，$0<\varepsilon\leqslant 1$，使得

$$\{z\,|\,\hat{H}(z,t)=tP(z)+(1-t)Q(z)=0,\ 0\leqslant t\leqslant 1-\varepsilon\}$$

为无界集，即存在序列 $|z|\to\infty$，且 $\hat{H}(z,t)=0$，$0\leqslant t\leqslant 1-\varepsilon$．由于 $Q^{-1}(0)$ 是有界集合，必存在无限子序列 $\{z^k\}$，使得对某

个 l，有 $Q_l(z^k)\neq 0$ 和

$$tP_l(z^k)+(1-t)Q_l(z^k)=0.$$

于是，

$$0>\lim\left(1-\frac{1}{t}\right)=\lim\frac{P_l(z^k)}{Q_l(z^k)}\not<0.$$

这就推出了矛盾.

(2) 如果 $\hat{H}^{-1}(0)$ 为无界集，则存在序列 $|z|\to\infty$，其中 $\hat{H}(z,t)=0$，$0\leqslant t\leqslant 1$. 由于 $Q^{-1}(0)$ 是有界集合，必存在无限子序列 $\{z^k\}$，使得对某个 l，$Q_l(z^k)\neq 0$，并且

$$tP_l(z^k)+(1-t)Q_l(z^k)=0.$$

于是，

$$0\geqslant\lim\left(1-\frac{1}{t}\right)=\lim\frac{P_l(z^k)}{Q_l(z^k)}\not<\alpha\quad(\alpha>0).$$

此矛盾说明 $\hat{H}^{-1}(0)$ 必为有界集. □

注 4.9 在定理 4.2 中，H 是正则的同伦. 如果 $\hat{H}(z,t)=tP(z)+(1-t)Q(z)$ 中的 P 关于 Q 具有解的有界性条件 (A)，则图 6.5 中的道路 A, B, C, D, E, F, N 都不出现. 可能出现的道路形如 L, M.

如果 P 关于 Q 满足解的有界性条件 (B)，则图 6.5 中的道路 N, L 都不出现. 可能出现的道路形如 M. 显然，P 的零点数目，Q 的零点数目和 $H^{-1}(0)$ 中道路的数目都是相同的. 特别地，当 P 和 Q 为例 4.6 所述时，P 和 Q 的零点数目都为 $q=\prod_{j=1}^{n}q_j$ 个.

第七章　关于多项式映射零点的概率讨论

在第六章的基础上，本章应用参数的 Sard 定理、同伦和映射度数的性质对多项式映射的零点进行概率的讨论.

§1 定理 1.13 指出，几乎所有的多项式映射都恰有 $q=\prod_{i=1}^{n} q_i$ 个相异的零点，其中 q_i 为该多项式映射第 i 个分量的阶数. 定理 1.18 给出具体多项式映射恰有 q 个解（按重数计算）的充分条件.

§2 定理 2.4 讨论多项式映射的孤立零点的性状，并应用同伦方法重新得到 Bezout 定理.

§3 将有界区域上的解析函数零点的问题化为一个特殊的多项式映射的零点问题，并且证明若干结果.

§1. 多项式映射零点的数目

我们首先叙述并证明 Sard 定理的特殊情形，这个结果经常要用到.

引理 1.1　设 $D\subset \boldsymbol{R}^m$ 为开集，$F: D\to \boldsymbol{R}^m$ 为 $\boldsymbol{C}^1$ 映射，$\det F'(x)\equiv 0$，则 $F(D)$ 的测度 $\operatorname{vol} F(D)=0$.

证明　显然只须证明，对 D 中的任一方体 C_0 都有

$$\operatorname{vol} F(C_0)=0.$$

将方体 C_0 的每条边 N 等分，得到 C_0 的 N^m 个相同的小方体. 在每个小方体内任意取定一点 x^0，则对小方体内任一点 x，有

$$\begin{aligned}F(x)&=F(x^0)+F'(x^0)(x-x^0)+o(|x-x^0|)\\&=F(x^0)+F'(x^0)(x-x^0)+o\left(\frac{1}{N}\right).\end{aligned}$$

因为 F 是 C^1 映射，且 $\det F'(x^0)=0$，所以总可以设(必要时作适当的正交变换) $F'(x^0)=\begin{pmatrix} & * & \\ 0 & \cdots & 0\end{pmatrix}$，并且

$$\begin{pmatrix} F_1(x)-F_1(x^0) \\ \vdots \\ F_m(x)-F_m(x^0)\end{pmatrix}=\begin{pmatrix} & * & \\ 0 & \cdots & 0\end{pmatrix}\begin{pmatrix} x_1-x_1^0 \\ \vdots \\ x_m-x_m^0\end{pmatrix}+o\left(\frac{1}{N}\right).$$

在 C_0 上，显然存在常数 $K<\infty$，使上述每个小方体的象的测度不超过

$$K\left(\frac{1}{N}\right)^{m-1}\cdot o\left(\frac{1}{N}\right)=o\left(\frac{1}{N^m}\right).$$

这就得到了

$$0\leqslant \operatorname{vol}F(C_0)\leqslant N^m\cdot o\left(\frac{1}{N^m}\right)\to 0,$$

所以，

$$\operatorname{vol}F(C_0)=0. \square$$

引理 1.2 设 $D\subset \boldsymbol{R}^{m-1}$ 为开集，$F:D\to \boldsymbol{R}^m$ 为 C^1 映射，则 $\operatorname{vol}F(D)=0$.

证明 设 $\tilde{F}:D\times\boldsymbol{R}\to\boldsymbol{R}^m$，$\tilde{F}(x_1,\cdots,x_{m-1},x_m)=F(x_1,\cdots,x_{m-1})$，显然 $\det\tilde{F}'(x_1,\cdots,x_{m-1},x_m)\equiv 0$，由引理 1.1 得到

$$\operatorname{vol}F(D)=\operatorname{vol}\tilde{F}(D\times\boldsymbol{R})=0. \square$$

下面继续讨论多项式零点与多项式系数的关系. 先证明下述引理.

引理 1.3 设 $P(z)$ 为多项式函数，L 为复平面上的简单闭曲线，$\{z\mid P(z)=0\}\cap L=\phi$，并记 D 为 L 的内部，如果 $\xi_1,\cdots,\xi_l$ 为 P 在 D 中的全部零点，其重数分别为 $k_1,\cdots,k_l$. 则

$$\frac{1}{2\pi i}\int_L z^k\frac{P'(z)}{P(z)}\,dz=\sum_{i=1}^{l}k_i\xi_i^k.$$

证明

$$\frac{1}{2\pi i}\int_L z^k\frac{P'(z)}{P(z)}\,dz=\sum_{i=1}^{l}\frac{1}{2\pi i}\int_{L_i}z^k\frac{P'(z)}{P(z)}\,dz$$

$$
=\sum_{j=1}^{l}\frac{1}{2\pi i}\int_{L_j} z^k\frac{k_j(z-\xi_j)^{k_j-1}P_j(z)+(z-\xi_j)^{k_j}P_j'(z)}{(z-\xi_j)^{k_j}P_j(z)}dz
$$

$$
=\sum_{j=1}^{l}\frac{1}{2\pi i}\int_{L_j}\xi_j^k\frac{k_j}{z-\xi_j}dz+\sum_{j=1}^{l}\frac{1}{2\pi i}\int_{L}(z^k-\xi_j^k)
$$

$$
\times\frac{k_j(z-\xi_j)^{k_j-1}P_j(z)+(z-\xi_j)^{k_j}P_j'(z)}{(z-\xi_j)^{k_j}P_j(z)}dz
$$

$$
=\sum_{j=1}^{l}\frac{1}{2\pi i}\int_0^{2\pi}\xi_j^k\frac{k_j}{re^{i\theta}}\,rie^{i\theta}d\theta
$$

$$
=\sum_{j=1}^{l}\frac{1}{2\pi i}\xi_j^k k_j i2\pi=\sum_{j=1}^{l}k_j\xi_j^k,
$$

其中 L_j 为 D 中仅包围一个零点的半径为 r 的小圆. □

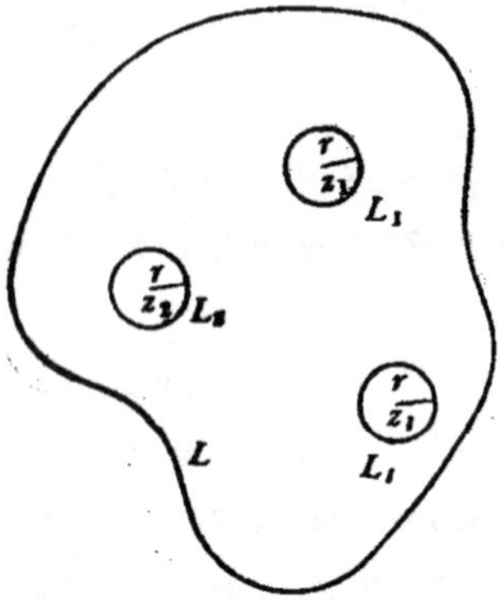

图 7.1

注 1.4 在引理 1.3 中, 如果 $k=0$, 则

$$
\frac{1}{2\pi i}\int_L\frac{P'(z)}{P(z)}dz=\sum_{j=1}^{l}k_j,
$$

它就是含在 D 内部的零点的数目(按重数计).

我们用两种方法证明下面的定理.

定理 1.5 几乎所有的 q 阶多项式具有 q 个不同的零点.

证明 1 设多项式 $P(z)=a_0z^q+a_1z^{q-1}+\cdots+a_{q-1}z+a_q$ 与 $(a_0, a_1, \cdots, a_q)$ 一一对应.

考虑 $a_0 \neq 0$，则

多项式 $P(z)$ 有重零点 $\Longleftrightarrow P(z)$ 和 $P'(z)$ 有公共零点 $\Longleftrightarrow P$ 和 P' 的结式

$$R(P,P') = \begin{vmatrix} a_0 & a_1 \cdots a_q & & & \\ & a_0 \ a_1 \cdots a_q & & & \\ & \cdots & & & \\ & & a_0 \quad a_1 \cdots a_q & & \\ qa_0\ (q-1)a_1 \cdots a_{q-1} & & & & \\ & qa_0\ (q-1)a_1 \cdots a_{q-1} & & & \\ & & \cdots & & \\ & & & qa_0\ (q-1)a_1 \cdots a_{q-1} & \end{vmatrix} = 0.$$

此外，对于特殊的 $\tilde{P}(z) = z^q - 1$，显然 $\tilde{P}(z)$ 和 $\tilde{P}'(z) = qz^{q-1}$ 无公共零点，即 $R(\tilde{P}, \tilde{P}') \neq 0$。于是推出 $R(P, P') \not\equiv 0$。容易看出，$\{(a_0, a_1, \cdots, a_n) | R(P, P') = 0\}$ 在 $\boldsymbol{C}^{q+1}$ 中是零测集，这就是说，几乎所有的 q 阶多项式有 q 个不同的零点。□

证明 2 设 $P(z) = a_0z^q + a_1z^{q-1} + \cdots + a_{q-1}z + a_q = a_0(z-\xi_1)\cdots(z-\xi_q) = a_0[z^q - (\xi_1 + \cdots + \xi_q)z^{q-1} + \cdots + (-1)^q\xi_1\cdots\xi_q]$，则

$$\begin{cases} a_1 = -a_0(\xi_1 + \cdots + \xi_q), \\ \cdots \\ a_q = (-1)^q a_0 \xi_1 \cdots \xi_q. \end{cases}$$

再根据引理 1.2 得到

$$\begin{aligned} &\operatorname{vol}\{(a_0, a_1, \cdots, a_q) | P\text{有重零点}\} \\ &= \operatorname{vol}\left\{(a_0, a_1, \cdots, a_q) \middle| \begin{cases} a_1 = -a_0(\xi_1 + \cdots + \xi_q) \\ \cdots \\ a_q = (-1)^q a_0 \xi_1 \cdots \xi_q, \end{cases}\right. \end{aligned}$$

且存在 $i \neq l$ 使 $\xi_i = \xi_l\} = 0$。□

应用引理 1.3 或注 1.4，有

定理 1.6 多项式的零点是其系数的连续函数。□

参看第一章引理 1.4.4 和 1.4.5。

定理 1.7 设 ξ 为多项式 $P(z)$ 的 k 重零点，D 是以 ξ 为中心，r 为半径的开圆。在 $\overline{D}$ 中仅含 $P(z)$ 的零点 ξ，则度数

$$\deg(P, \overline{D}, 0) = k.$$

证明 由定理 1.5 证明 1 可知，多项式 Q 无重零点 $\Longleftrightarrow$ 对 Q 的任何零点 ξ，$Q'(\xi) \neq 0$

$$\Longleftrightarrow |Q'(\xi)|^2 > 0$$

$\Longleftrightarrow$ 0 是 Q 的正则值（视 Q 作 $\boldsymbol{R}^2 \to \boldsymbol{R}^2$ 的映射）。根据定理 1.5，存在以 0 为正则值的多项式 $P^l \to P$，再由定理 1.6 可使 P^l 在 $\overline{D}$ 中恰有 k 个零点，这时就有

$$\deg(P, \overline{D}, 0) = \lim_{l\to\infty} \deg(P^l, \overline{D}, 0) = \lim_{l\to\infty} k = k. \quad \square$$

上面讨论了单变量多项式映射的有关性质，现在再来研究双变量多项式映射的零点数目的定理，它是有名的 Bezout 定理的特殊情形。

定理 1.8 设 $P_1(z_1, z_2)$ 和 $P_2(z_1, z_2)$ 分别为 q_1 和 q_2 阶的多项式，$q_1 \geqslant 1$，$q_2 \geqslant 1$。如果它们的公共零点数目大于 $q = q_1q_2$，则 P_1 和 P_2 必有公因子。

证明 设 $F_j(z_0, z_1, z_2) = z_0^{q_j}P_j\left(\frac{z_1}{z_0}, \frac{z_2}{z_0}\right)$，$j = 1, 2$。显然，$F_j$ 是 q_j 阶齐次多项式，并有多于 $q = q_1q_2$ 个公共零点。选择 $q_1q_2 + 1$ 个相异的零点，并用直线连结这些零点的每一对。因为这样的直线数目有限，故必有一点 $z^* = (z_0^*, z_1^*, z_2^*)$ 既不在这任何一条连线上，又不在曲线 $F_j = 0$ 上，$j = 1, 2$。选择坐标系使得 $z^* = (1, 0, 0)$。则

$$F_1(z) = A_0z_0^{q_1} + A_1z_0^{q_1-1} + \cdots + A_{q_1},$$

$$F_2(z) = B_0z_0^{q_2} + B_1z_0^{q_2-1} + \cdots + B_{q_2},$$

其中 A_0，B_0 为非零常数，而 A_j，B_j $(j > 0)$ 为关于 z_1，z_2 的 j 阶齐次多项式。由代数几何中熟知的知识，F_1 和 F_2 关于 z_0 的结式 R 或者为 0，或者为 z_1，z_2 的 $q = q_1q_2$ 阶齐次多项式。此外，

$R(c_1, c_2) = 0 \Longleftrightarrow$ 存在 c_0，使得 $F_1(c) = F_2(c) = 0$，

其中 $c = (c_0, c_1, c_2)$。那就是 F_1 和 F_2 的任何公共零点的后两个坐标 c_1，c_2 满足 $R(z_1, z_2) = 0$。另一方面，在所选的 $q_1q_2 + 1$ 个相异零点中没有一对与 $(1, 0, 0)$ 共线，所以 $c_1 : c_2$ 有不同的

值，而 $R(z_1, z_2)$ 有多于 q_1q_2+1 个相异的齐次解。这就蕴涵着 $R(z_1,z_2)\equiv 0$，于是 F_1 和 F_2 有公因子。（参看 [Walker, 1950]）□

推论 1.9 设 $P_1(z_1, z_2)$ 和 $P_2(z_1, z_2)$ 分别为 q_1 和 q_2 阶的多项式，并且它们没有公因子，则 P_1 和 P_2 的相异的公共零点至多为 $q=q_1q_2$ 个。□

为了将定理 1.5 的结果推广到一般情形，我们先叙述以下的

定理 1.10（参数的 Sard 定理或横截定理） 设 $U\subset \boldsymbol{R}^p$ 和 $V<\boldsymbol{R}^s$ 为开集，$F: U\times V\to \boldsymbol{R}^m$ 为 C^r 映射，$r>\max\{0, p-m\}$。如果 $y\in \boldsymbol{R}^m$ 为 F 的正则值，则对几乎所有的 $v\in V$（除 V 中的一个零测集外），y 为 $F(\cdot, v)$ 的正则值。□

证明参阅 [Abraham & Robbin, 1967] 的横截稠密性定理，本定理是它的特殊情形。

设 $P(z;\omega)$: $\boldsymbol{C}^n\times \boldsymbol{C}^k\to \boldsymbol{C}^n$ 关于固定的 ω 是多项式映射，它的第 i 个分量 P_i 的阶数为 $q_i>0$。ω 是在复空间 $\boldsymbol{C}^k$ 上变化的参数向量，它由 P 的系数（z 为变量）按一定次序排列得到。显然，多项式 $P(\cdot, \omega)$ 与 ω 一一对应。定理 1.5 中 P 与 $(a_0, a_1, \cdots, a_n)$ 之间的一一对应是最简单的情形。

我们进一步区分 P 的系数 $\omega=(a, b, c, d)$，其中

$$a=(a_{ij})\in \boldsymbol{C}^{n^2},\quad b=(b_i)\in \boldsymbol{C}^n,$$

a_{ij} 是 P_i 关于项 $z_j^{q_i}$ 的系数，b_i 是 P_i 的常数项。 c 由 P_i 除 a_{ij} 外的所有 q_i 阶的项的系数组成（对所有的 i），而 d 表示 ω 的剩下的元素。

我们定义同伦 H: $\boldsymbol{C}^n\times \boldsymbol{R}\times \boldsymbol{C}^k\to \boldsymbol{C}^n$ 如下：

$$H_i(z, t;\omega)=tP_i(z,\omega)+(1-t)(z_i^{q_i}-1)\qquad i=1, 2, \cdots, n.$$

记

$$H_\omega^{-1}(0)=\{(z, t)\in \boldsymbol{C}^n\times[0, 1]\,|\,H(z, t;\omega)=0\}.$$

引理 1.11 对所有的 a, c, d 以及几乎所有的 b（除 $\boldsymbol{C}^n$ 中的一个零测集外），0 为 $P(\cdot;\omega)$ 的正则值，0 为 $H(\cdot, \cdot;\omega)$ 的正则值。

证明 因为 $P'_b(z; a, b, c, d) = I$，根据定理 1.10，对所有的 a, c, d 以及几乎所有的 b，0 为 $P(\cdot; a, b, c, d)$ 的正则值。

类似地，因为

$$H'_b(z, t; a, b, c, d) = tI, \quad t \neq 0,$$

$$H'_z(z, t; a, b, c, d) = \begin{pmatrix} q_1 z_1^{q_1-1} & & \\ & \ddots & \\ & & q_n z_n^{q_n-1} \end{pmatrix}, \quad t = 0,$$

和定理 1.10，对所有的 a, c, d 以及几乎所有 的 b，0 为 $H(\cdot, \cdot; a, b, c, d)$ 的正则值. □

设 P_i^* 由 $P_i(z; \omega)$ 的阶数为 q_i 的项组成，显然 (a, c) 与 P^* 一一对应，我们记 P^* 为 $P^*(z; a, c)$。现在定义

$$H_i^*(z, t; a, c) = tP_i^*(z; a, c) + (1 - t)z_i^{q_i},$$
$$i = 1, \cdots, n.$$

引理 1.12 对于任何 c 和几乎所有的 $a \in C^{n^2}$（除 C^{n^2} 中的一个零测集外），0 为 $H^*(\cdot, \cdot; a, c)$在支配集 $\{(z, t) | z \neq 0\}$ 上的正则值.

证明 如果 $t = 0$，则 $z = 0$ 为 $H^*(\cdot, 0; a, c) = 0$ 的唯一解.

如果 $t \neq 0$，$z \neq 0$. 选择 j 使得 $z_j \neq 0$. 再求 H^* 关于 $a_{\cdot j} = (a_{1j}, a_{2j}, \cdots, a_{nj})$ 的导数得到

$$H^{*\prime}_{a_{\cdot j}} = \begin{pmatrix} t z_j^{q_1} & & \\ & \ddots & \\ & & t z_j^{q_n} \end{pmatrix}.$$

因此，$H^{*\prime}_{a_{\cdot j}}$ 满秩，并且对几乎所有的 a，0 为 $H^*(\cdot, \cdot; a, c)$ 在支配集 $\{(z, t) | z \neq 0\}$ 上的正则值. □

有了上述两个引理以后，就可以建立下面的主要结果.

定理 1.13 对几乎所有的 ω（除了 C^k 中的一个零测集外）多项式映射 $P(z; \omega)$ 恰有 $q = \prod_{i=1}^{n} q_i$ 个相异的零点；并且 $H_\omega^{-1}(0)$ 恰有 q 条不相交的有界可微道路，其中每一条都是连结 $H(\cdot, 0; \omega)$ 和 $H(\cdot, 1; \omega) = P(\cdot; \omega)$ 的零点的.

证明 由引理 1.11 和引理 1.12，对几乎所有的 ω（除 $\mathbf{C}^k$ 中的一个零测集外），0 为 $P(\cdot;\omega)$ 和 $H(\cdot,\cdot;\omega)$ 的正则值，并且 0 为 $H^*(\cdot,\cdot;a,c)$ 在支配集 $\{(z,t)|z\neq 0\}$ 上的正则值.

设 ω 不属于上述零测集，根据第六章定理 4.2 和注 4.3 $H_\omega^{-1}(0)$ 由若干条可微道路组成. 为了完成本定理的证明，只须证明没有一条道路会发散到无穷，即图 7.2 中的道路 A, B, C 不可能出现（注意，形如 B 的道路在第六章图 6.5 中未画出）. 因此，每条道路必定连结 $H(z,0;\omega)=0$ 的一个平凡解和 $H(z,1;\omega)=P(z;\omega)=0$ 的一个解. 由于 $H(z,0;\omega)=0$ 恰有 q 个相异解，故 $P(z;\omega)=0$ 也恰有 q 条相异解.

假设 $H_\omega^{-1}(0)$ 中的道路 $(z(\theta),t(\theta))$ 发散到无穷（当 $\theta\to\bar\theta$）. 对任何 i，因为 H_i^* 是关于 z 的 q_i 阶齐次的，所以

$$\begin{aligned}
H_i^*\left(\frac{z(\theta)}{|z(\theta)|},t(\theta);a,c\right)&=|z(\theta)|^{-q_i}H_i^*(z(\theta),t(\theta);a,c)\\
&=|z(\theta)|^{-q_i}[H_i^*(z(\theta),t(\theta);a,c)\\
&\qquad-H_i(z(\theta),t(\theta);\omega)]\\
&=|z(\theta)|^{-q_i}[1-t(\theta)+t(\theta)(P_i^*(z(\theta);a,c)\\
&\qquad-P_i(z(\theta);\omega))]\\
&\to 0,\ \text{当}\ \theta\to\bar\theta.
\end{aligned}$$

设 (z^0,t^0) 为 $\left(\frac{z(\theta)}{|z(\theta)|},t(\theta)\right)$的聚点，则有

$$H^*(z^0,t^0;a,c)=0,\ |z^0|=1,\ 0\leqslant t^0\leqslant 1.$$

因为 H^* 是齐次的，则对所有的复数 λ，$H^*(\lambda z^0,t^0;a,c)=0$. 于是在 (z^0,t^0) 的邻域内，$(H^*)^{-1}(0)$ 不是一条道路. 但是，0 为 $H^*(\cdot,\cdot;a,c)$ 在 $\{(a,t)|z\neq 0\}$ 上的正则值，所以 $(H^*)^{-1}(0)$ 在 (z^0,t^0) 的某个邻域内是一条道路. 这就推出了矛盾. □

如果已给一个特殊的多项式映射 $P(z;\tilde\omega)$，问它的零点的数目有多少？定理 1.13 的回答是：对几乎所有的多项式映射，零点的数目恰为 $q=\prod_{i=1}^{n}q_i$ 个；换句话说，恰为 q 个零点的概率为 1.

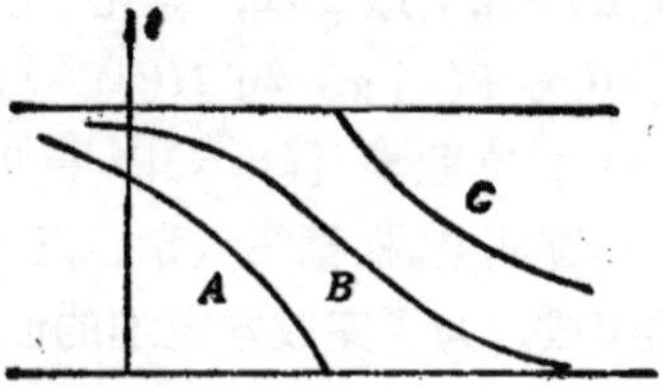

图 7.2

但是，对于特殊的多项式映射，我们需要一个无条件的回答．定理1.18给出了恰有 q 个零点的一个充分条件．

为此，建立 Brouwer 度数的概念．

定义 1.14 设 $D\subset \boldsymbol{R}^m$ 为开集，$F: D\to \boldsymbol{R}^m$ 为连续映射，z^0 为 $F(z)$ 的孤立零点，且 $D_1\subset \overline{D}_1\subset D$ 为 z^0 的有界开邻域，使得在 $\overline{D}_1$ 中不包含 $F(z)$ 的除 z^0 外的其他零点，则称 $\deg(F, \overline{D}_1, 0)$ 为 $F(z)$ 在零点 z^0（或 $F(z)=0$ 在解 z^0）的 Brouwer 度数．

容易验证，上述定义与 D_1 的选取无关．为此，设 D_2 为满足上述 D_1 的条件的 z^0 的另一有界开邻域，$F^k\to F$ 是以 0 为其正则值的 C^2 映射．令 $D_3\subset\overline{D}_3\subset D_1\cap D_2$ 为含 z^0 的开邻域，则当 k 充分大时，$F^k(z)$ 的零点（指在 $D_1\cup D_2$ 中的零点）全包含在 D_3 中．于是

$$
\begin{aligned}
\deg(F, \overline{D}_1, 0) &= \lim_{k\to\infty}\deg(F^k, \overline{D}_1, 0)\\
&= \lim_{k\to\infty}\deg(F^k, \overline{D}_3, 0) = \lim_{k\to\infty}\deg(F^k, \overline{D}_2, 0)\\
&= \deg(F, \overline{D}_2, 0).
\end{aligned}
$$

定义 1.15 设 $P(\cdot;\omega): \boldsymbol{C}^n\to \boldsymbol{C}^n$ 为多项式映射，z^0 为 $P(z;\omega)$ 的孤立零点．D 为 z^0 的开邻域，使得在 $\overline{D}$ 中不包含 $P(z;\omega)$ 的除 z^0 外的其他零点．如果 $P(\cdot;\omega)$ 视作 $\boldsymbol{C}^n=\boldsymbol{R}^{2n}$ 上的映射，则它的 Brouwer 度数 $\deg(P, \overline{D}, 0)=\deg(P(\cdot;\omega), \overline{D}, 0)\geqslant 1$（参看本章定理 2.4 证明或[徐森林，王则柯，曹怀东，1984] 的定理 2）．我们称 $\deg(P, \overline{D}, 0)$ 为 P 的零点 z^0 的重数．

由推论 1.7，多项式函数（$n=1$）零点的重数是定义 1.15 的特殊情形．

因为 $Q_i(z) = z_i^{q_i} - 1\ (i = 1, \cdots, n)$ 在每个零点处

$$\det Q'(z) \neq 0,$$

故Q在它的每个零点处的度数或重数恰为 1. 再根据第六章度数同伦不变性定理 6.2.11 可见，定理 1.13 中每个零点的重数也恰为 1.

引理 1.16 给定 $P(z;\tilde{\omega}) = 0$. 如果 $P^*(z;\tilde{a},\tilde{c}) = 0$ 只有平凡解 $z = 0$，则 $P(z;\tilde{\omega}) = 0$ 仅含有限个解.

证明 我们首先证明 $P(z;\tilde{\omega}) = 0$ 的解集是有界的(用反证法). 假设 $\{z^k\}$ 是 $P(z;\tilde{\omega}) = 0$ 的解的序列，且 $\lim\limits_{k\to\infty}|z^k| = \infty$. 则当 $k\to\infty$ 时，

$$\begin{aligned}P_i^*\left(\frac{z^k}{|z^k|};\tilde{a},\tilde{c}\right) &= |z^k|^{-q_i}P_i^*(z^k;\tilde{a},\tilde{c})\\ &= |z^k|^{-q_i}[P_i^*(z^k;\tilde{a},\tilde{c}) - P_i(z^k;\tilde{\omega})] \to 0.\end{aligned}$$

因此，如果 z^0 为 $\left\{\frac{z^k}{|z^k|}\right\}$ 的一个聚点，我们有

$$P^*(z^0;\tilde{a},\tilde{c}) = 0$$

和

$$|z^0| = 1,$$

这与 $P^*(z;\tilde{a},\tilde{c}) = 0$ 仅有平凡解相矛盾.

上面已推出了 $P(z;\tilde{\omega}) = 0$ 的解是有界的. 再从 [Rabinowitz, 1973] 的推论 2.2 可知，它的每个解是孤立的. 因此，$P(z,\tilde{\omega}) = 0$ 仅含有限个解. □

引理 1.17 设 z^0 是 $P(z;\tilde{\omega}) = 0$ 的重数为 k 的孤立解. D 为 z^0 的有界开邻域，使得 $\overline{D}$ 不包含 $P(z;\tilde{\omega}) = 0$ (除 z^0 外)的其他解. 则对于所有使得 0 为 $P(\cdot;\tilde{\omega}+e)$ 的正则值的充分小的 $e\in \boldsymbol{C}^k$，$P(z;\tilde{\omega}+e) = 0$ 在D中恰有 k 个不同的解.

证明 由第六章定理 2.12，对于充分小的 e，$\deg(P(\cdot;\tilde{\omega}+e),\overline{D},0) = \deg(P(\cdot,\tilde{\omega}),\overline{D},0) = k$. 因为 0 为 $P(\cdot;\tilde{\omega}+e)$ 的正则值，再根据第六章的定理 3.2 和注 4.3 可知，$P(\cdot;\tilde{\omega}+e)$ 作为 R^{2n} 上的实映射的 Jacobi 行列式是正的. 所以，$P(z;\tilde{\omega}+$

$e) = 0$ 在D中的解的数目恰为 $\deg(P(\cdot;\tilde{\omega}+e), \bar{D}, 0) = k$ 个. □

以下定理是首先由 Noether 和 Van der Waerden 发现的，见 [Van der Waerden, 1931].

定理 1.18 已给代数方程组 $P(z;\tilde{\omega}) = 0$，设 $P^*(z;\tilde{a},\tilde{c}) = 0$ 为它的相应的最高阶的齐次方程组. 如果 $P^*(z;\tilde{a},\tilde{c}) = 0$ 只有平凡解 $z = 0$，则 $P(z;\tilde{\omega}) = 0$ 恰有 $q = \prod_{i=1}^{n} q_i$ 个解(按重数计算)，其中 q_i 为 P_i 的阶数(称 P^* 支配 P).

证明 由定理 1.13，对几乎所有的 e，$P(z;\tilde{\omega}+e) = 0$ 恰有q个不同的解. 这时可断言必存在 $\eta > 0$，当上述的e满足 $|e| \leqslant \eta$ 时，$P(z;\tilde{\omega}+e) = 0$ 的任何解z有 $|z| \leqslant M$ (常数). 不然的话，有 $e^k \to 0$ 和 $|z^k| \to \infty$，使得 $P(z^k;\tilde{\omega}+e^k) = 0$. 于是，当 $e^k \to 0$ 时，有

$$P_i^*\left(\frac{z^k}{|z^k|};\tilde{a},\tilde{c}\right) = |z^k|^{-q_i}[P_i^*(z^k;\tilde{a},\tilde{c}) - P_i(z^k;\tilde{\omega}+e^k)] = |z^k|^{-q_i}[P_i^*(z^k;\tilde{a},\tilde{c}) - P_i(z^k;\tilde{\omega}) - P_i(z^k;e^k)] \to 0.$$

设 z^0 为 $\frac{z^k}{|z^k|}$ 的聚点，显然 $|z^0| = 1$ 并且 $P^*(z^0;\tilde{a},\tilde{c}) = 0$，这与 $P^*(z;\tilde{a},\tilde{c}) = 0$ 只有平凡解 $z = 0$ 相矛盾.

因此，我们取 $\tilde{e}^k \to 0$ 和 $|\tilde{z}^k| \leqslant M$，使得 $P(\tilde{z}^k;\tilde{\omega}+e^k) = 0$. 令 $\tilde{z}^0$ 为 $\tilde{z}^k$ 的聚点，于是，$P(\tilde{z}^0;\tilde{\omega}) = 0$，即 $P(z;\tilde{\omega}) = 0$ 的解集非空. 此外，由引理得到此解集是有限的. 设 $\{\xi^i, i=1,\cdots,l\}$ 为 $P(z;\tilde{\omega}) = 0$ 的全部相异的解，k_i 为 ξ^i 的重数.

取r充分小，使 $\bar{D}_i \cap \bar{D}_j = \phi$ $(i \neq j)$，其中 $D_i = \{z \in \mathbf{C}^n | |z - \xi^i| < r\}, i = 1,\cdots,l$. 根据引理 1.11，引理 1.17 以及上述有界性的结果可知，必存在充分小的e，使得 $P(z;\tilde{\omega}+e) = 0$ 恰有q个相异的解，且它们都含在 $\bigcup_{i=1}^{l} D_i$ 中，并且

$$\deg(P(\cdot;\tilde{\omega}+e), \bar{D}_i, 0) = \deg(P(\cdot;\tilde{\omega}), \bar{D}_i, 0) = k_i.$$

于是，$P(z;\tilde{\omega})=0$ 的解的数目为(按重数计算)

$$\sum_{i=1}^{l} k_i=\sum_{i=1}^{l}\deg\left(P(\cdot;\tilde{\omega}+e),\bar{D}_i,0\right)$$

$$=q=\prod_{i=1}^{n} q_i.\ \square$$

注 1.19 如果 $P(z;\tilde{\omega})=0$ 的解的个数不等于 q (按重数计算)，由定理 1.18 可知，$P^*(z;\tilde{\omega})=0$ 必须有非平凡解.

例如，

$$\begin{cases}z_1^2-z_2-1=0\\ z_1^2-2z_2=0\end{cases}$$

有两个重数都为 1 的解 $(\sqrt{2},1)$ 和 $(-\sqrt{2},1)$，而 $P_i^*(z;\tilde{\omega})=z_1^2=0$，$i=1,2$，有非零解 $(0,r)$，$r\neq 0$.

推论 1.20 在定理 1.18 中，如果 0 为 $P(\cdot;\tilde{\omega})$ 的正则值，则所有 q 个解都是不同的.

证明 由定理 1.18，$P(z;\tilde{\omega})=0$ 有 q 个解 (按重数计算). 又因为 0 为 $P(\cdot;\tilde{\omega})$ 的正则值，故 $P(z;\tilde{\omega})$ 的每一个解都是 1 重的. 这就证明了它的 q 个解都是不同的. $\square$

定理 1.21 (Bezout 定理) 已给代数方程组 $P(z;\tilde{\omega})=0$，q_i 为 P_i 的阶数. 则 $P(z;\tilde{\omega})=0$ 的孤立解的数目至多为 $q=\prod_{i=1}^{n} q_i$ (按重数计算).

证明 设 $P(z;\tilde{\omega})=0$ 的所有相异的孤立解为 $\xi^1,\cdots,\xi^l$，它们的重数分别为 $k_1,\cdots,k_l$. 记 $D_i=\{z\in \boldsymbol{C}^n \mid |z-\xi^i|<r\}$，取 r 充分小，使得 $\bar{D}_i\cap\bar{D}_j=\phi$ $(i\neq j)$，并且在 $\bar{D}_i$ 中只含唯一的解 ξ^i，$i=1,\cdots,l$. 根据引理 1.11，定理 1.13 和引理 1.17，存在充分小的 $e\in\boldsymbol{C}^k$，使得 0 为 $P(z;\tilde{\omega}+e)$ 的正则值和 $P(z;\tilde{\omega}+e)=0$，恰有 $q=\prod_{i=1}^{n} q_i$ 个相异的解，并且在 $\bar{D}_i$ 中恰有 k_i 个相异的解. 于是，$P(z;\tilde{\omega})=0$ 的孤立解的数目(按重数计算)至多为

$$\sum_{i=1}^{l} k_i \leqslant q. \square$$

定理 1.22 (Noether 和 Van der Waerden 定理) 如果 $P^*(z; \tilde{a}, \tilde{c}) = 0$ 只有平凡解 $z = 0$，则代数方程组 $P(z; \tilde{\omega}) = 0$ 至多有 $q = \prod_{i=1}^{n} q_i$ 个不同的解.

证明 这是定理 1.18 的直接推论，亦可由引理 1.16 和定理 1.21 推出. $\square$

最后，我们给出定理 1.18 对某些代数方程组的应用.

定理 1.23 设 $P(z; \tilde{\omega}) = 0$，相应的最高阶的方程组 $P^*(z; \tilde{a}, \tilde{c}) = 0$，形如 $P_i^*(z; \tilde{a}, \tilde{c}) = \sum_{j=1}^{n} e_{ij} z_j^r = 0$，$i = 1, \cdots, n$，其中 e_{ij} 为复数，r 为正整数. 如果 $e = (e_{ij})$ 为非异矩阵，则 $P(z; \tilde{\omega}) = 0$ 有 r^n 个解.

证明 因为 $e = (e_{ij})$ 为非异矩阵，故 $\sum_{j=1}^{n} e_{ij} z_j^r = 0$，$i = 1, \cdots, n$ 必须有 $(z_1^r, \cdots, z_n^r) = (0, \cdots, 0)$，即 $(z_1, \cdots, z_n) = (0, \cdots, 0)$。再由定理 1.18，$P(z; \tilde{\omega}) = 0$ 有 r^n 个解. $\square$

定理 1.24 设 $P(z; \tilde{\omega}) = 0$，相应的最高阶的方程组 $P^*(z; \tilde{a}; \tilde{c}) = 0$，形如 $P_i^*(z; \tilde{a}, \tilde{c}) = z_i^{s_i} \left(\sum_{j=1}^{n} e_{ij} z_j^r \right) = 0$，$i = 1, \cdots, n$。如果 $e = (e_{ij})$ 有非异的主子矩阵（e 的主子矩阵是由删去第 i 行和 i 列得到，$i \in \mathrm{I}$，其中 $\mathrm{I} \subseteq \{1, 2, \cdots, n\}$，$\mathrm{I}$ 可以为空集）. 则 $P(z; \tilde{\omega}) = 0$ 有 $\prod_{i=1}^{n} (r + s_i)$ 个解.

证明 考虑 $z = (z_{\mathrm{I}}, 0)$，$z_i \neq 0$，$i \in \mathrm{I}$。如果 $P^*(z; \tilde{a}, \tilde{c}) = 0$，则必须有 $P_i^*(z; \tilde{a}, \tilde{c}) = z_i^{s_i} \left(\sum_{j=1}^{n} e_{ij} z_j^r \right) = 0$，$i \in \mathrm{I}$，即

$$\sum_{j \in \mathrm{I}} e_{ij} z_j^r = 0, \quad i \in \mathrm{I}.$$

我们将上述方程组改写为 $e_{\mathrm{II}} y_{\mathrm{II}} = 0$，其中 e_{II} 为由删去第 i 行和 i 列（$i \notin \mathrm{I}$）得到的主子矩阵，而 $y_i = z_i^r$，$i \in \mathrm{I}$。因为 e_{II} 非异，故

$y_1=0$. 于是，$z_1=0$，矛盾. □

§2. 多项式映射的孤立零点

设已给一个固定的多项式映射 $P:\boldsymbol{C}^n\to\boldsymbol{C}^n$，其中$P=(P_1,\cdots,P_n)$，$P_i$ 的阶数为 $q_i\geqslant 1$. 我们已经熟悉了一个从平凡多项式 $H(z,0)=Q(z)$到 $H(z,1)=P(z)$ 的线性同伦

$$H(z,t)=tP(z)+(1-t)Q(z),$$

其中

$$Q_j(z)=z_j^{q_j}-b_j,\ b_j\in\boldsymbol{C}-\{0\},\ 1\leqslant j\leqslant n.$$

显然，$Q(z)$ 有 $q=\prod_{i=1}^n q_i$ 个相异的零点

$$\left(b_1^{\frac{1}{q_1}}e^{i\frac{2k_1\pi}{q_1}},\cdots,b_n^{\frac{1}{q_n}}e^{i\frac{2k_n\pi}{q_n}}\right),\ k_j=1,\cdots,q_j;$$
$$j=1,\cdots,n.$$

利用参数的 Sard 定理 1.10，我们可以选取 b，使得 0 为 $H(\cdot,\cdot;b)$ 在 $\boldsymbol{C}^n\times[0,1)$ 上的正则值，因此，它的零点集由一些道路组成，但当 $t\to t_0\leqslant 1$ 时，这些道路有可能无界，也就是说，这些道路未必趋于 $H(\cdot,1;b)$ 的零点.

为了补救这种病态的情况，引进第三项 $t(1-t)R(z)$，其中 R 的第 j 个分量为:

$$R_j(z)=\sum_{i=1}^n a_{ij}z_i^{q_i},\ a_{ij}\in\boldsymbol{C}.$$

显然，它在 $t=0,1$ 处为 0.

考虑同伦

$$H:\boldsymbol{C}^n\times[0,1]\times\boldsymbol{C}^n\times\boldsymbol{C}^{n^2}\to\boldsymbol{C}^n,$$

它的第 j 个分量是:

$$H_j(z,t;b,a)=tP_j(z)+(1-t)(z_j^{q_j}-b_j)$$
$$+t(1-t)\sum_{i=1}^n a_{ij}z_i^{q_i},$$

这里 $b\in\boldsymbol{C}^n$，$a\in\boldsymbol{C}^{n^2}$ 是参数，而 $t\in[0,1]$ 是同伦参数.

设 $P^*(z)=(P_1^*(z),\cdots,P_n^*(z))$，其中 $P_j^*: \boldsymbol{C}^n\to\boldsymbol{C}$ 由 P_i 的阶数为 q_i 的项组成. 我们再由

$$H_i^*(z,t;a)=tP_i^*(z)+(1-t)z_j^{q_i}+t(1-t)\sum_{i=1}^{n} a_{ij}z_i^{q_i},$$

$i=1,\cdots,n$，构造

$$H^*: \boldsymbol{C}^n\times R\times \boldsymbol{C}^{n^2}\to \boldsymbol{C}^n.$$

应用参数的 Sard 定理 1.10，我们先证下面的引理（复空间自然被认作为维数二倍的实空间）.

引理 2.1 对于几乎所有的 $(b,a)\in\boldsymbol{C}^n\times\boldsymbol{C}^{n^2}$，$0\in\boldsymbol{C}^n$ 为 $H(\cdot,\cdot;b,a)$ 在 $\boldsymbol{C}^n\times[0,1)$ 上的正则值，它也是 $H^*(\cdot,\cdot;a)$ 在 $(\boldsymbol{C}^n-\{0\})\times[0,1)$ 上的正则值.

证明 显然

$$\operatorname{rank} H_b'=\operatorname{rank}(1-t)\begin{pmatrix}-1 & & \\ & \ddots & \\ & & -1\end{pmatrix}=n,\quad t\in[0,1),$$

再由参数的 Sard 定理 1.10，对于几乎所有的 $(b,a)\in\boldsymbol{C}^n\times\boldsymbol{C}^{n^2}$，0 为 $H(\cdot,\cdot;b,a)$ 的正则值.

如果 $t\neq 0,1$；$z\neq 0$. 选择 i 使得 $z_i\neq 0$，并求 H^* 关于 $a_{i\cdot}=(a_{i1},\cdots,a_{in})$ 的导数，我们得到

$$H_{a_{i\cdot}}^{*\prime}=\begin{pmatrix}t(1-t)z_i^{q_1} & & \\ & \ddots & \\ & & t(1-t)z_i^{q_n}\end{pmatrix}.$$

因此，$H_{a_{i\cdot}}^{*\prime}$ 有满秩.

如果 $t=0$，显然 $H^*(z,0;a)=(z_1^{q_1},\cdots,z_n^{q_n})\neq 0$. 由上述，对几乎所有的 $a\in\boldsymbol{C}^n$（或几乎所有的 $(b,a)\in\boldsymbol{C}^n\times\boldsymbol{C}^{n^2}$），0 为 $H^*(\cdot,\cdot;a)$ 在 $(\boldsymbol{C}^n-\{0\})\times[0,1)$ 上的正则值. □

引理 2.2 设 (b,a) 固定（如引理 2.1 所述）. 如果 $H(z^0,t_0;b,a)=0$，$t_0\in[0,1)$，则 $z^0=0$.

证明 如果 $z^0\neq 0$，因为 0 为 $H^*(\cdot,\cdot;a)$ 在 $(\boldsymbol{C}^n-\{0\})\times[0,1)$ 上的正则值，故 $(H^*)^{-1}(0)=\{(z,t)\in\boldsymbol{C}^n\times[0,1]\times\boldsymbol{C}^{n^2}\mid H^*(z,t;a)=0\}$ 在 (z^0,t_0) 附近有一条通过该点的实的一

维曲线．但是，对于任何 $\lambda\in \boldsymbol{C}=\boldsymbol{R}^2$，由$H^*$齐次可知 $H^*(\lambda z^0, t_0; a)=0$。这就证明了 $(H^*)^{-1}(0)$ 包含一个实的二维曲面，矛盾．□

显然，$H^*(z, t; a)$ 支配 $H(z, t; b, a)$。

引理 2.3 设 (b, a) 固定（如引理 2.1 所述），则对任何 $t_0\in[0, 1)$，存在常数 $K(t_0)>0$，使得H在 $\boldsymbol{C}^n\times[0, t_0]$ 中的所有零点 z，有 $|z|\leqslant K(t_0)$。

证明 如果不是，则存在 $t_0\in[0, 1)$ 和序列 $(z^k, t_k)\in \boldsymbol{C}^n\times[0, t_0]$，使得 $H(z^k, t_k; b, a)=0$ 和 $|z^k|\to\infty$。我们可以假定（否则取子序列）$\dfrac{z^k}{|z^k|}\to z^0\in \boldsymbol{C}^n$ 和 $t_k\to\tau\in[0,t_0]$。

因为 $H_i-H_i^*$ 是关于 z 的阶数小于 q_i 的多项式，所以

$$
\begin{aligned}
H_i^*\left(\frac{z^k}{|z^k|}, t_k; a\right)&=|z^k|^{-q_i}H_i^*(z^k, t_k; a)\\
&=|z^k|^{-q_i}[H_i^*(z^k, t_k; a)-H_i(z^k, t_k; b, a)]\\
&\to 0\quad(\text{当 } k\to\infty).
\end{aligned}
$$

这就推出了 $H^*(z^0, \tau; a)=0$。但是，显然有 $|z^0|=1$，这与引理 2.2 相矛盾．□

有了上述诸引理以后，就可以建立本节的主要定理．

定理 2.4 设 $P:\boldsymbol{C}^n\to\boldsymbol{C}^n$ 为一个已给的多项式映射，第 i 个分量 P_i 的阶数 $q_i\geqslant 1$。考虑同伦

$$H:\ \boldsymbol{C}^n\times[0, 1]\times\boldsymbol{C}^n\times\boldsymbol{C}^{n^2}\to\boldsymbol{C}^n,$$

它的第 i 个分量为

$$
\begin{aligned}
H_i(z, t; b, a)=&\,tP_i(z)+(1-t)(z_i^{q_i}-b_i)\\
&+t(1-t)\sum_{i=1}^{n}a_{ij}z_j^{q_i},
\end{aligned}
$$

其中 $b\in\boldsymbol{C}^n$，$a\in\boldsymbol{C}^{n^2}$，$t\in[0, 1]$。则对于几乎所有的

$$(b, a)\in\boldsymbol{C}^n\times\boldsymbol{C}^{n^2},$$

零点集合

$$\{(z, t)\in\boldsymbol{C}^n\times[0, 1)\,|\,H(z, t; b, a)=0\}$$

由 $q=\prod_{j=1}^{n}q_j$ 条不同的解析的道路 $z^1(t),\cdots,z^q(t)$ 组成，它们分别从 $H(\cdot,0;b,a)$ 的 q 个不同的零点发出。（如果这样的道路由弧长 s 作参数，则 $\frac{dt}{ds}>0$。）

对于每个 j，或者

$$\lim_{\substack{l\to\infty\\ t_l\to 1^-}}|z^j(t_l)|=\infty;$$

或者极限集合：$\{z^{j*}|\lim\limits_{\substack{l\to\infty\\ t_l\to 1^-}}z^j(t_l)=z^{j*}\}$ 形成 $P^{-1}(0)$ 的一个连通子集。

此外，对 P 的每个孤立零点 z^0，至少存在某个 j，使得

$$\lim_{t\to 1^-}z^j(t)=z^0.$$

特别地，$P(z)$ 至多有 q 个孤立零点。 它是古典的 Bezout 定理(这里是利用同伦给出的证明)。

证明 根据引理 2.1，对几乎所有的 $(b,a)\in \boldsymbol{C}^n\times \boldsymbol{C}^{n'}$，0 为 $H(\cdot,\cdot;b,a)$ 在 $\boldsymbol{C}^n\times[0,1)$ 上的正则值。于是，零点集合

$$\{(z,t)\in \boldsymbol{C}^n\times[0,1)|H(z,t;b,a)=0\}$$

由 $q=\prod_{j=1}^{n}q_j$ 条不同的解析道路 $z^1(t),\cdots,z^q(t)$ 组成，它们分别从 $H(\cdot,0;b,a)$ 的 q 个不同的零点发出。

由引理 2.3，只有当 $t\to 1^-$ 时，上述的道路才有可能无界。再根据第六章注 4.3，明显地有 $\frac{dt}{ds}>0$。利用反证法不难证明，极限集合：$\{z^{j*}|\lim\limits_{\substack{l\to\infty\\ t_l\to 1^-}}z^j(t_l)=z^{j*}\}$ 形成 $P^{-1}(0)$ 的一个连通子集。

最后，我们证明，对 P 的每个孤立零点 z^0，至少存在某个 j，使得 $\lim\limits_{t\to 1^-}z^j(t)=z^0$。为此，只须证明对任意靠近 1 的 t，$H(\cdot,t;b,a)$ 有任意靠近 z^0 的零点就足够了。

设 $U(r)=\{z||z-z^0|<r\}$，取 r 足够小，使得 $\overline{U(r)}$ 中只含 P 的孤立零点 z^0。由第六章定理 2.12 推出，存在 $\delta>0$，当 1－

$\delta < t < 1$ 时，有

$$\deg(H(\cdot, t; b, a), \overline{U(r)}, 0) = \deg(P, \overline{U(r)}, 0).$$

设 $\mu(x, y) = f(x, y)dx \wedge dy = f(x, y)dx_1 \wedge \cdots \wedge dx_n \wedge dy_1 \wedge \cdots \wedge dy_n$

表示第六章定理 2.17 中所述的 $\boldsymbol{R}^{2n}$ 上的 C^∞ 的 $2n$ 形式。特别地，可以选取 $f(x, y) \geqslant 0$，且它在原点附近有 $f(x, y) > 0$。

应用引理 1.11，定理 1.13 和定理 6.2.12，可以选择多项式映射 $\tilde{P}: \boldsymbol{C}^n \to \boldsymbol{C}^n$，使得

$$\deg(\tilde{P}, \overline{U(r)}, 0) = \deg(P, \overline{U(r)}, 0),$$

$f \circ \tilde{P}(z^0) > 0$，并且 $\tilde{P}$ 恰有 q 个相异的零点，0 为 $\tilde{P}$ 的正则值。显然，$\det \tilde{P}'(z) \neq 0$，因而在 $\boldsymbol{C}^n$ 的任何开集上 $\det \tilde{P}'(z) \neq 0$。综上所述，可以得到

$$\begin{aligned} \det(H(\cdot, t; b, a), \overline{U(r)}, 0) &= \deg(P, \overline{U(r)}, 0) \\ &= \deg(\tilde{P}, \overline{U(r)}, 0) \\ &= \int_{U(r)} f \circ \tilde{P}(z) |\det \tilde{P}'(z)|^2 dx \wedge dy > 0. \end{aligned}$$

由于度数必为整数，所以

$$\deg(H(\cdot, t; b, a), \overline{U(r)}, 0) = \deg(P, \overline{U(r)}, 0) \geqslant 1.$$

再根据第六章连续方程组解的存在性定理 6.2.14，$H(z, t; b, a)$ 在 $U(r)$ 中必有零点。

容易看出，$z^1(t), \cdots, z^q(t)$ 中每条道路至多趋向于一个孤立零点，因此，$P(z)$ 至多有 q 个孤立零点。更进一步，如果 z^0 为 k 重孤立零点，则恰有 k 条道路趋向于 z^0。 □

定理 2.4 中的 H 是由 Chow, Mallet-Paret 和 Yorke 引进的（参看 [Chow, Mallet-Paret & Yorke, 1978]）。最近，T. Y. Li 给出了一个更简单、更自然的同伦

$$H: \boldsymbol{C}^n \times [0, 1] \times \boldsymbol{C}^n \times \boldsymbol{C}^n \to \boldsymbol{C}^n$$

$$H(z, t; a, b) = tP(z) + (1 - t)Q(z),$$

其中 $Q(z) = (q_1(z), \cdots, q_n(z)) \in \boldsymbol{C}^n$

$$q_k(z) = a_k z_k^{d_k} - b_k, \quad a_k, b_k \in \boldsymbol{C}, \quad 1 \leqslant k \leqslant n.$$

这个同伦看来更适用于建立解代数方程组的标准计算程序.

利用定理 2.4 或 Bezout 定理 1.22，我们重新证明定理 1.8，这个证明方法也是很有趣的.

定理 2.5 设 P_1 和 P_2 为复的(或实的)无公因子的多项式，P_j 的阶数为 q_j，$j=1, 2$，则代数方程组

$$\begin{cases}P_1(z_1, z_2)=0\\ P_2(z_1, z_2)=0\end{cases}$$

的解为有限集,且其数目 $\leqslant q=q_1\cdot q_2$（按重数计).

证明 用 $q_{z_1}(P_j)$ 表示 P_j 关于 z_1 的阶数. 令

$$\begin{aligned}
&P_1=d_1P_2+P_3, && q_{z_1}(P_3)<q_{z_1}(P_2),\\
&P_2=d_2P_3+P_4, && q_{z_1}(P_4)<q_{z_1}(P_3),\\
&\cdots\\
&P_{r-1}=d_{r-1}P_r+P_{r+1}, && q_{z_1}(P_{r+1})<q_{z_1}(P_r),
\end{aligned}$$

这里 $q_{z_1}(P_{r+1})=0$. 显然，$P_{r+1}=P_{r+1}(z_2)=\tilde{P}_{r+1}(z_2)/\tilde{\tilde{P}}_{r+1}(z_2)$，其中 $\tilde{P}_{r+1}$ 和 $\tilde{\tilde{P}}_{r+1}$ 为 z_2 的多项式.

现在，如果代数方程组

$$\begin{cases}P_1(z_1, z_2)=0\\ P_2(z_1, z_2)=0\end{cases}$$

的解含无限集 (ξ_k, η_k)，$k=1, 2, \cdots$. 注意到 P_1 和 P_2 没有公因子,不失一般性,我们可以假定,当 $k\neq l$ 时，$\xi_k\neq\xi_l$，$\eta_k\neq\eta_l$，以及 η_k，$k=1, 2, \cdots$，使得 d_i 和 P_i 关于 z_1 的每个系数是定义好的，即关于 z_2 的有理函数的分母不为 0. 容易看出，$P_1(\xi_k, \eta_k)=0, \cdots, P_r(\xi_k, \eta_k)=0$ 和 $P_{r+1}(\eta_k)=0$，$\tilde{P}_{r+1}(\eta_k)=0$. 显然，$\tilde{P}_{r+1}(\eta_k)=0$，$k=1, 2, \cdots$ 蕴涵着 $\tilde{P}_{r+1}\equiv 0$，所以 $P_{r+1}\equiv 0$.

注意到 $P_r(z_1, z_2)=\tilde{f}_r(z_1, z_2)/\tilde{\tilde{f}}_r(z_2)$，其中 $\tilde{f}_r$ 和 $\tilde{\tilde{f}}_r$ 为无公因子的多项式，$q_{z_1}(\tilde{P}_r)\geqslant 1$. 则 P_1 和 P_2 必须含 $\tilde{P}_r$ 的因子作为公因子，这与题设矛盾.

因此，上述代数方程组的解是有限集，它由孤立点组成. 最后,定理 1.22 或定理 2.4 断言,它的数目 $\leqslant q=q_1\cdot q_2$. □

推论 2.6 设 F 为 x 和 y 的不可约多项式，它的阶数 $\delta \geqslant 1$，则 F 至多有 $(\delta-1)^2$ 个奇点.

证明 奇点是以下方程组的零点：

$$\begin{cases} F(x, y)=0, \\ \dfrac{\partial F}{\partial x}(x, y)=0, \\ \dfrac{\partial F}{\partial y}(x, y)=0. \end{cases}$$

如果 $\dfrac{\partial F}{\partial x}=h \cdot F_1$，$\dfrac{\partial F}{\partial y}=h \cdot F_2$，$h$ 的阶数 $\leqslant \delta-2$，h，F_1，F_2 为多项式，且 F_1 和 F_2 无公因子，则上述方程组等价于

$$\begin{cases} F=0 \\ h=0 \end{cases} \quad 和 \quad \begin{cases} F=0 \\ F_1=0 \\ F_2=0. \end{cases}$$

因为 F 是不可约的，而 h 的阶数 $<F$ 的阶数，所以 F 和 h 无公因子．再由定理 2.5，$F=0$ 的奇点数目至多为

$$\begin{aligned} &(\delta-1-k)^2+\delta k \leqslant(\delta-1)^2-2k(\delta-1)+k^2+\delta k \\ &=(\delta-1)^2-k(\delta-2-k) \leqslant(\delta-1)^2. \end{aligned}$$

设 $\dfrac{\partial F}{\partial y} \neq 0$ 和 $\dfrac{\partial F}{\partial x} \equiv c \dfrac{\partial F}{\partial y}$，其中 c 为常数．现在，$F(x, y)=0$ 有无限个零点(也许是复点)，但

$$\begin{cases} F(x, y)=0 \\ \dfrac{\partial F}{\partial y}(x, y)=0 \end{cases}$$

只有有限个零点 $\left(F \text{ 和 } \dfrac{\partial F}{\partial y} \text{ 无公因子}\right)$．所以必存在 (x_0, y_0)，使得

$$\begin{cases} F(x_0, y_0)=0 \\ \dfrac{\partial F}{\partial y}(x_0, y_0) \neq 0, \end{cases}$$

根据隐函数定理，在 x_0 附近存在解析函数 $y=y(x)$，$y(x_0)=y_0$.

于是，

$$\frac{\partial F}{\partial x}+\frac{\partial F}{\partial y}\frac{dy}{dx}=\frac{\partial F}{\partial y}\left(c+\frac{dy}{dx}\right)=0,$$

$\frac{dy}{dx}=-c$，$y=-cx+d$.

我们将 $F(x, y)$ 改写为

$$F(x, y)=a_k(x)(y+cx-d)^k+a_{k-1}(x)(y+cx-d)^{k-1}+\cdots+a_0(x),$$

则在 x_0 附近有

$$0\equiv F(x, -cx+d)\equiv a_0(x).$$

这就推出了 $a_0(x)\equiv 0$ 和不可约多项式 F 含有因子 $y+cx-d$. 所以，$F(x,y)\equiv c_1(y+cx-d)$，其中 c_1 为常数. 显然，$F=0$ 无奇点.

如果 $\frac{\partial F}{\partial y}\equiv 0$，则 $F(x, y)=f(x)$，

$$\begin{cases}f(x)=0\\ \frac{\partial f}{\partial x}=0\end{cases}$$

有解的充分必要条件是 $f(x)=0$ 有重根. 但是，f 不可约，所以它没有奇点. □

注 2.7 推论 2.6 也可由 [Walker, 1950] 的定理 4.4 推出.

§3. 确定有界区域内解析函数的零点

本节主要讨论在有界区域内解析函数的零点的问题.

引理 3.1 设 f 为全复平面上的解析函数，L 为复平面 $\boldsymbol{C}$ 上简单闭曲线，它不含 f 的零点，D 为 L 的内部. 令

$$s_k=\frac{1}{2\pi i}\int_L z^k\frac{f'(z)}{f(z)}dz,$$

则

$$s_k=\sum_{j=1}^{n}\xi_j^k,$$

其中 ξ_j, $j=1,\cdots,n$, 为 $f(z)$ 在D中的所有的零点(按重数计算).

证明 仿照引理 1.3 的证明. □

注 3.2 如果 $f(z)$ 已给,上述公式的左边 s_k 可求出。问题是如何从

$$(*)\begin{cases}s_1=\xi_1+\xi_2+\cdots+\xi_n\\ s_2=\xi_1^2+\xi_2^2+\cdots+\xi_n^2\\ \cdots\\ s_n=\xi_1^n+\xi_2^n+\cdots+\xi_n^n\end{cases}$$

解出 $\xi_1,\cdots,\xi_n$。下面就来解这个代数方程组。

引理 3.3 (Newton 恒等式) 设

$$\begin{cases}\sigma_1=-(\xi_1+\xi_2+\cdots+\xi_n)\\ \sigma_2=\xi_1\xi_2+\cdots+\xi_{n-1}\xi_n\\ \cdots\\ \sigma_n=(-1)^n\xi_1\cdots\xi_n,\end{cases}$$

则有 Newton 恒等式:

$$\begin{cases}s_1+\sigma_1=0\\ s_2+s_1\sigma_1+2\sigma_2=0\\ s_3+s_2\sigma_1+s_1\sigma_2+3\sigma_3=0\\ \cdots\\ s_n+s_{n-1}\sigma_1+s_{n-2}\sigma_2+\cdots+s_1\sigma_{n-1}+n\sigma_n=0.\end{cases}$$

此外,从上式看出,$\{s_j|j=1,\cdots,n\}$ 可表为 $\{\sigma_j|j=1,\cdots,n\}$ 的多项式,反之亦然.

证明 因为 ξ_j 是

$$\prod_{j=1}^{n}(z-\xi_j)=z^n+\sigma_1z^{n-1}+\sigma_2z^{n-2}+\cdots+\sigma_n$$

的零点,所以

$$s_n+s_{n-1}\sigma_1+s_{n-2}\sigma_2+\cdots+n\sigma_n=\sum_{j=1}^{n}(\xi_j^n+\sigma_1\xi_j^{n-1}$$

$$+\sigma_2\xi_i^{n-2}+\cdots+\sigma_n)=0.$$

现在用归纳法证明引理中的公式.

$n=1$ 时，公式是显然的. 设 $n=m-1$ 时公式成立. 现证 $n=m$ 时公式也成立. 事实上，当 $k\leqslant m-1$ 时，令

$$\bar{s}_j=\xi_1^j+\cdots+\xi_{m-1}^j,$$

$$\bar{\sigma}_j=(-1)^j(\xi_1\cdots\xi_j+\cdots+\xi_{m-j}\cdots\xi_{m-1}),$$

则利用归纳假设得到

$$\begin{aligned}
s_k&+s_{k-1}\sigma_1+s_{k-2}\sigma_2+\cdots+k\sigma_k=(\bar{s}_k+\xi_m^k)\\
&+(\bar{s}_{k-1}+\xi_m^{k-1})(\sigma_1-\xi_m)+(\bar{s}_{k-2}+\xi_m^{k-2})(\bar{\sigma}_2-\bar{\sigma}_1\xi_m)\\
&+(\bar{s}_{k-3}+\xi_m^{k-3})(\bar{\sigma}_3-\bar{\sigma}_2\xi_m)+\cdots\\
&+(\bar{s}_1+\xi_m)(\bar{\sigma}_{k-1}-\bar{\sigma}_{k-2}\xi_m)+[(k-1)\\
&+1](\bar{\sigma}_k-\bar{\sigma}_{k-1}\xi_m)=(\bar{s}_k+\bar{s}_{k-1}\bar{\sigma}_1+\bar{s}_{k-2}\bar{\sigma}_2+\cdots\\
&+\bar{s}_1\bar{\sigma}_{k-1}+(k-1)\bar{\sigma}_k)-\xi_m(\bar{s}_{k-1}+\bar{s}_{k-2}\bar{\sigma}_1\\
&+\bar{s}_{k-3}\bar{\sigma}_2+\cdots+\bar{s}_1\bar{\sigma}_{k-2}+(k-1)\bar{\sigma}_{k-1})\\
&=0+0=0.
\end{aligned}$$

此外，由前面所述，显然有

$$S_m+S_{m-1}\sigma_1+S_{m-2}\sigma_2+\cdots+s_1\sigma_{m-1}+m\sigma_m=0. \quad \square$$

注 3.4 由引理 3.3，已给 $\{s_j\}$ 等价于已给 $\{\sigma_j\}$. 因此，解方程组 (*) 等价于解代数方程

$$F(z)=z^n+\sigma_1z^{n-1}+\cdots+\sigma_n=0.$$

引理 3.5 设 $P:\boldsymbol{C}^n\to\boldsymbol{C}^n$ 为多项式映射，其分量具有如下形式：

$P_k(z)=z_1^k+\cdots+z_n^k$, $k=1,\cdots,n$，则 0 为 $P(z)=0$ 的唯一解.

证明 显然，$P(0)=0$.

反之，如果 $P(z)=0$ 即 $s=(s_1,\cdots,s_n)=(0,\cdots,0)$. 再由 Newton 恒等式得到 $(\sigma_1,\cdots,\sigma_n)=(0,\cdots,0)$ 和

$$0=z_j^n+z_j^{n-1}\sigma_1+\cdots+z_j\sigma_{n-1}+\sigma_n=z_j^n,$$

$$z_j=0,\ j=1,\cdots,n.$$

于是，$z=(z_1,\cdots,z_n)=(0,\cdots,0)$. $\square$

从现在起，本节中的 P 都指引理 3.5 中的 P.

定理 3.6 (1) 如果 $\xi=(\xi_1,\cdots,\xi_n)$ 为 $P(z)=s$ 的解 ($s=(s_1,\cdots,s_n)$ 给定)，则 $\xi_\mu=(\xi_{\mu(1)},\cdots,\xi_{\mu(n)})$ 也为它的一个解，这里 μ 是 $(1,\cdots,n)$ 的任意置换.

(2) 如果 $\xi=(\xi_1,\cdots,\xi_n)$ 和 $\tilde\xi=(\tilde\xi_1,\cdots,\tilde\xi_n)$ 都为 $P(z)=s$ 的解，则必存在 $(1,\cdots,n)$ 的置换 μ，使得 $(\tilde\xi_1,\cdots,\tilde\xi_n)=(\xi_{\mu(1)},\cdots,\xi_{\mu(n)})$.

(3) $P(z)=s$ 有 $n!$ 个解(按重数计算).

证明 (1) 因为 $P(z)=s$ 关于 z 是对称的，所以由 $\xi=(\xi_1,\cdots,\xi_n)$ 为它的解可推出 $\xi_\mu=(\xi_{\mu(1)},\cdots,\xi_{\mu(n)})$ 也为它的解.

(2) 设
$$\sigma_j=(-1)^j(\xi_1\cdots\xi_j+\cdots+\xi_{n-j+1}\cdots\xi_n),$$
$$\tilde\sigma_j=(-1)^j(\tilde\xi_1\cdots\tilde\xi_j+\cdots+\tilde\xi_{n-j+1}+\tilde\xi_n).$$
因为 $P(\tilde\xi)=s=P(\xi)$，故 $\sigma_j=\tilde\sigma_j$，$j=1,\cdots,n$，进而
$$\prod_{j=1}^n(z-\tilde\xi_j)=z^n+z^{n-1}\tilde\sigma_1+\cdots+\tilde\sigma_n$$
$$=z^n+z^{n-1}\sigma_1+\cdots+\sigma_n=\prod_{i=1}^n(z-\xi_j).$$
这就推出了 $(\tilde\xi_1,\cdots,\tilde\xi_n)=(\xi_{\mu(1)},\cdots,\xi_{\mu(n)})$，其中 μ 为 $(1,\cdots,n)$ 的置换.

(3) 由引理 3.5，$P^*(z)=P(z)=0$ 有唯一的平凡解 $z=0$，再根据定理 1.18 可知，$P(z)=s$ 有 $n!$ 个解(按重数计算). □

设 $U=\{(z_1,\cdots,z_n)\in \boldsymbol{C}^n \mid z_i\neq z_j,\ i\neq j\}$，显然它是 $\boldsymbol{C}^n$ 中的开集，且有

引理 3.7 对于 $z\in U$，$P'(z)$ 是非异的.

证明 由 Vandermonde 行列式得到
$$\det P'(z)=\begin{vmatrix}1 & 1 & \cdots & 1\\ 2z_1 & 2z_2 & \cdots & 2z_n\\ \cdots & & & \\ nz_1^{n-1} & nz_2^{n-1} & \cdots & nz_n^{n-1}\end{vmatrix}$$

$$
= n!\begin{vmatrix} 1 & 1 & \cdots & 1 \\ z_1 & z_2 & \cdots & z_n \\ \cdots & & & \\ z_1^{n-1} & z_2^{n-1} & \cdots & z_n^{n-1} \end{vmatrix}
$$

$$
= n! \prod_{1\leqslant i<j<n} (z_j - z_i) \neq 0, \ z \in U. \ \Box
$$

考虑同伦 $H: \boldsymbol{C}^n \times (0,1) \times U \to \boldsymbol{C}^n$,

$$
H(z, t; a) = t(P(z) - s) + (1 - t)(P(z) - P(a)).
$$

容易看出，a 为 $H(z, 0; a) = P(z) - P(a) = 0$ 的解，而 $H(z, 1; a) = P(z) - s$.

下面先证一个对我们的算法的理论有关的定理.

定理 3.8 (1) 0 为 $H(\cdot, \cdot; \cdot)$ 的正则值.

(2) 对几乎所有的 $a \in U$, 含 a_μ 的 $H_a^{-1}(0) = \{(z, t) \in \boldsymbol{C}^n \times (0, 1) | H(z, t; a) = t(P(z) - s) + (1 - t)(P(z) - P(a)) = 0$, a 固定$\}$的连通分支 Γ_{a_μ} 是一条连结 a_μ 和 z_μ^0 的可微道路，其中 $P(z_\mu^0) = s$, $a_\mu = (a_{\mu(1)}, \cdots, a_{\mu(n)})$, μ 为 $(1, \cdots, n)$ 的一个置换.

证明 (1) 设 $(\tilde{z}, \tilde{t}, \tilde{a}) \in \boldsymbol{C}^n \times (0, 1) \times U$ 和 $H(\tilde{z}, \tilde{t}; \tilde{a}) = 0$, 则关于 a 的导数矩阵为 $H'_a(\tilde{z}, \tilde{t}; \tilde{a}) = -(1 - \tilde{t})P'(\tilde{a})$, 由引理 3.7, 当 $\tilde{a} \in U$ 和 $\tilde{t} \neq 1$ 时，它是非异的. 因此，H 视作实同伦，我们有

$$
2n \geqslant \operatorname*{rank}_{R} H'(\tilde{z}, \tilde{t}; \tilde{a}) \geqslant \operatorname*{rank}_{R} H'_a(\tilde{z}, \tilde{t}; \tilde{a}) = 2n,
$$

$$
\operatorname*{rank}_{R} H'(\tilde{z}, \tilde{t}; \tilde{a}) = 2n.
$$

这就证明了 0 为 $H(\cdot, \cdot; \cdot)$ 的正则值.

(2) 由参数的 Sard 定理 1.10, 对几乎每个 $a \in U$, 0 为 $H_a(z, t) \equiv H(z, t; a)$ 的正则值. 应用隐函数定理，可推出 $H_a^{-1}(0)$ 的连通分支微分同胚于一圆或一开区间. 由第六章注 4.3 可知,这连通分支不能微分同胚于圆. 因此，$H_a^{-1}(0)$ 的每个连通分支从 $(a_\mu, 0)$ 出发趋于 ∞ 或趋于 $(z_\mu^0, 1)$, 其中 $P(z_\mu^0) = s$. 我们只须证明 $H_a^{-1}(0)$ 为有界集,因而它的连通分支不能趋于∞.

换句话说，连通分支 Γ_{a_μ} 为一条连结 a_μ 和 z_μ^0 的可微道路。

假设存在序列 $(z^k, t_k)\in \boldsymbol{C}^n\times(0,1)$，使得 $|z^k|\to\infty$。考虑 $P_j\left(\frac{z^k}{|z^k|}\right)$，$j=1,\cdots,n$。因为 P_j 为 j 阶齐次多项式和 $H_a(z^k, t_k)=t_k(P(z^k)-s)+(1-t_k)(P(z^k)-P(a))=0$，所以

$$
\begin{aligned}
P_j\left(\frac{z^k}{|z^k|}\right) &= \frac{1}{|z^k|^j}P_j(z^k) \\
&= \frac{1}{|z^k|^j}\,(t_k s+(1-t_k)P(a))\to 0
\end{aligned}
$$

$(k\to\infty)$。设 $\tilde{z}$ 为 $\left\{\frac{z^k}{|z^k|}\right\}$ 的一个聚点，则有 $P(\tilde{z})=0$ 和 $|\tilde{z}|=1$。这与引理 3.5 中 0 为 $P(z)=0$ 的唯一解相矛盾。□

根据定理 3.8 (2)，可以选择 $a\in U$，使得 0 为 $H_a(z,t)$ 的正则值，容易看出 $H_a^{-1}(0)$ 恰有 $n!$ 条不同的可微道路。由第六章注 4.3，每条道路是随 t 单调增加(或单调减少)前进的。

设 $\Gamma_{a_\mu}=\{(z(\theta), t(\theta))|0\leqslant\theta<\theta_1, (z(0), t(0))=(a_\mu, 0)\}$ 由 $H_a(z(\theta), t(\theta))=0$，得到

$$
(**)\qquad (D_zH_a)\frac{dz}{d\theta}+(D_tH_a)\frac{dt}{d\theta}=0,
$$

其中 H_a 关于 z 的导数的矩阵 $D_zH_a=P'(z)$，关于 t 的导数矩阵 $D_tH_a=P(a)-s$。我们首先证明 $\frac{dt}{d\theta}\neq 0$。假设对某个 $(\tilde{z}, \tilde{t})\in\Gamma_{a_\mu}$ 有 $\frac{dt}{d\theta}=0$，则 $(D_zH_a)\frac{dz}{d\theta}=0$。因为 $\frac{dz}{d\theta}\neq 0$，所以 $D_zH_a(\tilde{z},\tilde{t})=P'(\tilde{z})$ 是奇异的，这与引理 3.7 相矛盾。此外，由 $t\geqslant 0$，$t(0)=0$ 可得到 $\frac{dt}{d\theta}>0$ 和 t 为 θ 的严格增函数。

由 (**) 得到

$$
\begin{cases}
\dfrac{dz}{dt}=-(D_zH_a)^{-1}(D_tH_a)=-(P'(z))^{-1}(P(a)-s)\\
z(0)=a_\mu.
\end{cases}
$$

设 $A=(a_{ij})$ 为 $n\times n$ 矩阵，M_{ij} 为 A 中删去第 i 行第 j 列

所得到的子矩阵，而 $A_{ij}=(-1)^{i+j}\det M_{ij}$ 为相应 a_{ij} 的代数余子式. 则 A 的逆矩阵 $A^{-1}=(\tilde{A}_{ij})$ 由

$$\tilde{A}_{ij}=\frac{1}{\det A}A_{ji}$$

给出.

对于 $i=1,\cdots,n$, 令 $\sigma_1^i,\cdots,\sigma_{n-1}^i$ 为由

$$\begin{cases}\sigma_1=-(z_1+z_2+\cdots+z_n)\\ \sigma_2=z_1z_2+\cdots+z_{n-1}z_n\\ \cdots\\ \sigma_n=(-1)^n z_1\cdots z_n\end{cases}$$

删去 z_i 得到(即令 $z_i=0$)。例如，如果 $i=1$, 则

$$\begin{cases}\sigma_1^1=-(z_2+z_3+\cdots+z_n)\\ \sigma_2^1=z_2z_3+\cdots+z_{n-1}z_n\\ \cdots\\ \sigma_{n-1}^1=(-1)^{n-1}z_2\cdots z_n.\end{cases}$$

我们还定义 $\sigma_0^i=1$.

引理 3.9 设 A 为 $n\times n$ Vandermonde 矩阵，即

$$A=(a_{ij})=(z_j^{i-1})=\begin{pmatrix}1 & \cdots & 1\\ z_1 & \cdots & z_n\\ & \cdots & \\ z_1^{n-1} & \cdots & z_n^{n-1}\end{pmatrix},$$

则 a_{ij} 的代数余子式

$$A_{ij}=(-1)^{n+i}\prod_{\substack{k>k'\\ k\neq j,\ k'\neq j}}(z_k-z_{k'})\sigma_{n-i}^j.$$

证明 显然，a_{ij} 的代数余子式

$$A_{ij}=(-1)^{i+j}\begin{vmatrix}z_1^0\cdots z_{j-1}^0 & z_{j+1}^0\cdots z_n^0\\ \cdots & \\ z_1^{i-2}\cdots z_{j-1}^{i-2} & z_{j+1}^{i-2}\cdots z_n^{i-2}\\ z_1^i\cdots z_{j-1}^i & z_{j+1}^i\cdots z_n^i\\ \cdots & \\ z_1^{n-1}\cdots z_{j-1}^{n-1} & z_{j+1}^{n-1}\cdots z_n^{n-1}\end{vmatrix}$$

是关于 $\hat{z}^j=(z_1,\cdots,z_{j-1},z_{j+1},\cdots,z_n)$ 的 $\frac{n(n-1)}{2}-(i-1)$ 阶的齐次多项式．此外，A_{ij} 关于它的变元是斜对称的．那就是，对任何 $k_1\neq k_2$，

$$
\begin{aligned}
&A_{ij}(z_1,\cdots,z_{k_1},\cdots,z_{k_2},\cdots,z_n)\\
&=-A_{ij}(z_1,\cdots,z_{k_2},\cdots,z_{k_1},\cdots,z_n).
\end{aligned}
$$

由行列式的性质，对于 $k\neq k'$，如果 $z_k=z_{k'}$，则 $A_{ij}=0$．因此，当 $k\neq k'$ 和 $k\neq j$，$k'\neq j$ 时，$(z_k-z_{k'})$ 是 A_{ij} 的一个因子．于是

$$
(***)\quad A_{ij}=(-1)^{i+j}\prod_{\substack{k>k'\\ k\neq j,\ k'\neq j}}(z_k-z_{k'})Q(\hat{z}^j),
$$

其中 Q 是关于 $\hat{z}^j$ 的齐次多项式．而

$$
\begin{aligned}
Q\text{ 的阶数}&=A_{ij}\text{ 的阶数}-\prod_{\substack{k>k'\\ k\neq j,\ k'\neq j}}(z_k-z_{k'})\text{ 的阶数}\\
&=\left(\frac{n(n-1)}{2}-(i-1)\right)-\frac{(n-1)(n-2)}{2}\\
&=n-i.
\end{aligned}
$$

比较 (***) 两边 $z_l(l\neq j)$ 的阶数，容易看出，A_{ij} 的每一项含 z_l 的最高次幂为 $n-1$，而 $\prod\limits_{\substack{k>k'\\ k\neq j,\ k'\neq j}}(z_k-z_{k'})$ 的每一项含 z_l 的最高次幂为 $n-2$，因此，$Q(\hat{z}^j)$ 的每一项含 z_l 的最高次幂为 1．此外，因为 $\prod\limits_{\substack{k>k'\\ k\neq j,\ k'\neq j}}(z_k-z_{k'})$ 是斜对称的，所以 $Q(\hat{z}^j)$ 是关于它的变元的对称多项式．那就是，对于 $k_1\neq k_2$，

$$
\begin{aligned}
&Q(z_1,\cdots,z_{k_1},\cdots,z_{k_2},\cdots,z_n)\\
&=Q(z_1,\cdots,z_{k_2},\cdots,z_{k_1},\cdots,z_n).
\end{aligned}
$$

于是我们得到 $Q(\hat{z}^j)=\alpha\sigma^j_{n-i}$，其中 α 为常数．再通过比较 (***) 两边同一项的系数可知，$\alpha=(-1)^{n-i}$．

综合上述，立即推出引理中的结论：

$$
A_{ij}=(-1)^{n+j}\prod_{\substack{k>k'\\ k\neq j,\ k'\neq j}}(z_k-z_{k'})\sigma^j_{n-i}.\quad\square
$$

设 $B=(b_{ij})=P'(z)$，则 b_{ij} 的代数余子式 $B_{ij}=\frac{n!}{i}A_{ij}$ 和 $\det B=\det P'(z)=n!\prod\limits_{k>k'}(z_k-z_{k'})$. 如果记 $B^{-1}=(\tilde{b}_{ij})$，则

$$
\begin{aligned}
\tilde{b}_{ij}&=\frac{n!}{j}\frac{A_{ji}}{\det B}=\frac{n!}{j}\frac{(-1)^{n+i}\sigma_{n-j}^{i}\prod\limits_{\substack{k>k'\\k\neq i,\ k'\neq i}}(z_k-z_{k'})}{n!\prod\limits_{k>k'}(z_k-z_{k'})}\\
&=\frac{1}{j}\frac{(-1)^{n+i}}{(-1)^{i-1}}\frac{\sigma_{n-j}^{i}}{\prod\limits_{k\neq i}(z_k-z_i)}\\
&=(-1)^{n+1}\frac{1}{j}\frac{\sigma_{n-j}^{i}}{\prod\limits_{k\neq i}(z_k-z_i)}.
\end{aligned}
$$

于是,关于 $\frac{dz}{dt}$ 的微分方程成为

$$
\begin{cases}
\dfrac{dz_i}{dt}=-\sum\limits_{j=1}^{n}\tilde{b}_{ij}(P_j(a)-s_j)\\
\qquad=\dfrac{(-1^n)}{j}\dfrac{1}{\prod\limits_{k\neq i}(z_k-z_i)}\sum\limits_{j=1}^{n}\sigma_{n-j}^{i}(P_j(a)-s_j)\\
z_i(0)=a_{\mu(i)},
\end{cases}
$$

其中，$a_\mu=(a_{\mu(1)},\cdots,a_{\mu(i)},\cdots,a_{\mu(n)})$.

第八章 分片线性逼近

设 H: $\boldsymbol{R}^m \times [0, 1] \to \boldsymbol{R}^m$ 为可微映射. T^δ 为 $\boldsymbol{R}^m \times [0, 1]$ 的单纯剖分(见 [Todd, 1976], [王则柯, 1986], 也可参阅江泽涵《拓扑学引论》,但现在单纯形数目不必有限), δ 为剖分的网格大小. Φ_δ: $\boldsymbol{R}^m \times [0, 1] \to \boldsymbol{R}^m$ 为H的分片线性逼近, 即Φ_δ 在 T^δ 的顶点处与H的值相同, 而在每个单纯形中由线性扩张得到.

视 $\boldsymbol{C}^n = \boldsymbol{R}^{2n}$. 在第七章中已经证明: 设 $P: \boldsymbol{C}^n \to \boldsymbol{C}^n$ 为多项式映射, $H(z, t) = tP(z) + (1-t)Q(z)$ 为线性同伦, 其中 $Q_j(z) = z_j^{q_j} - b_j^{q_j}$, 这里 q_j 为P的第 j 个分量 P_j 的阶数, $b_j \neq 0$, $j = 1, \cdots, n$. 那么, 对几乎所有的多项式映射P, $H^{-1}(0)$ 由 $q = \prod_{j=1}^{n} q_j$ 条可微道路组成.

设 $\{T^{\delta_i} | i = 1, 2, \cdots\}$ 为一串正常的单纯剖分序列, $\delta_i \to 0$ $(i \to \infty)$. 本章将证明,对几乎所有的多项式 P, $\Phi_{\delta_i}^{-1}(0)$ 由若干分段线性道路(折线)组成, 且它们中的每一条都不与 T^{δ_i} 的 ν ($\leqslant 2n-1$) 维骨架相交. 当 δ_i 充分小时, $\Phi_{\delta_i}^{-1}(0)$ 中的分段线性道路逼近 $H^{-1}(0)$ 中的可微道路; 而 $\phi_{\delta_i}(\cdot, 1)$ 的零点就可作为 $H(\cdot, 1) = P(\cdot)$ 的零点的近似值.

为了确定 $\Phi_{\delta_i}^{-1}(0)$ 中的每条分段线性道路, 我们应用同伦单纯轮迴算法来确定一串单纯形序列 $\{\sigma_0^{2n}, \sigma_0^{2n+1}, \sigma_1^{2n}, \sigma_1^{2n+1}, \cdots, \sigma_{l-1}^{2n+1}, \sigma_l^{2n}\}$, 其中 $\sigma_0^{2n} \subset \sigma_0^{2n+1}$; $\sigma_j^{2n} = \sigma_{j-1}^{2n+1} \cap \sigma_j^{2n+1}$, $j = 1, \cdots, l-1$; $\sigma_l^{2n} \subset \sigma_{l-1}^{2n+1}$; $\sigma_0^{2n} \subset \boldsymbol{C}^n \times \{0\}$, $\sigma_l^{2n} \subset \boldsymbol{C}^n \times \{1\}$. 再设 $(u^j, t_j) \in \sigma_j^{2n}$ 为相应的直线段的末端. 显然, $\Phi_{\delta_i}(u^j, t_j) = 0$, $j = 0, 1, \cdots, l$; 而 (u^l, t_l) 为 $P(\cdot)$ 的零点的近似值.

这样, 同伦算法就可以实现为一种单纯轮迴算法.

以上介绍了求多项式映射的零点近似值的同伦单纯轮迴算法．对于求可微映射 $f: \boldsymbol{R}^m \to \boldsymbol{R}^m$ 的零点，M. W. Hirsch 和 S. Smale 还提出了整体 Newton 方法，限于篇幅不再详述，需要了解这方面内容的读者可参阅 [Hirsch & Smale, 1979]

§1. 分片线性映射的零点集和零点的指数定理

定义 1.1 设 $X_1, \cdots, X_k$ 为 $\boldsymbol{R}^{m+1}$ 中通常的 $m+1$ 维紧致凸多面体，且任何两个的交不含内点，我们称 $X = \bigcup_{i=1}^{k} X_i$ 为**多面体**，而 X_i 为 X 的**一片**．

例 1.2 图 8.1 表明多面体 X 虽然由凸的片组成，但它本身不是凸的．此外，X 的任何两个相邻片的交不必是任一片（假定它们已单纯剖分）的面．

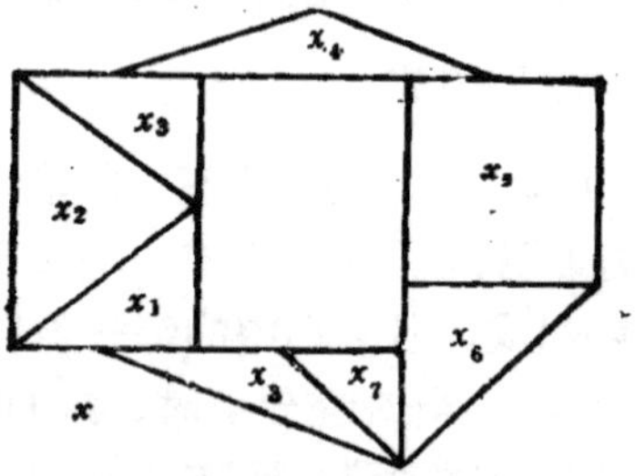

图 8.1

图 8.1 还表明 X 不必是单连通的．另外，容易举出不连通的多面体的例子．

定义 1.3 设 $X_1, \cdots, X_k$，X 如定义 1.1 中所述，而映射 F: $X \to \boldsymbol{R}^m$ 是连续的，且在每个 X_i 上是线性的，即

$$F(\alpha x + (1-\alpha)x') = \alpha F(x) + (1-\alpha)F(x'),$$

$x, x' \in X_i$, $i = 1, \cdots, k$. 我们称上述的 F 为 X 上的**分片线性映**

射.

引理 1.4 如果分片线性映射F在X_i中的线性映射的秩为m，则

$$F^{-1}(c)\cap X_i$$

或者是空集；或者是端点在X_i的m维面上的直线段(包括退化为一点)，其中 $F^{-1}(c)=\{x\in X \mid F(x)=c\}$.

证明 因为F在X_i中的线性映射的秩为m，所以它被视作$\boldsymbol{R}^{m+1}\to\boldsymbol{R}^m$的线性映射$\tilde{F}$，其零点集$\tilde{F}^{-1}(c)$为直线. 于是$F^{-1}(c)\cap X_i=\tilde{F}^{-1}(c)\cap X_i$. 它或者是空集；或者是端点在$X_i$的$m$维面上的直线段(包括退化为一点). □

注 1.5 在引理 1.4 中，如果F在X_i中的线性映射的秩为$r\leqslant m$，则$F^{-1}(c)\cap X_i$为某个$(m+1)-r$维平面与X_i的交.

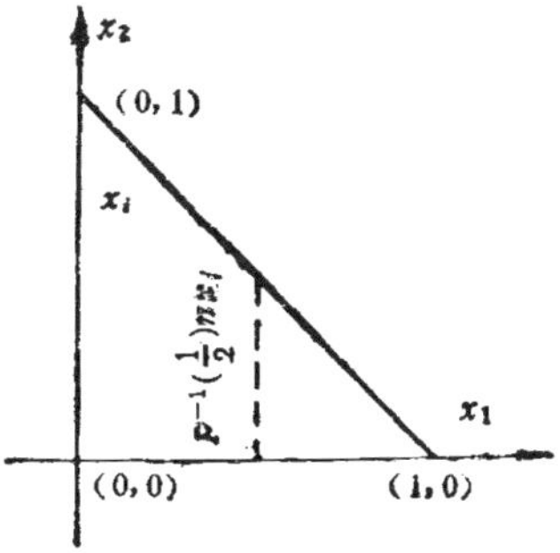

图 8.2

例 1.6 在图 8.2 中，设X_i为由$\boldsymbol{R}^2$中的(0, 0), (0, 1), (1, 0)形成的三角形. 在X_i上，$F: X_i\to\boldsymbol{R}^1$, $F(x_1, x_2)=x_1$. 显然，$\operatorname{rank}F=\operatorname{rank}(1, 0)=1$，并且

$$\begin{aligned}F^{-1}(c)\cap X_i&=\{(x_1, x_2)\in X \mid F(x_1, x_2)=x_1=c\}\cap X_i\\&=\{(c, x_2)\mid x_2\in\boldsymbol{R}_2\}\cap X_i\\&=\begin{cases}\Phi, & c\in(-\infty, 0)\cup(1, \infty),\\ \text{在同一个 1 维面内的直线段}, & c=0,\\ \text{端点在不相同的 1 维面内的直线段}, & c\in(0, 1),\\ \text{点}(1, 0), & c=1.\end{cases}\end{aligned}$$

类似于微分拓扑中的术语，我们引进下面的结果.

定义 1.7 设 $X_1, \cdots, X_k, X$, $F: X \to \boldsymbol{R}^m$ 如定义 1.3 所述，如果存在属于某片 X_i 的 $k(\leqslant m-1)$ 维面的一点 x，使得 $F(x)=c$，则称 $c \in \boldsymbol{R}^m$ 为 F 的退化值. 如果 c 不是退化值，则称它为 F 的正则值.

显然，如果 $c \notin F(x)$，则 c 为 F 的正则值.

例 1.8 设 X 由 $\boldsymbol{R}^2$ 中四个三角形组成（图 8.3），$F: X \to \boldsymbol{R}^1$ 由 $F(x_1, x_2) = x_1 + x_2$ 确定. 因为

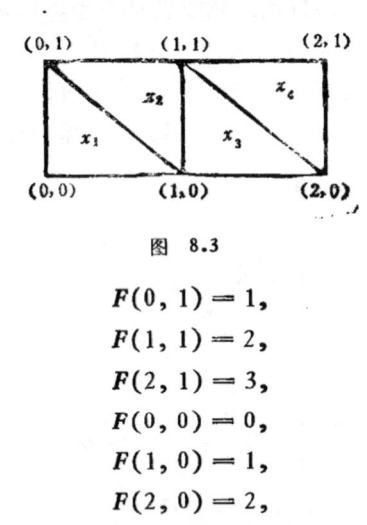

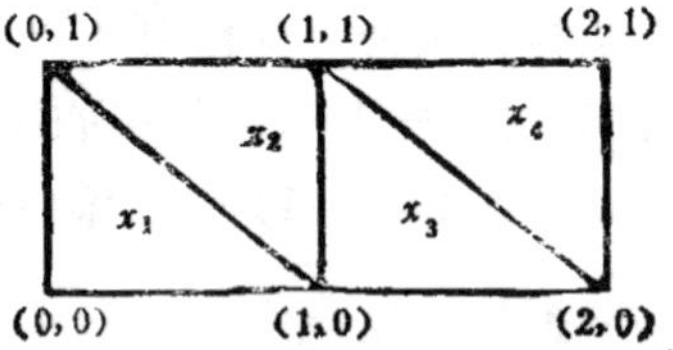

图 8.3

$$F(0,1)=1,$$
$$F(1,1)=2,$$
$$F(2,1)=3,$$
$$F(0,0)=0,$$
$$F(1,0)=1,$$
$$F(2,0)=2,$$

所以退化值为 $\{0,1,2,3\}$，正则值为 $\boldsymbol{R}-\{0,1,2,3\}$. 且

$$F^{-1}(0)=\{(0,0)\},$$
$$F^{-1}(1)=\{\alpha(0,1)+(1-\alpha)(1,0) \mid 0 \leqslant \alpha \leqslant 1\},$$
$$F^{-1}(2)=\{\alpha(1,1)+(1-\alpha)(2,0) \mid 0 \leqslant \alpha \leqslant 1\},$$
$$F^{-1}(3)=\{(2,1)\}.$$

引理 1.9 设 $X_1, \cdots, X_k, X$, $F: X \to \boldsymbol{R}^m$ 如定义 1.3 所述，c 为 F 的正则值. 如果 $F^{-1}(c) \cap X_i \neq \phi$，则 $F^{-1}(c) \cap X_i$ 为一条直线段，它的端点在 X_i 的两个不相同的 m 维面的内部.

证明 设 F 在 X_i 中为 $F(x)=Ax+a$，其中 A 为 $m \times (m+$

1) 矩阵. 如果 $\operatorname{rank} A = r < m$, 则 $\{x \in \boldsymbol{R}^{m+1} \mid Ax + a = c\}$ 是维数为 $(m+1) - r \geqslant 2$ 的 $\boldsymbol{R}^{m+1}$ 的子空间. 又因为 $F^{-1}(c) \cap X_i \neq \phi$, 所以 $F^{-1}(c)$ 与 X_i 的 $m-1$ 维面的交不是空集，这与 c 为正则值相矛盾，于是

$$\operatorname{rank} A = m.$$

因为 $\operatorname{rank} A = m$, 由引理 1.4, $Ax + b = c$ 在 X_i 中的解形成一直线段. 这直线段不能完全包含在 X_i 的任何 m 维面内，否则延长此直线必与 X_i 的 $m-1$ 维面相交，这与 c 为正则值相矛盾. 所以，它的两个端点必须包含在 X_i 的两个不相同的 m 维面的内部. □

定理 1.10 设 $F: X \to \boldsymbol{R}^m$ 为连续映射，它在每个 X_i 中是线性的，即 F 为分片线性映射. 如果 c 为 F 的正则值，则 $F^{-1}(c)$ 是有限多条不相交的分段线性道路(折线)和圈的并. 它的每一条道路与边界 ∂X 的交恰为在 ∂X 的不同的 m 维面内部的两个点；而它的每个圈与 ∂X 的交为空集(参看图 8.4).

证明 如果 $F^{-1}(c) \cap X_i \neq \Phi$, 由引理 1.9, $F^{-1}(c) \cap X_i$ 为一直线段，它的两个端点在 X_i 的两个不相同的 m 维面的内部(不在 $m-1$ 维面内). 如果端点不在 ∂X 中，则它恰好属于 X_i 的唯一的邻接片 X_j 的 m 维面的内部(唯一性保证了道路不分叉，参看图 8.5). 显然，$F^{-1}(c) \cap X_j \neq \Phi$, 且由一条类似于上述的直线段组成. 这过程继续下去，有限步后，最终得到一条分段线性道路. 如果道路的两个端点在两个不相同的 m 维面的内部，则它们必在 ∂X 上(否则所述过程还可继续进行下去)；如果道路的两个端点在同一个 m 维面的内部，则两个端点必重合(否则端点的连线与 $m-1$ 维面相交，这与 c 为正则值相矛盾). 此重合的端点恰为两个相邻的片的 m 维面的内部的点，不难看出，它是 X 的内点. 因而，该道路为与 ∂X 不相交的圈.

上面得到的道路或圈是 $F^{-1}(c)$ 的一个分支. 由于 X 由有限个片组成，我们可以得到有限条道路或圈，即 $F^{-1}(c)$ 是有限多条不相交的分段线性道路和圈的并集. □

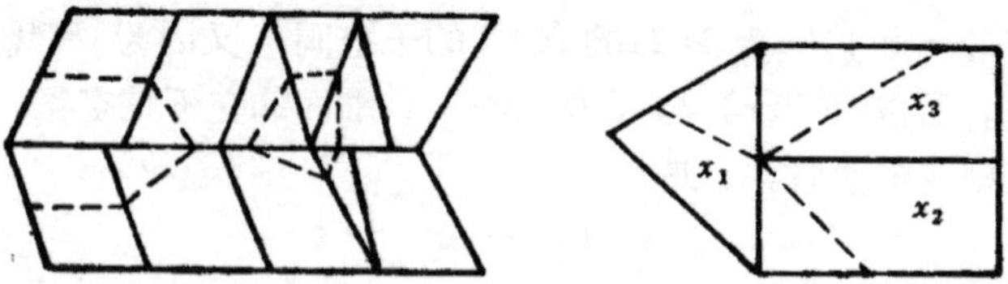

图 8.4　　　　图 8.5

类似于微分拓扑中的 Sard 定理，有

定理 1.11　设 $F: X \to \boldsymbol{R}^m$ 为分片线性映射，则F的退化值的集合为$\boldsymbol{R}^m$中的闭子集，并且它包含在有限个 $m-1$ 维超平面的并集内.

证明　设 Y_{ij}, $j=1, \cdots, l_i$ 为 X_i 的所有的 $m-1$ 维面，因为F在X_i上是线性映射，所以 $F(Y_{ij}) \subset \pi_{ij}$，其中 π_{ij} 为 $\boldsymbol{R}^m$ 中的 $m-1$ 维超平面. 于是F的退化值的集合

$$F\left(\bigcup_{i=1}^{k} \bigcup_{j=1}^{l_i} Y_{ij}\right) = \bigcup_{i=1}^{k} \bigcup_{j=1}^{l_i} F(Y_{ij}) \subset \bigcup_{i=1}^{k} \bigcup_{j=1}^{l_i} \pi_{ij}.$$

显然，$F(Y_{ij}) \subset \pi_{ij}$ 为闭集，因此F的退化值的集合为$\boldsymbol{R}^m$中的闭子集. □

定理 1.12　设Y是片X_i的一个m维面，$x \in Y$ 为该面的内部的一点. 如果 $\dim F(Y) = m$，则x在面Y上的任何相对邻域U中必含有点x'，使得 $c' = F(x')$ 为F的正则值.

证明　因为 $\dim F(Y) = m$，所以 $\dim F(U) = m$. 根据定理 1.11，F的退化值的集合

$$F\left(\bigcup_{i=1}^{k} \bigcup_{j=1}^{l_i} Y_{ij}\right) \subset \bigcup_{i=1}^{k} \bigcup_{j=1}^{l_i} \pi_{ij},$$

其中 π_{ij} 为 $\boldsymbol{R}^m$ 中的 $m-1$ 维超平面. 于是必存在 $x' \in U$，使得 $c' = F(x') \notin \bigcup_{i=1}^{k} \bigcup_{j=1}^{l_i} \pi_{ij}$，这就证明了$c'$不是退化值. □

定理 1.12　允许我们通过c的小扰动来处理退化的情形.

定义 1.13　设 $\{b^1, \cdots, b^m\}$ 和 $\{\tilde{b}^1, \cdots, \tilde{b}^m\}$ 都是 $\boldsymbol{R}^m$ 中的

基，且基变换为

$$\begin{pmatrix} b^1 \\ \vdots \\ b^m \end{pmatrix} = \begin{pmatrix} \lambda_{11} & \cdots & \lambda_{1m} \\ \cdots\cdots & & \cdots \\ \lambda_{m1} & \cdots & \lambda_{mm} \end{pmatrix} \begin{pmatrix} \tilde{b}^1 \\ \vdots \\ \tilde{b}^m \end{pmatrix}.$$

如果 $\det(\lambda_{ij}) > 0$，则称 $\{b^1, \cdots, b^m\}$ 与 $\{\tilde{b}^1, \cdots, \tilde{b}^m\}$ 有相同的定向；如果 $\det(\lambda_{ij}) < 0$，则称它们有相反的定向．因此，R^m 中的基恰好有两类，同一类中的基彼此有相同的定向，不同类的基定向正好相反．有时，我们将其中一类的基选作为正定向的，而另一类为负定向的．

定义 1.14 设 $T: \boldsymbol{R}^m \to \tilde{\boldsymbol{R}}^m = \boldsymbol{R}^m$ 为线性变换，$\{b_1, \cdots, b^m\}$ 和 $\{\tilde{b}^1, \cdots, \tilde{b}^m\}$ 分别为 $\boldsymbol{R}^m$ 和 $\tilde{\boldsymbol{R}}^m$ 上选定的正向基．如果 T 将正向基变为正向基(因而将负向基变为负向基)，则称 T 有指数 $+1$；如果 T 将正向基变为负向基(因而将负向基变为正向基)，则称 T 有指数 -1，

设

$$\begin{pmatrix} Tb^1 \\ \vdots \\ Tb^m \end{pmatrix} = \begin{pmatrix} \lambda_{11} & \cdots & \lambda_{1m} \\ \cdots\cdots & & \cdots \\ \lambda_{m1} & \cdots & \lambda_{mm} \end{pmatrix} \begin{pmatrix} \tilde{b}^1 \\ \vdots \\ \tilde{b}^m \end{pmatrix},$$

显然，T 有指数 $+1 \Longleftrightarrow \det(\lambda_{ij} > 0$；$T$ 有指数 $-1 \Longleftrightarrow \det(\lambda_{ij}) < 0$.

值得注意的是，如果选定 $\{-b^1, b^2, \cdots, b^m\}$ 和 $\{-\tilde{b}^1, \tilde{b}^2, \cdots, \tilde{b}^m\}$ 为 $\boldsymbol{R}^m$ 和 $\tilde{\boldsymbol{R}}^m$ 的正向基，则 T 的指数值与上述相同；如果选定 $\{-b^1, b^2, \cdots, b^m\}$ 和 $\{\tilde{b}^1, \cdots, \tilde{b}^m\}$ 为 $\boldsymbol{R}^m$ 和 $\tilde{\boldsymbol{R}}^m$ 的正向基，则 T 的指数值与上述差一符号；类似地选定 $\{b^1, \cdots, b^m\}$ 和 $\{-\tilde{b}^1, \tilde{b}^2, \cdots, \tilde{b}^m\}$ 为 $\boldsymbol{R}^m$ 和 $\tilde{\boldsymbol{R}}^m$ 的正向基，则 T 的指数值与上述也差一个符号．

$F: X \to \boldsymbol{R}^m$ 如定理 1.10 所述，c 为 F 的正则值．沿着 $F^{-1}(c)$ 中的每条道路或圈恰有两个定向．图 8.6 和图 8.7 分别给出了两个相反的定向．

现在，我们考虑片 X_i．如果 $F^{-1}(c) \cap X_i \neq \Phi$，则它是端点

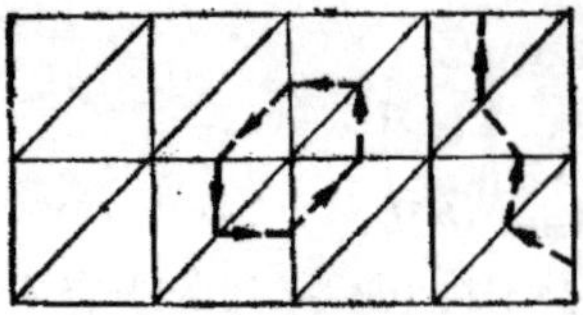

图 8.6

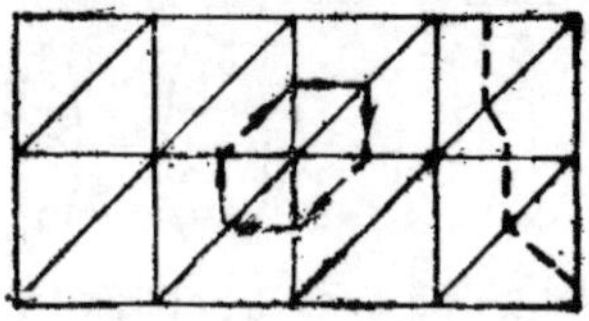

图 8.7

在X_i的两个不同的m面上的直线段. 这直线段作为已经给定定向的道路或圈的一部分,它相应的定向由特殊向量 $q\in \boldsymbol{R}^{m+1}$ 表示(如果有必要可选取$|q|=1$). 当然, 相反的定向由$-q$ 表示(参看图 8.8).

设$H\subset \boldsymbol{R}^{m+1}$为$m$维超平面,并且它在$X_i$中与 $F^{-1}(c)$ 的直线段交于单个点x, 即H在x横截道路. 记向量空间 (参看图 8.9)

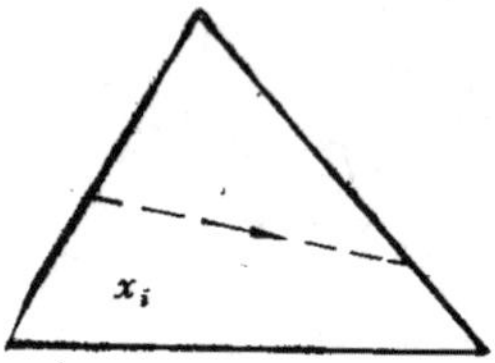

图 8.8

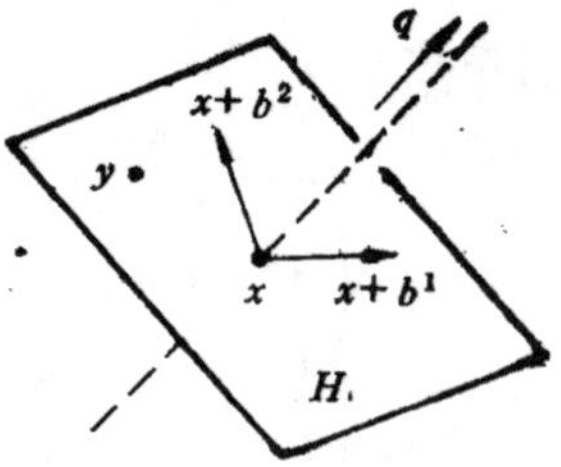

图 8.9

$$V_H=\{y-x\,|\,y\in H\}.$$

设 $\{b^1,\cdots,b^m\}$ 为 V_H 中的基. 如果

$$\det\begin{pmatrix} b_1^1 & b_1^2 & \cdots & b_1^m & q_1 \\ b_2^1 & b_2^2 & \cdots & b_2^m & q_2 \\ \cdots \\ b_{m+1}^1 & b_{m+1}^2 & \cdots & b_{m+1}^m & q_{m+1} \end{pmatrix} > 0,$$

则称 $\{b^1,\cdots,b^m\}$ 为 V_H 的正向基; 如果 $\det(b^1,\cdots,b^m,q)<0$, 则称它为 V_H 的负向基. 换句话说, V_H 中的基 $\{b^1,\cdots,b^m\}$ 的定向由外围空间 $\boldsymbol{R}^{m+1}$ 的标准定向和横截H的线段的定向q所确定.

设 F 为分片线性映射，c 为 F 的正则值. 在 X_i 中，令 $F(x)=Ax+a$，这里 A 为 $m\times(m+1)$ 矩阵. 由 F 诱导出线性映射

$$A:\ V_H \longrightarrow \boldsymbol{R}^m,$$
$$y-x \longmapsto A(y-x)=F(y)-F(x),$$
$$x,\ y\in H,\ y-x\in V_H.$$

根据引理 1.9，$\operatorname{rank} A=m$. 于是，

$$m=\operatorname{rank}(Ab^1,\cdots,Ab^m,Aq)=\operatorname{rank}(Ab^1,\cdots,Ab^m,0)$$
$$=\operatorname{rank}(Ab^1,\cdots,Ab^m),$$

即 $\{Ab^1,\cdots,Ab^m\}$ 为 $\boldsymbol{R}^m$ 中的基. 其中 $Aq=0$ 由

$$\begin{aligned}0=c-c&=F(x)-F(x+\lambda q)\\&=(Ax+a)-(A(x+\lambda q)+a)\\&=\lambda\cdot Aq,\ \lambda\neq 0,\ x+\lambda q\in X_i\end{aligned}$$

推出.

如果我们规定空间 $\boldsymbol{R}^m$ 的正向基为通常的标准基，由指数定义 1.14，线性映射 $A:\ V_H\to\boldsymbol{R}^m$ 的指数

$$\mathfrak{D}_A=\begin{cases}1,\ 当\ \det(b^1,\cdots,b^m,q)\cdot\det(Ab^1,\cdots,Ab^m)>0,\\-1,\ 当\ \det(b^1,\cdots,b^m,q)\cdot\det(Ab^1,\cdots,Ab^m)<0.\end{cases}$$

引理 1.15 对于和线段 $F^{-1}(c)\cap X_i$ 相交于单个点 x 的任何 m 维超平面 H，相应的线性映射 $A:V_H\to\boldsymbol{R}^m$ 的指数是相同的. 更进一步，指数与线段 $F^{-1}(c)\cap X_i$ 上的点 x 的选取无关.

证明 因为

$$\det\begin{pmatrix}a_{11} & a_{12}\cdots a_{1,m+1}\\ \cdots\cdots & \\ a_{m1} & a_{m2}\cdots a_{m,m+1}\\ q_1 & q_2\ \cdots\ q_{m+1}\end{pmatrix}\begin{pmatrix}b_1^1 & b_1^2 & \cdots b_1^m & q_1\\ \cdots & & \cdots & \\ b_{m+1}^1 & b_{m+1}^2 & \cdots b_{m+1}^m & q_{m+1}\end{pmatrix}$$

$$=\det\left(\begin{array}{cccc:c} & & & & 0\\ & & & & \vdots\\ Ab^1 & Ab^2 & \cdots & Ab^m & 0\\ \hdashline q\cdot b^1 & q\cdot b^2 & \cdots & q\cdot b^m & |q|^2\end{array}\right)$$

$$=|q|^2\cdot\det(Ab^1,\cdots,Ab^m),$$

所以，$\det(b^1,\cdots,b^m,q)\cdot\det(Ab^1,\cdots,Ab^m)$和

$$\det\begin{pmatrix} a_{11} & \cdots & a_{1,m+1} \\ \cdots & \cdots & \\ a_{m1} & \cdots & a_{m,m+1} \\ q_1 & \cdots & q_{m+1} \end{pmatrix} = \det\begin{pmatrix} A \\ q \end{pmatrix}$$

有相同符号．这就蕴涵着线性映射 $A: V_H \to R^m$ 的指数为

$$\mathfrak{D}_A = \begin{cases} 1, & \text{当 } \det\begin{pmatrix} A \\ q \end{pmatrix} > 0, \\ -1, & \text{当 } \det\begin{pmatrix} A \\ q \end{pmatrix} < 0. \end{cases}$$

显然，$\mathfrak{D}_A$ 与H无关，也与线段 $F^-(c)\cap X_i$ 上的点 x 的选取无关．▯

定理 1.16 如果 c 为分片线性映射F的正则值，则对 $F^{-1}(c)$ 中的同一条定向道路或圈上的任何两点处的指数是相同的．

证明 由引理 1.15，只须证明，同一条定向道路或圈在两个邻接片 X_1 和 X_2 的公共m维面H中的点 x^* 处，用两种方法计算得到的指数是相同的．设 $F(x)=A^ix+a^i$ 为 X_i 中的线性映射，$i=1,2$．在 X_i 中道路方向由 q^i 给出（参看图 8.10）．$\{b^1,\cdots,b^m\}$ 为 V_H 中的基．

因为 q^1 和 q^2 指向H的同一侧，所以我们有

$$q^2=\sum_{j=1}^m \alpha_j b^j+\theta q^1,\ \theta>0.$$

于是，根据行列式的性质得到

$$\det(b^1,\cdots,b^m,q^2)=\det\left(b^1,\cdots,b^m,\sum_{j=1}^m \alpha_j b^j+\theta q^1\right)$$

$$=\theta\cdot\det(b^1,\cdots,b^m,q^1).$$

再从 $A^1x+a^1=A^2x+a^2,\ x\in H$ 和

$$A^1(x^*+b^j)+a^1=A^2(x^*+b^j)+a^2,$$

我们有

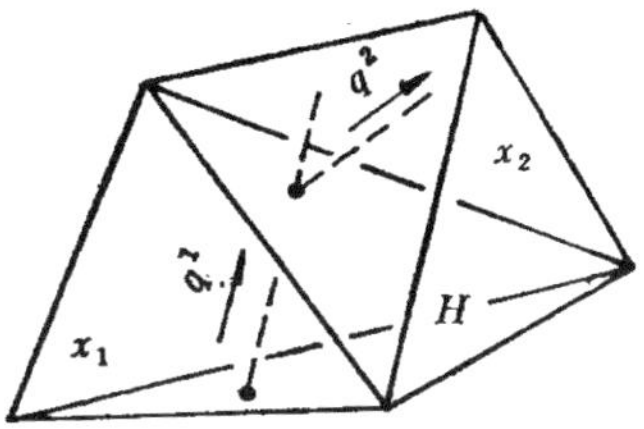

图 8.10

$$A^1b^j = A^2b^j,\ j=1,\cdots,m$$

以及

$$\det(A^1b^1,\cdots,A^1b^m)=\det(A^2b^1,\cdots,A^2b^m).$$

综合上述可知

$$\det(b^1,\cdots,b^m,q^2)\cdot\det(A^1b^1,\cdots,A^1b^m)$$
$$=\theta\cdot\det(b^1,\cdots,b^m,q^1)\cdot\det(A^2b^1,\cdots,A^2b^m)$$

与 $\det(b^1,\cdots,b^m,q^1)\cdot\det(A^2b^1,\cdots,A^2b^m)$ 有相同的符号. 这就完成了定理的证明. □

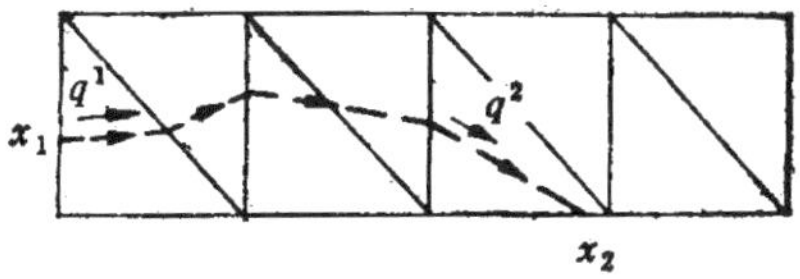

图 8.11

定义 1.14，引理 1.15 和定理 1.16 所叙述的指数仅依赖于道路的定向，我们称它为"定向曲线指数". 明显地，当道路改变定向时，指数也改变符号. 下面我们用另一种方式定义所谓的"边界指数".

定义 1.17 设 x^* 为 $F^{-1}(c)$ 的边界点，它属于某片 X_i 的 m 维面 H 的内部. 在 X_i 中，$F(x)=Ax+a$. 而 $\{b^1,\cdots,b^m\}$ 为 V_H 中的基，q 为 x^* 处指向 X 的任意方向（与 $F^{-1}(c)$ 中沿道路的特殊方向不同). 我们定义 x^* 的边界指数为

$$\mathfrak{D}(x^*)=\begin{cases}1, & \text{当 } \det(b^1,\cdots,b^m,q)\cdot\det(Ab^1,\cdots,Ab^m)>0,\\ -1, & \text{当 } \det(b^1,\cdots,b^m,q)\cdot\det(Ab^1,\cdots,Ab^m)<0.\end{cases}$$

值得注意的是，从类似于定理 1.16 的证明可知，$\det(b^1,\cdots,b^m,q)\cdot\det(Ab^1,\cdots,Ab^m)$ 的符号与在 x^* 处指向X的方向 q 的选取无关.

根据定义 1.17，以下定理是前面论证的直接结果.

定理 1.18（**指数定理**） 设 c 为分片线性映射 $F: X\to \boldsymbol{R}^m$ 的正则值，则

$$\sum_{x^*\in F^{-1}(c)\cap\partial X}\mathfrak{D}(x^*)=0.$$

证明 设 x^1 和 x^2 为 $F^{-1}(c)$ 中某道路的两端点，那么，$x^1,x^2\in F^{-1}(c)\cap\partial X$. 再设 q^1 和 q^2 分别为 x^1 和 x^2 处与道路方向一致的方向. 则由定理 1.16 得到(参看图 8.1)

$$\mathfrak{D}(x^1)=\mathfrak{D}_A(x^1)=\mathfrak{D}_A(x^2)=-\mathfrak{D}(x^2),$$

即

$$\mathfrak{D}(x^1)+\mathfrak{D}(x^2)=0.$$

这就蕴涵着

$$\sum_{x^*\in F^{-1}(c)\cap\partial X}\mathfrak{D}(x^*)=0.\quad\square$$

§ 2. 分片线性逼近 Φ_δ

设 T 为 $\boldsymbol{R}^m\times[0,1]$ 的单纯剖分，即将空间 $\boldsymbol{R}^m\times[0,1]$ 剖分为可数个规则相处的 $m+1$ 维单纯形. Φ: $\boldsymbol{R}^m\times[0,1]\to\boldsymbol{R}^m$ 为关于 T 的分片线性映射. 如果 c 为 Φ 的正则值，类似于引理 1.9 和定理 1.10 可以得到，$\Phi^{-1}(c)$ 是至多可数条彼此不相交的分段线性道路(折线)或圈的并集. 而这些道路由若干(有限或可数)直线段连接而成. 如果它有边界点，则必属于 $\partial(\boldsymbol{R}^m\times[0,1])=(\boldsymbol{R}^m\times\{0\})\cup(\boldsymbol{R}^m\times\{1\})$；至于圈和 $\partial(\boldsymbol{R}^m\times[0,1])$ 的交必为空集(参看图 8.12).

我们最感兴趣的是图 8.12 中的道路 A. 它由有限条直线段连接而成. 其中每条直线段属于唯一的一个 $m+1$ 维单纯形

σ_j^{m+1}，而它的两个端点分别在 σ_j^{m+1} 的两个相异的 m 维面 σ_j^m 和 σ_{j+1}^m 的内部．因此，道路 A 由一串单纯形序列

$$\{\sigma_0^m, \sigma_0^{m+1}, \sigma_1^m, \sigma_1^{m+1}, \cdots, \sigma_{l-1}^{m+1}, \sigma_l^m\}$$

所唯一确定．这里 $\sigma_0^m \subset \sigma_0^{m+1}$；$\sigma_j^m = \sigma_{j-1}^{m+1} \cap \sigma_j^{m+1}$，$j=1,\cdots,l-1$；$\sigma_l^m \subset \sigma_{l-1}^{m+1}$；$\sigma_0^m \subset \boldsymbol{R}^m \times \{0\}$，$\sigma_l^m \subset \boldsymbol{R}^m \times \{1\}$．设 $(u^j, t_j) \in \sigma_j^m$ 为相应的直线段的端点．显然，$\Phi(u^j, t_j) = 0$，$j = 0, 1, \cdots, l$．

值得注意的是，虽然道路 A 是客观存在的，但是由于 Φ 本身可能很复杂，要预先确定 A 是相当困难的．我们应用所谓的同伦单纯轮迴算法来确定这一串单纯形序列，从而得到所需要的道路 A 和 $\Phi(u, 1) = 0$ 的一个解 u^l． 如果已经知道了 $(u^0, t_0) = (u^0, 0) \in \sigma_0^m$，$\Phi(u^0, 0) = 0$，根据单纯剖分的性质，存在唯一的以 σ_0^m 为其面的 $m+1$ 维单纯形 σ_0^{m+1}．从 σ_0^m 到 σ_0^{m+1} 恰好增加了一个新顶点．因为 Φ 在 σ_0^{m+1} 上为线性映射，它的零点为一直线段，其端点为 $(u^0, 0)$ 和 (u^1, t_1)．设 σ_1^m 为含 (u^1, t_1) 的 σ_0^{m+1} 的 m 维面．我们是通过解线性方程组然后删去 σ_0^{m+1} 的一个顶点得到 σ_1^m 的．再从单纯形剖分的性质可知，存在另一个以 σ_1^m 为其面的 $m+1$ 维单纯形 σ_1^{m+1}，在 σ_1^{m+1} 上解线性方程组又得到一直线段，如此继续做下去，$\cdots$．

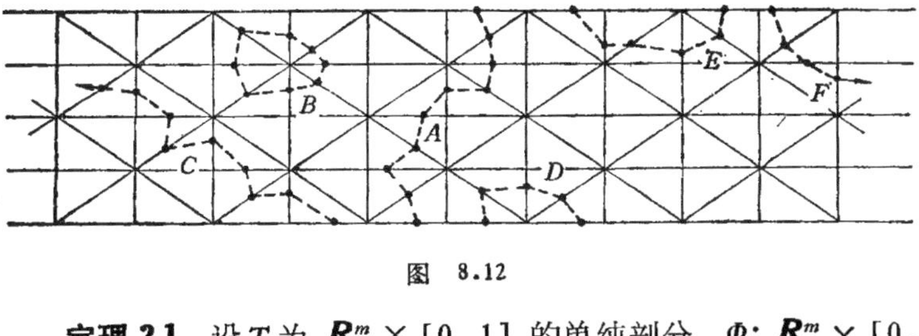

图 8.12

定理 2.1 设 T 为 $\boldsymbol{R}^m \times [0, 1]$ 的单纯剖分，Φ: $\boldsymbol{R}^m \times [0, 1] \to \boldsymbol{R}^m$ 为关于 T 的分片线性映射，c 为 Φ 的正则值．相应于有界分段线性道路的一串单纯形序列为

$$\{\sigma_0^m, \sigma_0^{m+1}, \sigma_1^m, \sigma_1^{m+1}, \cdots, \sigma_{l-1}^{m+1}, \sigma_l^m\}.$$

(1) 如果 σ_0^m 和 σ_l^m 同属于 $\boldsymbol{R}^m \times \{0\}$（或 $\boldsymbol{R}^m \times \{1\}$），则

$$\operatorname{sgn}\det \Phi'_u|_{\sigma_0^m} = -\operatorname{sgn}\det \Phi'_u|_{\sigma_l^m};$$

(2) 如果 σ_0^m 和 σ_l^m 分别属于 $\boldsymbol{R}^m \times \{0\}$ 和 $\boldsymbol{R}^m \times \{1\}$ (或 $\boldsymbol{R}^m \times \{1\}$ 和 $\boldsymbol{R}^m \times \{0\}$), 则

$$\operatorname{sgn}\det \Phi'_u|_{\sigma_0^m} = \operatorname{sgn}\det \Phi'_u|_{\sigma_l^m}.$$

证明 (1) 设 Φ 在 σ_0^{m+1} 和 σ_{l-1}^{m+1} 中分别为

$$\Phi(u, t) = A^1\begin{pmatrix} u \\ t \end{pmatrix} + a^1$$

和

$$\Phi(u, t) = A^2\begin{pmatrix} u \\ t \end{pmatrix} + a^2.$$

$\Phi^{-1}(c)$ 的道路在 σ_0^{m+1} 和 σ_{l-1}^{m+1} 中相应的方向分别为 q^1 和 q^2 根据引理 1.15 和定理 1.16 可以得到

$$\det \Phi'_u|_{\sigma_0^m} = \det\begin{pmatrix} a_{11}^1 & \cdots & a_{1m}^1 \\ \cdots & \cdots & \\ a_{m1}^1 & \cdots & a_{mm}^1 \end{pmatrix} = \det\begin{pmatrix} a_{11}^1 & \cdots & a_{1m}^1 & a_{1,m+1}^1 \\ \cdots & \cdots & & \\ a_{m1}^1 & \cdots & a_{mm}^1 & a_{m,m+1}^1 \\ 0 & \cdots & 0 & 1 \end{pmatrix}$$

$$= \det\begin{pmatrix} A^1 \\ q^1 \end{pmatrix} = \det\begin{pmatrix} A^2 \\ q^2 \end{pmatrix} = -\det\begin{pmatrix} a_{11}^2 & \cdots & a_{1m}^2 & a_{1,m+1}^2 \\ \cdots & \cdots & & \\ a_{m1}^2 & \cdots & a_{mm}^2 & a_{m,m+1}^2 \\ 0 & \cdots & 0 & 1 \end{pmatrix}$$

$$= -\det\begin{pmatrix} a_{11}^2 & \cdots & a_{1m}^2 \\ \cdots & \cdots & \\ a_{m1}^2 & \cdots & a_{mm}^2 \end{pmatrix} = -\det \Phi'_u|_{\sigma_l^m},$$

即

$$\operatorname{sgn}\det \Phi'_u|_{\sigma_0^m} = -\operatorname{sgn}\det \Phi'_u|_{\sigma_l^m}.$$

(2) 类似于 (1) 的证明. □

定义 2.2 设 T 为 $\boldsymbol{R}^m \times [0, 1]$ 的单纯剖分, T 中最长棱的长度称为剖分 T 的**网格大小**或**网径**.

设 $\{T^{\delta_i}\}$ 为 $\boldsymbol{R}^m \times [0, 1]$ 的单纯剖分序列, δ_i 为 T^{δ_i} 的网格大小, 且 $\delta_i \to 0\ (i \to \infty)$, 如果对某个固定的 $\alpha > 0$ 和 $V^{\delta_i}(i=$

1, 2, ···) 中所有的$m+1$维单纯形 $\sigma=\{x^i\}_0^{m+1}$，恒有平行多面体 $\left\{x\in \boldsymbol{R}^{m+1}|_x = x^0+\sum_{i=1}^{m+1}\lambda_i(x^i-x^0),\ 0\leqslant\lambda_i\leqslant 1\right\}$ 的体积

$$\det\begin{pmatrix} x^0 & \cdots & x^{m+1} \\ 1 & \cdots & 1 \end{pmatrix} = \det(x^1-x^0,\cdots,x^{m+1}-x^0)\geqslant \alpha\delta_i^{m+1},$$

则称 $\{T^{\delta_i}\}$ 为正常的剖分序列.

定义 2.3 设 $H: \boldsymbol{R}^m\times[0,1]\to\boldsymbol{R}^m$为可微映射，$T^\delta$ 为 $\boldsymbol{R}^m\times[0,1]$ 的单纯剖分，δ 为 T^δ 的网格大小. 我们定义H关于T^δ的分片线性逼近 Φ_δ 如下:

$$\Phi_\delta(u,t)=\begin{cases} H(u,t),\ (u,t) \text{ 为 } T^\delta \text{ 的顶点}, \\ \displaystyle\sum_{j=0}^{m+1}\lambda_j\Phi_\delta(u^j,t_j)=\sum_{j=0}^{m+1}\lambda_j H(u^j,t_j), \text{其中 } (u,t) \end{cases}$$

$$=\sum_{j=0}^{m+1}\lambda_j(u^j,t^j)\in\sigma^{m+1}=\{(u^j,t_j)\}_0^{m+1}\in \boldsymbol{T}^\delta,$$

$$\sum_{j=0}^{m+1}\lambda_j=1,\ \lambda_j\geqslant 0.$$

容易看出，对于 $t=0,1$，T^δ 在 $\boldsymbol{R}^m\times\{t\}$ 上诱导了单纯剖分 $T^\delta(t)$ 以及 Φ_δ 诱导了 $H(\cdot,t)$ 的分片线性逼近 $\Phi_\delta(\cdot,t)$: $\boldsymbol{R}^m\to\boldsymbol{R}^m$.

注 2.4 很清楚，对于固定的 $(u,t)\in\boldsymbol{R}^m\times[0,1]$，$\lim\limits_{i\to\infty}\times\Phi_{\delta_i}(u,t)=H(u,t)$，这里 $i\to\infty$ 时，$\delta_i\to 0$.

现在，再建立几个关键性的结果，它们说明 Φ_δ 确实是H的很好的逼近.

定理 2.5 设 $H: \boldsymbol{R}^m\times[0,1]\to\boldsymbol{R}^m$ 为可微映射，对于固定的 $(\bar u,\bar t)\in H^{-1}(0)$，$H'_u(\bar u,\bar t)$ 是非异的，而$\{T^{\delta_i}\}$为 $\boldsymbol{R}^m\times[0,1]$ 上的正常的剖分序列. 则存在 $\bar u$ 的开邻域 $w_{\bar u}$ 和 $\varepsilon>0$，使得如果 $u\in w_{\bar u}$ 和 $0<\delta_i\leqslant\varepsilon$，就有

$$\operatorname{sgn}\det(\Phi_{\delta_i})'_u(u,\bar t)=\operatorname{sgn}\det H'_u(\bar u,\bar t).$$

证明 设 $u\in\mathbf{R}^m$，单纯形 $\sigma=\{(u^j,t_j)\}_0^{m+1}$ 含 $(u,\bar t)$，则

$$(u, \bar{t}) = \sum_{j=0}^{m+1} \lambda_j(u^j, t_j) = (u^0, t_0) + \sum_{j=1}^{m+1} \lambda_j((u^j, t_j)$$

$$-(u^0, t_0)), \quad \sum_{j=0}^{m+1} \lambda_j = 1, \ \lambda_j \geqslant 0,$$

并且

$$\lambda = (\lambda_j) = \langle (u^j, t_j) - (u^0, t_0) \rangle^{-1}((u, \bar{t}) - (u^0, t_0)),$$

其中 $\langle (u^j, t_j) - (u^0, t_0) \rangle$ 表示矩阵.

根据 Taylor 公式,对于 $j = 0, 1, \cdots, m+1$, 有

$$\Phi_{\delta_i}(u^j, t_j) = H(u^j, t_j) = H(u^0, \bar{t})$$

$$+ H'(u^0, \bar{t})((u^j, t_j) - (u^0, \bar{t})) + R^j,$$

这里

$$|R^j|_\infty \leqslant K_j |(u^j, t_j) - (u^0, \bar{t})|_\infty^2,$$

K_j 为固定的常数. ($|x|_\infty = \max\limits_{1 \leqslant l \leqslant m+1} \{|x_l|\}$)

因此,

$$\Phi_{\delta_i}(u^j, t_j) - \Phi_{\delta_i}(u^0, t_0) = H'(u^0, \bar{t})((u^j, t_j)$$

$$-(u^0, t_0)) + R^j - R^0,$$

并且

$$\Phi_{\delta_i}(u, \bar{t}) = \Phi_{\delta_i}(u^0, t_0) + \sum_{j=1}^{m+1} \lambda_j(\Phi_{\delta_i}(u^j, t_j) - \Phi_{\delta_i}(u^0, t_0))$$

$$= \Phi_{\delta_i}(u^0, t_0) + [H'(u^0, \bar{t})\langle (u^j - t_j) - (u^0, t_0) \rangle$$

$$+ \langle R^j - R^0 \rangle] \langle (u^j, t_j) - (u^0, t_0) \rangle^{-1}((u, \bar{t}) - (u^0, t_0))$$

$$= \Phi_{\delta_i}(u^0, t_0) + [H'(u^0, \bar{t}) + \langle R^j - R^0 \rangle \langle (u^j, t_j)$$

$$-(u^0, t_0)\rangle^{-1}]((u, \bar{t}) - (u^0, t_0)).$$

对 u 求导,得到

$$(\Phi_{\delta_i})'_u(u, \bar{t}) = H'_u(u^0, \bar{t}) + (\langle R^j - R^0 \rangle \langle (u^j, t_j)$$

$$-(u^0, t_0)\rangle^{-1})_{m \times m},$$

其中 $A_{m \times m}$ 表示 $m \times (m+1)$ 矩阵 A 的前 m 列组成的 z 矩阵.

为了证明 $\lim\limits_{i \to \infty} [(\Phi_{\delta_i})'_u(u, \bar{t}) - H'_u(u^0, t)] = 0$, 我们只需证

$\lim\limits_{i \to \infty} \langle R^j - R^0 \rangle \langle (u^j, t_j) - (u^0, t_0) \rangle^{-1} = 0.$

因为单纯剖分序列 $\{T^{\delta_i}\}$ 是正常的，对所有的 δ_i 和某个固定的 $\alpha>0$，有

$$\det\langle(u^j, t_j)-(u^0, t_0)\rangle \geqslant \alpha\delta_i^{m+1}.$$

设 $\{A_{ab}\}$ 为矩阵 $\langle(u^j, t_j)-(u^0, t_0)\rangle$ 的代数余子式，则

$$|A_{ab}| = |\Sigma(-1)^p \sum_{\substack{j\neq b\\ k_j\neq a}} [(u^j, t_j)_{k_j}-(u^0, t_0)_{k_j}]|$$

$$\leqslant \Sigma \prod_{\substack{j\neq b\\ k_j\neq a}} |(u^j, t_j)-(u^0, t_0)|_\infty \leqslant m!\delta_i^m = \frac{m!}{\alpha\delta_i}(\alpha\delta_i^{m+1})$$

$$\leqslant \frac{m!}{\alpha\delta_i}\det\langle(u^j, t_j)-(u^0, t_0)\rangle,$$

$\left(\text{这里}\ \Sigma\ \text{跑遍所有}\ m!\ \text{个置换，}\ p=\begin{cases}1,\ \text{奇置换},\\ 0,\ \text{偶置换}.\end{cases}\right)$即 $\langle(u^j, t_j)-(u^0, t_0)\rangle^{-1}$ 的相应于 (a, b) 的元素的大小估计为：

$$\frac{|A_{ba}|}{\det\langle(u^j, t_j)-(u^0, t_0)\rangle} \leqslant \frac{m!}{\alpha\delta_i}.$$

设 $K=\max\limits_{0\leqslant j\leqslant m+1} K_j$，则有

$$|R^j-R^0|_\infty \leqslant |R^j|_\infty + |R^0|_\infty \leqslant K_j|(u^j, t_j)$$
$$-(u^0, \bar{t})|_\infty^2 + K_0|(u^0, t_0)-(u^0, \bar{t})|_\infty^2 \leqslant 2K\delta_i^2.$$

于是得到 $\langle R^j-R^0\rangle\langle(u^j, t_j)-(u^0, t_0)\rangle^{-1}$ 的第 (a, b) 项大小估计为：

$$\left|\sum_h (R^h-R^0)_a \frac{A_{bh}}{\det\langle(u^j, t_j)-(u^0, t_0)\rangle}\right|$$
$$\leqslant \sum_h |R^h-R^0|_\infty \frac{m!}{\alpha\delta_i} \leqslant 2(m+1)K\delta_i^2\frac{m!}{\alpha\delta_i}$$
$$=\frac{2(m+1)(m!)K\delta_i}{\alpha}.$$

这就蕴涵着

$$\lim_{i\to\infty}\langle R^j-R^0\rangle\langle(u^j, t_j)-(u^0, t_0)\rangle^{-1}=0.$$

设 $U(\bar{u}, 2\delta)$ 是 $\boldsymbol{R}^m$ 中以 $\bar{u}$ 为中心，2δ 为半径的球。适当选取 $\delta>0$，使得对任何 $v\in U(\bar{u}, 2\delta)$，有

$$|H'_u(v, \bar{t}) - H'_u(\bar{u}, \bar{t})|_\infty < \frac{\eta}{2} \quad (\eta > 0).$$

令 $w_{\bar{u}} = U(\bar{u}, \delta)$. 当 $0 < \delta_i \leqslant \min\left(\frac{\alpha\eta}{4(m+1)(m!)K}, \delta\right) = \varepsilon$ 和 $u \in w_{\bar{u}}$ 时,必有 $u^0 \in U(\bar{u}, 2\delta)$. 因此,

$$|(\Phi_{\delta_i})'_u(u, \bar{t}) - H'_u(\bar{u}, \bar{t})|_\infty \leqslant |(\Phi_{\delta_i})'_u(u, \bar{t}) - H'_u(u^0, \bar{t})|_\infty + |H'_u(u^0, \bar{t}) - H'_u(\bar{u}, \bar{t})|_\infty \leqslant \frac{2(m+1)(m!)K\delta_i}{\alpha} + \frac{\eta}{2} < \frac{\eta}{2} + \frac{\eta}{2} = \eta.$$

显然,当 η 充分小时(注意到 $H'_u(\bar{u}, \bar{t})$ 是非异的),

$$\operatorname{sgn}\det(\Phi_{\delta_i})'_u(u, \bar{t}) = \operatorname{sgn}\det H'_u(\bar{u}, \bar{t}). \quad \square$$

注 2.6 剖分序列$\{T^{\delta_i}\}$的正常性保证了任何单纯形的体积相对于 δ_i 趋于零不是太快. 因而,$(\Phi_{\delta_i})'_u(u, \bar{t})$ 可以任意靠近 $H'_u(\bar{u}, \bar{t})$.

定理 2.7 设 $H: \boldsymbol{R}^m \times [0, 1] \to \boldsymbol{R}^m$ 为可微映射,对于固定的 $(\bar{u}, \bar{t}) \in H^{-1}(0)$,$H'_u(\bar{u}, \bar{t})$ 是非异的,$\{T^{\delta_i}\}$ 为 $\boldsymbol{R}^m \times [0, 1]$ 上的正常的剖分序列. 如果 Φ_{δ_i} 都是正则的,则存在 $\bar{u}$ 的开邻域 $w_{\bar{u}}$ 和 $\varepsilon > 0$,使得只要 $0 < \delta_i \leqslant \varepsilon$,方程

$$\Phi_{\delta_i}(u, \bar{t}) = 0$$

就有唯一解 $u \in w_{\bar{u}}$.

证明 对固定的 $(\bar{u}, \bar{t}) \in H^{-1}(0)$,因为 $H'_u(\bar{u}, \bar{t})$ 是非异的,且$\{T^{\delta_i}\}$为 $\boldsymbol{R}^m \times [0, 1]$ 上的正常的剖分序列,根据定理 2.5,存在 $\bar{u}$ 的开邻域 $w_{\bar{u}}$ 和 $\varepsilon > 0$,使得如果 $u \in w_{\bar{u}}$ 和 $0 < \delta_i \leqslant \varepsilon$,有

$$\operatorname{sgn}\det(\Phi_{\delta_i})'_u(u, \bar{t}) = \operatorname{sgn}\det H'_u(\bar{u}, \bar{t}).$$

我们还可选取 $w_{\bar{u}}$,使得 $(\bar{u}, \bar{t})$ 为 $\bar{w}_{\bar{u}}$ 中 $H(u, \bar{t}) = 0$ 的唯一解. 因此,

$$\deg(H(\cdot, \bar{t}), \bar{w}_{\bar{u}}, 0) = \operatorname{sgn}\det H'_u(\bar{u}, \bar{t}).$$

因为 $\Phi_{\delta_i} \to H(i \to \infty)$,所以对充分小的 δ_i:

$$\deg(H(\cdot, \bar{t}), \bar{w}_{\bar{u}}, 0) = \deg(\Phi_{\delta_i}(\cdot, \bar{t}), \bar{w}_{\bar{u}}, 0).$$

此外，从分片线性逼近 Φ_{δ_i} 的正则性(即它的 Jacobi 矩阵是非异的)可知，

$$\deg(\Phi_{\delta_i}(\cdot, \bar{t}), \bar{w}_{\bar{u}}, 0) = \Sigma \operatorname{sgn} \det (\Phi_{\delta_i})'_u(u, \bar{t}),$$

其中 Σ 跑遍 $\{u \in \bar{w}_{\bar{u}} | \Phi_{\delta_i}(u, \bar{t}) = 0\}$.

综合上述，得到

$$\begin{aligned}\operatorname{sgn} \det H'_u(\bar{u}, \bar{t}) &= \deg(H(\cdot, \bar{t}), \bar{w}_{\bar{u}}, 0) \\ &= \deg(\Phi_{\delta_i}(\cdot, \bar{t}), \bar{w}_{\bar{u}}, 0) = \Sigma \operatorname{sgn} \det (\Phi_{\delta_i})'_u(u, \bar{t}) \\ &= \Sigma \operatorname{sgn} \det H'_u(\bar{u}, \bar{t}).\end{aligned}$$

因此,右边和式中实际上只有一项. 即存在唯一的 $u \in w_{\bar{u}}$，使得 $\Phi_{\delta_i}(u, \bar{t}) = 0$. □

下面的定理给出了寻找同伦单纯轮迴算法的初始单纯形的一个标准方法.

定理 2.8 对于每个 $\delta > 0$，定义 $\mathbf{R}^m \times [0, 1]$ 上的单纯剖分 T^δ，使得它在 $\mathbf{R}^m \times \{0\}$ 中是正常的(类似于定义 2.2). 如果 $\bar{u} \in H_0^{-1}(0)$ 总是一个 m 维单纯形的重心,而 $w_{\bar{u}}$ 为 $\bar{u}$ 的邻域，且 $w_{\bar{u}} \cap H_0^{-1}(0) = \{\bar{u}\}$，$H'_u(\bar{u}, 0)$ 是非异的,则存在 $\varepsilon > 0$，当 $0 < \delta \leqslant \varepsilon$ 时，含 $\bar{u}$ 的m维单纯形 $\sigma^m_{\bar{u}}$ 是 $w_{\bar{u}}$ 中包含 $\Phi_\delta(\cdot, 0)$ 的零点的唯一单纯形.

证明 设 $\bar{u} \in H^{-1}(0)$ 为 $\sigma^m_{\bar{u}}$ 的重心. 因为 T^δ 是正常的，所以存在 $\alpha > 0$ (与 δ 无关!)，使得 $\alpha\delta \leqslant \frac{V\sigma^m_{\bar{u}}}{\delta^{m-1}} \leqslant \frac{h\sigma^m_{\bar{u}}}{m}$，其中 $V\sigma^m_{\bar{u}}$ 和 $h\sigma^m_{\bar{u}}$ 分别表示 $\sigma^m_{\bar{u}}$ 的体积和最短高度. 于是

$$\{u \,|\, |u - \bar{u}| < \alpha\delta\} \subset \operatorname{Int} \sigma^m_{\bar{u}}.$$

因为 $H'_u(\bar{u}, 0)$ 是非异的,存在 $\beta > 0$，使得对所有的 $|u| = 1$，$|H'_u(\bar{u}, 0)u| \geqslant \beta$. 设 $\tilde{w} \subset w_{\bar{u}}$ 为 $\bar{u}$ 的开邻域，对任何 $u, \tilde{u} \in \tilde{w}$，$u \neq \tilde{u}$，有

$$\frac{|R(|u - \tilde{u}|)|}{|u - \tilde{u}|} < \frac{\alpha\beta}{\alpha + 1},$$

这里R是 Taylor 展开的余项,即

$$H(u, 0) = H(\tilde{u}, 0) + H'_u(\tilde{u}, 0)(u - \tilde{u}) + R(|u - \tilde{u}|).$$

不难看出，由于 $\bar{u}$ 为 $H(u,0)=0$ 在 $w_{\bar{u}}$ 中的唯一解，所以存在 $\varepsilon>0$，使得对 $0<\delta\leqslant\varepsilon$，在 $w_{\bar{u}}$ 中含 $\Phi_\delta(u,0)=0$的解的单纯形完全属于 $\tilde{w}$. 现在我们证明 $\tilde{w}$ 中的任何单纯形 $\sigma^m=\{u^j\}_0^m\neq\sigma_{\bar{u}}^m$ 不包含 $\Phi_\delta(\cdot,0)$ 的零点.

对任何 $\lambda_j\geqslant 0$，$\sum_{j=0}^m\lambda_j=1$，$\sum_{j=0}^m\lambda_j u^j\in\sigma^m$，我们有

$$\left|H\left(\sum_{j=0}^m\lambda_j u^j,0\right)\right|=\left|H\left(\sum_{j=0}^m\lambda_j u^j,0\right)-H(\bar{u},0)\right|$$

$$=\left|H'_u(\bar{u},0)\left(\sum_{j=0}^m\lambda_j u^j-\bar{u}\right)+R\left(\left|\sum_{j=0}^m\lambda_j u^j-\bar{u}\right|\right)\right|$$

$$\geqslant\left|H'_u(\bar{u},0)\left(\sum_{j=0}^m\lambda_j u^j-\bar{u}\right)\right|-\left|R\left(\left|\sum_{j=0}^m\lambda_j u^j-\bar{u}\right|\right)\right|$$

$$>\beta\left|\sum_{j=0}^m\lambda_j u^j-\bar{u}\right|-\frac{\alpha\beta}{\alpha+1}\left|\sum_{j=0}^m\lambda_j u^j-\bar{u}\right|$$

$$\geqslant\frac{\beta}{\alpha+1}\left|\sum_{j=0}^m\lambda_j u^j-\bar{u}\right|\geqslant\frac{\alpha\beta\delta}{\alpha+1}.$$

类似地还有

$$\left|\sum_{j=0}^m\lambda_j H(u^j,0)-H\left(\sum_{j=0}^m\lambda_j u^j,0\right)\right|$$

$$=\left|\sum_{j=0}^m\lambda_i\left(H(u^j,0)-H\left(\sum_{j=0}^m\lambda_j u^j,0\right)\right)\right|$$

$$=\left|\sum_{j=0}^m\lambda_j\left[H'_u\left(\sum_{j=0}^m\lambda_j u^j,0\right)\left(u^j-\sum_{j=0}^m\lambda_j u^j\right)\right.\right.$$

$$\left.\left.+R\left(\left|u^j-\sum_{j=0}^m\lambda_j u^j\right|\right)\right]\right|=\sum_{j=0}^m\lambda_j R\left(\left|u^j-\sum_{j=0}^m\lambda_j u^j\right|\right)$$

$$\leqslant\sum_{j=0}^m\lambda_j\left|R\left(\left|u^j-\sum_{j=0}^m\lambda_j u^j\right|\right)\right|$$

$$\leqslant \sum_{j=0}^{m} \lambda_j \frac{\alpha\beta}{\alpha+1} \left| u^j - \sum_{j=0}^{m} \lambda_j u^j \right| \leqslant \sum_{j=0}^{m} \lambda_j \frac{\alpha\beta}{\alpha+1} \delta$$

$$= \frac{\alpha\beta\delta}{\alpha+1}.$$

于是，

$$\left|\Phi_\delta\left(\sum_{j=0}^{m} \lambda_j u^j, 0\right)\right| = \left|\sum_{j=0}^{m} \lambda_j H(u^j, 0)\right|$$

$$\geqslant \left|H\left(\sum_{j=0}^{m} \lambda_j u^j, 0\right)\right| - \left|\sum_{j=0}^{m} \lambda_j H(u^j, 0) - H\left(\sum_{j=0}^{m} \lambda_j u^j, 0\right)\right|$$

$$> \frac{\alpha\beta\delta}{\alpha+1} - \frac{\alpha\beta\delta}{\alpha+1} = 0.$$

根据第六章定理 6.2.12，当 ε 充分小时，

$$\deg(\Phi_\delta(\cdot, 0), \tilde{w}, 0) = \deg(H(\cdot, 0), \tilde{w}, 0) \neq 0.$$

再由第六章定理 2.14 得到 $\Phi_\delta(u, 0) = 0$ 在 $\tilde{w}$ 中必有解. 结合前面的结果推出 $\sigma_{\bar{u}}^m$ 为 $w_{\bar{u}}$ 中含 $\Phi_\delta(\cdot, 0)$ 零点的唯一单纯形. □

注 2.9 类似定理 2.8 的证明，$\Phi_\delta|_{\partial\sigma_{\bar{u}}^m} > 0$，即 Φ_δ 在 $w_{\bar{u}}$ 中的零点必属于 $\mathrm{Int}\,\sigma_{\bar{u}}^m$。

在定理 2.8 中，如果 $H_0^{-1}(0) = \{\bar{u}^1, \cdots, \bar{u}^l\}$，每个 $\bar{u}^i$ 总是一个 m 维单纯形的重心，而 $w_{\bar{u}^i}$ 为 $\bar{u}^i$ 的一个开邻域，且 $w_{\bar{u}^i} \cap H_0^{-1}(0) = \{\bar{u}^i\}$，$H'_u(\bar{u}^i, 0)$ 是非异的，则存在 $\varepsilon > 0$，当 $0 < \delta \leqslant \varepsilon$ 时，含 $\bar{u}^i$ 的 m 维单纯形 $\sigma_{\bar{u}^i}^m$ 是 $w_{\bar{u}^i}$ 中包含 $\Phi_\delta(\cdot, 0)$ 的零点的唯一单纯形，$i = 1, \cdots, l$。

注 2.10 读者可以利用定理 2.7，定理 2.1 和定理 2.5 证明第六章中的指数定理 1.8。

定义 2.11 称 T^δ 为 $\boldsymbol{R}^m \times [0, 1)$ 上的一个**渐细单纯剖分**，如果它满足以下三个条件：

(1) 剖分的顶点都在层 $\boldsymbol{R}_k^m = \boldsymbol{R}^m \times \{1 - 2^{-k}\}$ 上，$k = 0, 1, 2 \cdots$；

(2) 剖分中的每个 $m+1$ 维单纯形都位于 $\boldsymbol{R}_k^m$ 和 $\boldsymbol{R}_{k+1}^m$ 之间，$k = 0, 1, 2, \cdots$，

(3) 位于 $\boldsymbol{R}_k^m$ 和 $\boldsymbol{R}_{k+1}^m$ $(k=0, 1, 2, \cdots)$ 之间的单纯形在 $\boldsymbol{R}_k^m$ 上的投影的直径为 $\sqrt{m}\cdot 2^{-k}\delta$，其中，$\delta>0$ 表示剖分的网径参数(单纯形的最大直径).

例如，$\boldsymbol{R}^m\times[0, 1)$ 上的 J_3 剖分就是一个这样的渐细单纯剖分，参看 [Todd, 1976].

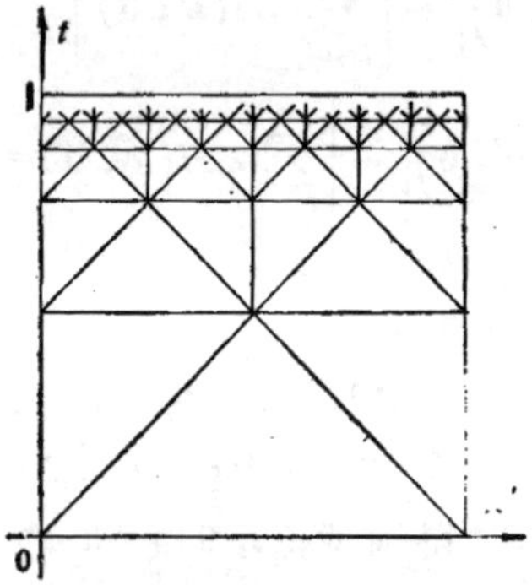

图 8.13

定义 2.12 设 $H:\boldsymbol{R}^m\times[0, 1]\to\boldsymbol{R}^m$ 为可微映射，T^δ 为 $\boldsymbol{R}^m\times[0, 1)$ 上的渐细单纯剖分，δ 为网径参数. 我们定义 H 关于渐细单纯剖分 T^δ 的分片线性逼近 Φ_δ 如下:

$$\Phi_\delta(u, t)=\begin{cases} H(u, t), (u, t)\in\boldsymbol{R}^m\times\{1\} \text{ 或 } (u, t) \text{ 为 } T^\delta \text{ 的顶点}, \\ \sum_{j=0}^{m+1}\lambda_j\Phi_\delta(u^j, t_j)=\sum_{j=0}^{m+1}\lambda_jH(u^j, t_j), \end{cases}$$

$$(u, t)=\sum_{j=0}^{m+1}\lambda_j(u^j, t_j)$$

$$\in\sigma^{m+1}=\{(u^j, t_j)\}_0^{m+1}\in T^\delta,$$

其中 $\lambda_j\geqslant 0$, $\sum_{j=0}^{m+1}\lambda_j=1$.

容易看出，Φ_δ 为连续映射.

定义 2.13 设 $\{T^{\delta_i}\}$ 为 $\boldsymbol{R}^m\times[0, 1)$ 上的渐细单纯剖分序

列，$\delta_i \to 0$ $(i \to \infty)$。如果对于某个固定的 $\alpha > 0$ 和 T^{δ_i} $(i = 1, 2, \cdots)$ 中所有的 $m+1$ 维单纯形 $\sigma = \{x^i\}_0^{m+1}$，恒有平行多面体 $\{x \in \boldsymbol{R}^{m+1} | x = x^0 + \sum_{i=0}^{m+1} \lambda_i(x^i - x^0),\ 0 \leqslant \lambda_i \leqslant 1\}$ 的体积

$$\det\begin{pmatrix} x^0 & \cdots & x^{m+1} \\ 1 & \cdots & 1 \end{pmatrix} = \det(x^1 - x^0, \cdots, x^{m+1} - x^0) \geqslant \alpha\delta_\sigma^{m+1},$$

其中，δ_σ 表示 σ 的直径，则称 $\{T^{\sigma_i}\}$ 为**正常的渐细剖分序列**.

易知，$\boldsymbol{R}^m \times [0, 1)$ 上的 $\{\delta_i J_3\}$ 剖分序列就是正常的渐细剖分序列.

注 2.14 关于正常的渐细单纯剖分序列有类似于定理 2.5 和定理 2.7 的结果. 因此，对于 $H^{-1}(0)$ 的任何一条有界的可微分道路 L，存在此道路的一个邻域 w 和 $\varepsilon > 0$，使得当 $0 < \delta_i \leqslant \varepsilon$ 时，$\Phi_\delta^{-1}(0)$ 在 w 中有唯一的一条分段线性道路 $L^{\Phi_{\delta_i}}$，且 Φ_{δ_i} 满足定理 2.5 和定理 2.7 的结果. 设 $L^{\Phi_{\delta_i}} = (u(\theta), t(\theta))$，$0 \leqslant \theta \leqslant \theta_1$，$\lim_{\theta \to \theta_1} t(\theta) = 1$，$\lim_{\theta \to \theta_1} u(\theta) = u^*$，则

$$0 = \lim_{\theta \to \theta_1} \Phi_{\delta_i}(u(\theta), t(\theta)) = \Phi_{\delta_i}(u^*, 1),$$

即 u^* 为所要求的 $H(\cdot, 1)$ 的零点.

§ 3. 代数方程组同伦单纯轮迴算法的可行概率为 1

多项式映射 $P: \boldsymbol{C}^n \to \boldsymbol{C}^n$ 的零点的计算问题，在理论和应用两方面都具有重要的意义. 设 $P(z) = (P_1(z), \cdots, P_n(z))$，其中 P_j 为 $q_j \geqslant 1$ 阶的多项式. 我们取特殊的多项式映射 $Q: \boldsymbol{C}^n \to \boldsymbol{C}^n$ 为 $Q(z) = (Q_1(z), \cdots, Q_n(z))$，其中 $Q_j(z) = z_j^{q_j} - b_j^{q_j}$，$b_j \neq 0$. 显然，$Q$ 有 $q = \sum_{j=1}^{n} q_j$ 个平凡解

$$\left(b_1 e^{i\frac{2k_1\pi}{q_1}}, \cdots, b_n e^{i\frac{2k_n\pi}{q_n}}\right), \quad k_j = 1, \cdots, q_j.$$

我们用 H: $\boldsymbol{C}^n \times [0,1] \to \boldsymbol{C}^n$, $H(z,t) = tP(z) + (1-t)Q(z)$ 表示从 Q 到 P 的线性同伦. $H(z,0)=Q(z)$, $H(z,1)=P(z)$. 考虑H的零点集 $H^{-1}(0) = \{(z,t) \in \boldsymbol{C}^n \times [0,1] \mid H(z,t) = 0\}$. 我们知道,第七章定理7.1.13指出了,对于几乎每个形如 P: $\boldsymbol{C}^n \to \boldsymbol{C}^n$ 的多项式映射, $H^{-1}(0)$ 由 $q = \sum_{j=1}^{n} q_j$ 条相异的实1维连通可微道路组成 ($\boldsymbol{C}^n = \boldsymbol{R}^{2n}$), 每条道路连结$Q$的一个零点到$P$的一个零点,并且跟踪每条道路,参数 t 是严格增加的.

Q的零点的位置是清楚的.所以,如果我们能够随着 t 从 0 到 1 的增加,沿 $H^{-1}(0)$ 的道路走,最终就能到达 P 的零点. 问题是对于每个固定的 $t \in [0,1]$, $H_t(t) = tP(z) + (1-t)\tilde{Q}(z)$ 确定一个多项式映射 H_t: $\boldsymbol{C}^n \to \boldsymbol{C}^n$. 一般说来,只要 $t \neq 0$, H_t 的零点计算是个极困难的问题.

现在,设T为 $\boldsymbol{C}^n \times [0,1] = \boldsymbol{R}^{2n} \times [0,1]$ 的单纯剖分, 它的网格大小为 δ, Φ_δ 为H的分片线性逼近. 在每个单纯形上, Φ_δ 的零点计算是比较简单的,只须解一个线性方程组. 并且, 当 Φ_δ 正则时, 如果 Φ_δ 在 $2n+1$ 维单纯形上的零点集非空的话, 它是端点在该单纯形的两个不相同的 $2n$ 维面的内部的直线段. 因此, Φ_δ 的零点集 $\Phi_\delta^{-}(0) = \{(z,t) \in \boldsymbol{C}^n \times [0,1] \mid \Phi_\delta(z,t) = 0\}$ 就是若干条彼此不相交的分段线性道路(折线)的并集.

§2 中介绍的同伦单纯轮迴算法的可行性取决于分段线性道路是否遇上剖分T的纯 ν 维骨架 T^ν (即剖分T的 ν 维开单形的并), $\nu = 0, 1, \cdots, 2n-1$. 事实上, 如果分段线性道路与 T^ν ($\nu = 0, 1, \cdots, 2n-1$) 的交非空,则计算到某一步,它通过一个 $2n+1$ 维单纯形后到达它的一个 ν 维面. 此时,与原 $2n+1$ 维单纯形共有这个 ν 维面的 $2n+1$ 维单纯形不止一个, 算法就不能确定地进行下去 (称它为“分叉”现象). 如果分段线性道路与 T^ν ($\nu = 0, 1, \cdots, 2n-1$) 的交都为空集, 则它每通过一个 $2n+1$ 维单纯形,都到达它的一个 $2n$ 维面的内部; 与原 $2n+1$ 维单纯形共有这个 $2n$ 维面的 $2n+1$ 维单纯形有且只有一个,于是算法又可在这个新的 $2n+1$ 维单纯形中进行下去.

本节证明,对于几乎每个多项式映射 $P: \boldsymbol{C}^n \to \boldsymbol{C}^n$, 同伦 $H: \boldsymbol{C}^n \times [0,1] \to \boldsymbol{C}^n$ 的分片线性逼近 $\Phi_\delta: \boldsymbol{C}^n \times [0,1] \to \boldsymbol{C}^n$ 的零点集与 T^ν $(\nu = 0, 1, \cdots, 2n-1)$ 之交为空集. 也就是说,代数方程组同伦单纯轮迴算法的可行概率为 1.

设 $T_0^\nu = \{\sigma \in T^\nu | \sigma \subset \boldsymbol{C}^n \times \{0\}\}$ 和 $T_+^\nu = \{\sigma \in T^\nu | \sigma \subset \boldsymbol{C}^n \times (0,1]\}$. 容易验证, $T^\nu = T_0^\nu \cup T_+^\nu$, $\nu = 0, 1, \cdots, 2n+1$; $T_0^{2n+1} = \Phi$.

我们首先要使得同伦 H 及其关于 T 的分片线性逼近 Φ_δ 在计算的出发处 $(\boldsymbol{C}^n \times \{0\})$ 的情况足够好. 这就是以下的

定理 3.1 设 T 为 $\boldsymbol{C}^n \times [0,1]$ 的一个固定的单纯剖分(δ 为剖分的网格大小),则对几乎每个 $b \in \boldsymbol{C}^n$, 有

$$H^{-1}(0) \cap T_0^\nu = \Phi$$

和

$$\Phi_\delta^{-1}(0) \cap T_0^\nu = \Phi, \quad \nu = 0, 1, \cdots, 2n-1.$$

证明 作映射

$$\alpha: \boldsymbol{C}^n \times \{0\} \to \boldsymbol{C}^n \text{ 及 } \beta: \boldsymbol{C}^n \times \{0\} \to \boldsymbol{C}^n$$

如下: α 由

$$\alpha(z, 0) = (z_1^{q_1}, \cdots, z_n^{q_n}), \ (z, 0) \in \boldsymbol{C}^n \times \{0\}$$

确定. 对位于 $\boldsymbol{C}^n \times \{0\}$ 上的顶点 $(z, 0) \in T_0^0$, 令

$$\beta(z, 0) = (z_1^{q_1}, \cdots, z_n^{q_n}),$$

然后将 β 分片线性扩张到位于 $\boldsymbol{C}^n \times \{0\}$ 上的每个单纯形的内部. 显然, α 为解析映射, β 为分片线性映射.

考虑 α 和 β 在 T_0^ν 上的局限, $\nu = 0, 1, \cdots, 2n-1$. 设 $T_0^\nu = \bigcup_{k=1}^{\infty} \sigma_k^\nu$, $\nu = 0, 1, \cdots, 2n-1$. 这里 σ_k^ν 是 T 在 $\boldsymbol{C}^n \times \{0\}$ 上的一个 ν 维开单形.

注意, $\nu < 2n$, 由第七章引理 7.1.2, 象集 $\mathrm{Imag}(\alpha | \sigma_k^\nu)$ 在 $\boldsymbol{C}^n = \boldsymbol{R}^{2n}$ 中的测度为 0, 所以 $\mathrm{Imag}(\alpha | T_0^\nu)$ 在 $\boldsymbol{C}^n$ 中的测度也为 0. 同样, $\mathrm{Imag}(\beta | \sigma_k^\nu)$ 在 $\boldsymbol{C}^n$ 中的测度为 0, 所以 $\mathrm{Imag}(\beta |$

T_0^{b}）在 C^n 中的测度也为 0. 最后，我们得到

$$\mathrm{Imag}(\alpha | T_0^0 \cup T_0^1 \cup \cdots \cup T_0^{2n-1})$$

和

$$\mathrm{Imag}(\beta | T_0^0 \cup T_0^1 \cup \cdots \cup T_0^{2n-1})$$

在 C^n 中的测度均为 0，即

$$\mathrm{Imag}(\alpha | \overline{T_0^{2n-1}})$$

和

$$\mathrm{Imag}(\beta | \overline{T_0^{2n-1}})$$

在 C^n 中的测度为 0（这里符号 $\bar{A}$ 表示 A 的闭包）.

于是，可以选取 $c \in C^n$，使得 $c_j \neq 0$，$j = 1, \cdots, n$，并且 $c \bar{\in} \mathrm{Imag}(\alpha | \overline{T_0^{2n-1}})$ 和 $c \bar{\in} \mathrm{Imag}(\beta | \overline{T_0^{2n-1}})$. 对 $j = 1, \cdots, n$，取 b_j 为满足 $b_j^{q_j} = c_j$ 的复数. 设 Q: $C^n \to C^n$，由

$$Q(z) = (z_1^{q_1} - b_1^{q_1}, \cdots, z_n^{q_n} - b_n^{q_n})$$

确定. 按 $H(z, t) = tP(z) + (1 - t)Q(z)$，得到同伦

$$H: C^n \times [0, 1] \to C^n,$$

而

$$\Phi_8: C^n \times [0, 1] \to C^n$$

为 H 关于 T 的分片线性逼近.

由 c 的选取不难看出，几乎对每个 $b \in C^n$，我们有

$$H^{-1}(0) \cap T_0^{\nu} = \Phi$$

和

$$\Phi_8^{-1}(0) \cap T_0^{\nu} = \Phi, \quad \nu = 0, 1, \cdots, 2n - 1. \quad \square$$

现在，证明本节的两个主要结果.

定理 3.2 设 T 为 $C^n \times [0, 1]$ 的一个固定的单纯剖分，$Q(z) = (Q_1(z), \cdots, Q_n(z))$，$Q_j(z) = z_j^{q_j} - b_j^{q_j}$. 若对上述 $b \in C^n$，有 $H^{-1}(0) \cap T^{\nu} = \Phi$，$\nu = 0, 1, \cdots, 2n - 1$，则对几乎所有的多项式映射 P: $C^n \to C^n$，有 $H^{-1}(0) \cap T_0^{\nu} = \Phi$，$\nu = 0, 1, \cdots, 2n - 1$.

证明 固定正整数 $q_1, \cdots, q_n$. 设 P: $C^n \to C^n$ 为任一多项式映射，其第 j 个分量 P_j 之阶数为 $q_j \geq 1$，$j = 1, \cdots, n$. 定

义参数向量 ω 为 P 的系数向量．这些参数向量组成某个复向量空间 $\boldsymbol{C}^N$．给定 $\omega\in\boldsymbol{C}^N$，$P$ 就唯一地确定了，反之亦然．易知正整数 N 由诸 q_i 完全确定．

将 ω 分为两部分 $\omega=(a,c)$，其中 c 对应于多项式映射的常数项．我们记 $\{(a,c)\}=\boldsymbol{C}^{N-n}\times\boldsymbol{C}^n$，而每个 $(a,c)\in\boldsymbol{C}^{N-n}\times\boldsymbol{C}^n$ 表示一个分量阶数依次为 $q_1,\cdots,q_n$ 的多项式映射．为明确起见，将 P 表示为 $P(z;\omega)$ 或 $P(z;a,c)$．

作映射

$$\mu:\ \boldsymbol{C}^n\times(0,1]\times\boldsymbol{C}^{N-n}\to\boldsymbol{C}^{N-n}\times\boldsymbol{C}^n$$

如下：

$$(z,t;a)\longmapsto\left(a,\ \frac{(t-1)Q(z)-tP(z;a,0)}{t}\right).$$

显然，μ 为一个解析映射．

注意，$\mu(z,t;a)=(a,c)$

$$\Leftrightarrow\ c=\frac{(t-1)Q(z)-tP(z;a,0)}{t}$$

$$\Leftrightarrow\ H(z,t;a,c)=tP(z;a,c)+(1-t)Q(z)=0,$$

其中，$H(\cdot,\cdot;a,c)$ 表示多项式映射 $P(\cdot;a,c)$ 相对应的线性同伦．所以，对 $t>0$，点 (z,t) 为 $H(\cdot,\cdot;a,c)$ 的零点的充要条件是：

$$\mu(z,t;a)=(a,c)\in\boldsymbol{C}^{N-n}\times\boldsymbol{C}^n.$$

设 $T_+^\nu=\sum\limits_{k=1}^{\infty}\sigma_k^\nu$，其中 σ_k^ν 表示剖分 T 中符合 $t>0$ 的 ν 维开单形，$\nu=0,1,\cdots,2n-1$；$k=1,2,\cdots$．

考虑 μ 在 $\boldsymbol{C}^{N-n}\times\sigma_k^\nu$ 上的限制．$(z,t;a)\in\sigma_k^\nu\times\boldsymbol{C}^{N-n}$ 当且仅当存在唯一的 $\lambda_0,\lambda_1,\cdots,\lambda_\nu>0$，$\sum\limits_{i=1}^{\nu}\lambda_i=1$，使得

$$(z,t;a)=\left(\sum_{i=0}^{\nu}\lambda_ie^i,\ a\right),$$

其中 $e^0,e^1,\cdots,e^\nu$ 为 σ_k^ν 的所有的顶点．所以，

$$\mu|\sigma_k^\nu \times C^{N-n}: \sigma_k^\nu \times C^{N-n} \to C^{N-n} \times C^n$$

可以表为

$$(\lambda_1, \cdots, \lambda_\nu; a) \longmapsto \left(a, \frac{(t-1)Q(z)-tP(z;a,0)}{t}\right).$$

根据第七章引理 1.2，$\mathrm{Imag}(\mu|\sigma_\nu^k \times C^{N-n})$ 在 $C^{N-n} \times C^n$ 中的测度为 0，$\mathrm{Imag}(\mu|T_+^\nu \times C^{N-n})$ 在 $C^{N-n} \times C^n$ 中的测度也为 0。

上面已证，对 $t>0$，(z, t) 为 $H(\cdot,\cdot; a, c)$ 的零点的充要条件是 $\mu(z, t; a)=(a, c)$。所以，$H(\cdot,\cdot; a, c)$有一个零点在 T_+^ν 上的充要条件是 $(a, c) \in \mathrm{Imag}(\mu|T_+^\nu \times C^{N-n})$。但是，$\mathrm{Imag}(\mu|T_+^\nu \times C^{N-n})$ 在 $C^{N-n} \times C^n$ 中的测度为 0，这就证明了，对几乎所有的 $(a, c) \in C^{N-n} \times C^n$（即对几乎所有的多项式映射 $P(z; a, c)$），

$$H^{-1}(0) \cap T_+^\nu = \Phi,$$

再由题设 $H^{-1}(0) \cap T_0^\nu = \Phi$ 得到

$$H^{-1}(0) \cap T^\nu = \Phi, \ \nu = 0, 1, \cdots, 2n-1. \ \square$$

定理 3.3 设 T 为 $C^n \times [0, 1]$ 的一个固定的单纯部分，$Q(z)=(Q_1(z), \cdots, Q_n(z))$，$Q_j(z)=z_j^{q_j}-b_j^{q_j}$。若对上述的 $b \in C^n$，有 $\Phi_\delta^{-1}(0) \cap T_0^\nu = \Phi$，$\nu=0, 1, \cdots, 2n-1$，则对几乎所有的多项式映射 $P: C^n \to C^n$，有

$$\Phi_\delta^{-1}(0) \cap T^\nu = \Phi, \ \nu = 0, 1, \cdots, 2n-1.$$

证明 作映射

$$\mu: C^n \times (0, 1] \times C^{N-n} \to C^{N-n} \times C^n$$

如下：设 $(z, t; a) \in C^n \times (0, 1] \times C^{N-n}$，则存在唯一的 T 的开单形 $\sigma^\nu = \{(z^j, t_j)\}_0^\nu$ 以 (z, t) 为其内点，这里 $(z^0, t_0), \cdots, (z^\nu, t_\nu)$ 为 σ^ν 的所有的顶点，并且 (z, t) 可唯一地表示为

$$(z, t) = \sum_{j=0}^{\nu} \lambda_j (z^j, t_j), \ \lambda_0 > 0, \cdots, \lambda_\nu > 0, \sum_{j=0}^{\nu} \lambda_j = 1.$$

我们令

$$\mu(z, t; a) = \left(a, \frac{1}{\sum_{j=0}^{\nu} \lambda_j t_j} \sum_{j=0}^{\nu} \lambda_j \left[(t_j - 1) Q(z^j) - t_j P(z^j; a, 0) \right] \right).$$

按照单纯形剖分的性质，μ 的定义是确定的，并且 μ 是一个分片线性映射.

现在考虑零点问题. 首先我们注意，在 σ^ν 上有 Φ_δ 的一个零点 $\Longleftrightarrow$ 存在 $\lambda_0, \cdots, \lambda_\nu > 0$，$\sum_{j=0}^{\nu} \lambda_j = 1$，使得

$$\begin{aligned}
\Phi_\delta\left(\sum_{j=0}^{\nu} \lambda_j (z^j, t_j)\right) &= \sum_{j=0}^{\nu} \lambda_j \Phi_\delta(z^j, t_j) = \sum_{j=0}^{\nu} \lambda_j H(z^j, t_j; a, c) \\
&= \sum_{j=0}^{\nu} \lambda_j [t_j P(z^j; a, c) + (1 - t_j) Q(z^j)] \\
&= \sum_{j=0}^{\nu} \lambda_j [t_j (P(z^j; a, 0) + c) + (1 - t_j) Q(z^j)] \\
&= c \sum_{j=0}^{\nu} \lambda_j t_j - \sum_{j=0}^{\nu} \lambda_j [(t_j - 1) Q(z^j) - t_j P(z^j; a, 0)] = 0
\end{aligned}$$

$\Longleftrightarrow$ 存在 $\lambda_0, \cdots, \lambda_\nu > 0$，$\sum_{j=0}^{\nu} \lambda_j = 1$，使得

$$(a, c) = \mu(z, t; a).$$

所以，$\Phi_\delta^{-1}(0) \cap \delta^\nu \neq \Phi \Longleftrightarrow (a, c) \in \operatorname{Imag}(\mu | \sigma^\nu \times \boldsymbol{C}^{N-n})$.

设 $T_+^\nu = \bigcup_{k=1}^{\infty} \sigma_k^\nu$，$\sigma_k^\nu = \{(z^j, t_j)\}_0^\nu$，则

$$\mu | \sigma_k^\nu \times \boldsymbol{C}^{N-n}: \sigma_k^\nu \times \boldsymbol{C}^{N-n} \to \boldsymbol{C}^{N-n} \times \boldsymbol{C}^n$$

可表示为

$$(\lambda_1, \cdots, \lambda_\nu; a) \longmapsto \left(a, \frac{1}{\sum_{j=0}^{\nu} \lambda_j t_j} \sum_{j=0}^{\nu} \lambda_j [(t_j - 1) Q(z^j) - t_j P(z^j; a, 0)] \right),$$

其中，$\lambda_0 = 1 - \sum_{i=1}^{p} \lambda_i$。据第七章引理 71.2，$\operatorname{Imag}(\mu|\sigma_k^\nu \times C^{N-n})$ 在 $C^{N-n} \times C^n$ 中的测度为 0，因而 $\operatorname{Imag}(\mu|T_+^\nu \times C^{N-n})$ 在 $C^{N-n} \times C^n$ 中的测度也为 0。这就证明了，对于几乎所有的 $(a, c) \in C^{N-n} \times C^n$（即对几乎所有的多项式映射），$\Phi_\delta^{-1}(0) \cap T_+^\nu = \Phi$。再由题设 $\phi_\delta^{-1}(0) \cap T_0^\nu = \Phi$ 得到

$$\Phi_\delta^{-1}(0) \cap T^\nu = \Phi, \ \nu = 0, 1, \cdots, 2n-1. \ \square$$

由于可数个零测集的并仍然是零测集，我们自然地可将定理 3.1，3.2 和 3.3 推广到 $C^n \times [0, 1]$ 的一串单纯剖分序列

$$\{T^{\delta_i} | i = 1, 2, \cdots\}$$

的情形，这就是下面的定理 3.4，定理 3.5 和定理 3.6。

定理 3.4 设 $\{T^{\delta_i} | i = 1, 2, \cdots\}$ 为 $C^n \times [0, 1]$ 的一串固定的单纯部分序列，δ_i 为 T^{δ_i} 的网格大小，则对几乎每个 $b \in C^n$，有

$$H^{-1}(0) \cap (T^{\delta_i})_0^\nu = \Phi$$

和

$$\Phi_{\delta_i}^{-1}(0) \cap (T^{\delta_i})_0^\nu = \Phi, \ i = 1, 2, \cdots; \ \nu = 0, 1, \cdots, 2n-1.$$

定理 3.5 设 $\{T^{\delta_i} | i = 1, 2, \cdots\}$ 为 $C^n \times [0, 1]$ 的一串固定的单纯剖分序列，δ_i 为 T^{δ_i} 的网格大小。

$$Q(z) = (Q_1(z), \cdots, Q_n(z)), \ Q_j(z) = z_j^{q_j} - b_j^{q_j}.$$

若对上述的 $b \in C^n$，有

$$H^{-1}(0) \cap (T^{\delta_i})_0^\nu = \Phi, \ i = 1, 2, \cdots; \ \nu = 0, 1, \cdots, 2n-1,$$

则对几乎所有的多项式映射 P：$C^n \to C^n$，

$$H^{-1}(0) \cap (T^{\delta_i})^\nu = \phi, \ i = 1, 2, \cdots; \ \nu = 0, 1, \cdots, 2n-1.$$

定理 3.6 设 $\{T^{\delta_i} | i = 1, 2, \cdots\}$为 $C^n \times [0, 1]$的一串固定的单纯剖分序列，δ_i 为 T^{δ_i} 的网格大小。$Q(z) = (Q_1(z), \cdots, Q_n(z))$，$Q_j(z) = z_j^{q_j} - b_j^{q_j}$。若对上述的 $b \in C^n$，有

$$\Phi_{\delta_i}^{-1}(0) \cap (T^{\delta_i})_0^\nu = \Phi, \ i = 1, 2, \cdots; \ \nu = 0, 1, \cdots, 2n-1,$$

则对几乎所有的多项式映射 P：$C^n \to C^n$，

$$\Phi_{\delta_i}^{-1}(0)\cap(T^{\delta_i})^{\nu}=\Phi,\ i=1,2,\cdots;\ \nu=0,1,\cdots,2n-1.$$

注 3.7 在上述诸定理中，如果将“单纯剖分”或“单纯剖分序列”改为“渐细单纯剖分”，则相应的结论仍正确. 证明方法也是类似的. 这时，记H关于网格参数为δ的渐细单纯剖分T^{δ}片的分线性逼近为Φ_{δ}，则Φ_{δ}的零点集$\Phi_{\delta}^{-1}(0)$的对计算有意义的每个连通分支是一条无限折线.

注 3.8 关于本章算法的实施，原则上说，我们可以分片解线性方程组，沿$\Phi_{\delta}^{-1}(0)$的连通分支走，来寻求多项式映射P: $C^n\to C^n$的零点. 但当n较大时，分片解线性方程组的工作量是相当大的，特别当采用有许多优点的渐细单纯剖分时，连通分支是无限折线，分片解线性方程组的工作量将是不可承受的. 所以在实际计算时，还是要仿照第一章的 Kuhn 算法，采用适当的标号法和适当的单纯形顶点顶替的轮迴格式来实施本章提出的算法. 当采用如同第一章的整数标号法时，相应地用同标号顶点顶替的单纯形轮迴格式. 这时，计算的单纯形序列离上述有限或无限折线不远. 当采用所谓向量标号法时，相应地用标号矩阵基底的字典式取主转移的单纯形轮迴格式. 这时，计算的单纯形序列把上述有限或无限折线包在其中. 详细的讨论可看［Todd, 1976］和[王则柯, 1986].

参考文献

（按姓氏字母次序排列）

[1] Abraham, R. & Robbins, J., Transversal mappings and flows, Benjamin, New York, 1967.

[2] Allgower, E. L., & Georg, K., Simplicial and continuation methods for approximating fixed points and solutions to systems of equations, *SIAM Review*, 22 28—85, 1980.

[3] de Branges, L., A proof of the Bieberbach conjeture, *Acta Math.*, **154**, 137—152, 1985.

[4] Chow, S. N., Mallet—Paret, J. & Yorke, J. A., A homotopy method for locating all zeroes of a system of polynomials, in Functional differential equations and approximation of fixed points, H.-O., Peitgen & H.-O., Walther (eds), Springer Lecture Notes in Math., **730**, 77—88, 1978.

[5] Christenson, C., & Voxman, W., Aspects of topology, Marcel Dekker, New York, 1977.

[6] Duren, P., Coefficients of univalent functions, *Bulletin Amer. Math. Soc.*, **83**, 891—911, 1977.

[7] Eaves, B. C., A short course in solving equations with PL homotopies, *SIAM-AMS Proc.*, **9**, 73—143, 1976.

[8] Eaves, B. C., & Scarf, H., The solutioh of systems of piecewise linear equations, *Mathematics of Operations Research*, **1**, 1—27, 1976.

[9] Garcia, C. B., & Li, T. Y., On the number of solutions to polynomial systems of equations, *SIAM J. of Numer. Anal.*, **17**, 540—546, 1980.

[10] Garcia, C. B., & Zangwill, W. I., Determining all solutions to certain systems of nonlinear equations, *Math. of Op. Res.*, **4**, 1—14, 1979.

[11] Garcia, C. B., & Zangwill, W. I., Finding all solutions to polynomial systems and other systems of equations, *Mathematical Programming*. **16**, 159—176, 1979a.

[12] Garcia, C. B., & Zangwill, W. I., An approach to homotopy and degree theory, *Math. of Op. Res.*, **4**, 390—405, 1979b.

[13] Hayman, W., Multivalent functions, Cambridge Univ. Press, Combridge, England, 1958.

[14] Hille, E., Analytic function theory. II, Ginn, Boston, 1962.

[15] Hirsch, M. W., & Smale, S., On algorithms for solving $f(x)=0$, *Commu. Pure and Appl. Math.*, **32**, 281—312, 1979.

[16] Jacobson, N., Basic algebra I, Freeman, San Francisco, 1974.
[17] Jenkins, J., Univalent functions and conformal mapping, Springer, New York, 1965.
[18] Kuhn, H., A new proof of the fundamental theorem of algebra, in Mathematical programming study 1, M. L. Balinski (ed.), North-Holland, Amsterdam, 1974.
[19] Kuhn, H., Finding roots of polynomials by pivoting, in Fixed points: algorithms and applications, S. Karamardian (ed.), Academic Press, New York, 1977.
[20] Kuhn, H., Wang Zeke, & Xu Senlin, On the cost of computing roots of polynomials, *Math. Prog.*, **28**, 156—163, 1984.
[21] Li, T. Y., On locating all zeros of an analytic function within a bounded domain, *SIAM J. Numer. Anal.*, **20**, 4, 865—871, 1983.
[22] Ortega, J. M., & Rheinboldt, W. C., Iterative solutions of nonlinear equations in several variables, Academic Press, 1970.
[23] Rabinowitz, P. H., A note on topological degree theory for holomorphic maps, *Israel J. of Mathematics*, **16**, 46—52, 1973.
[24] Royden, H., Real analysis, Macmillan, New York, 1968.
[25] Rudin, W., Real and complex analysis, Mac Graw-Hill, New York, 1974.
[26] Scarf, H. E., The approximation of fixed points of a continuous mapping, *SIAM J. of Appl. Math.*, **15**, 1328—1343, 1967.
[27] Shub, M., & Smale, S., Computational complexity: On the geometry of polynomials and a theory of cost: part I, *Ann. Scient. Ec. Norm. Sup. 4 serie t.* **18**, 107—142, 1985.
[28] Shub, M. & Smale, S., Computational complexity: On the geometry of polynomials and a theory of cost: part II, *SIAM J. Computing*, **15**, 145—161.
[29] Smale, S., The fundamental theorem of algebra and complexity theory, *Bulletin AMS*, **4**, 1—36, 1981.
[30] Sternberg, S., Lectures on differential geometry, Prentice-Hall, 1964.
[31] Todd, M. J., The Computation of fixed points and applications, Springer-Verlag, Berlin, 1976.
[32] Van der Waerden, B. L., Modern algebra, I, II, Ungar publishing, New York, 1931.
[33] Walker, R. J., Algebraic curves, Princeton Univ. Press, Princeton, 1950.
[34] 王则柯，Kuhn 算法的程序实施及数值试验，数值计算与计算机应用，**2**，3，175—181，1981.
[35] 王则柯，单纯不动点算法基础，中山大学出版社，1986.
[36] 王则柯，徐森林，逼近零点与计算复杂性理论，中国科学（A 辑），**27**，1，8—15，1984.
[37] Wang Zeke & Xu Senlin, A geometric proof on the monotonicity

of Kuhn's algorithm approximating a simple root of polynomials, *J. China Univ. of Science and Technology*, **15**, 1, 19—29, 1985.

[38] 徐森林，GEM$_k$ 迭代算法和多项式几何，高等学校计算数学学报，**6**，4，345—354，1984.

[39] Xu Senlin & Wang Zeke, The monotone problem in findinb roots of polynomials by Kuhn's algorithm, *J. of Comput. Math.*, **1**, 3, 203—210, 1983.

[40] 徐森林，王则柯，代数方程组同伦算法的可行概率为 1，中国科学技术大学学报，**14**，1，15—22，1984.

[41] 徐森林，王则柯，曹怀东，代数簇的孤立点，科学通报，**29**，7，385—387，1984.

《计算方法丛书·典藏版》书目

1 样条函数方法 1979.6 李岳生 齐东旭 著
2 高维数值积分 1980.3 徐利治 周蕴时 著
3 快速数论变换 1980.10 孙 琦等 著
4 线性规划计算方法 1981.10 赵凤治 编著
5 样条函数与计算几何 1982.12 孙家昶 著
6 无约束最优化计算方法 1982.12 邓乃扬等 著
7 解数学物理问题的异步并行算法 1985.9 康立山等 著
8 矩阵扰动分析(第二版) 2001.11 孙继广 著
9 非线性方程组的数值解法 1987.7 李庆扬等 著
10 二维非定常流体力学数值方法 1987.10 李德元等 著
11 刚性常微分方程初值问题的数值解法 1987.11 费景高等 著
12 多元函数逼近 1988.6 王仁宏等 著
13 代数方程组和计算复杂性理论 1989.5 徐森林等 著
14 一维非定常流体力学 1990.8 周毓麟 著
15 椭圆边值问题的边界元分析 1991.5 祝家麟 著
16 约束最优化方法 1991.8 赵凤治等 著
17 双曲型守恒律方程及其差分方法 1991.11 应隆安等 著
18 线性代数方程组的迭代解法 1991.12 胡家赣 著
19 区域分解算法——偏微分方程数值解新技术 1992.5 吕 涛等 著
20 软件工程方法 1992.8 崔俊芝等 著
21 有限元结构分析并行计算 1994.4 周树荃等 著
22 非数值并行算法(第一册)模拟退火算法 1994.4 康立山等 著
23 非数值并行算法(第二册)遗传算法 1995.1 刘 勇等 著
24 矩阵与算子广义逆 1994.6 王国荣 著
25 偏微分方程并行有限差分方法 1994.9 张宝琳等 著
26 准确计算方法 1996.3 邓健新 著
27 最优化理论与方法 1997.1 袁亚湘 孙文瑜 著
28 黏性流体的混合有限分析解法 2000.1 李 炜 著
29 线性规划 2002.6 张建中等 著